THE INTERIOR DESIGN
인테리어 디자인 아카데미

인테리어 디자인 아카데미

초판 1쇄 2017년 9월 5일
초판 2쇄 2018년 12월 10일
개정재판 2쇄 2024년 7월 5일

저자 : 크리스 그림리 Chris Grimley 미미 러브 Mimi Love
역자 : 장정제
발행인 : 김기현
발행처 : 시공문화사(Spacetime)
출판등록: 1993년 3월 12일
주소: 서울시 서대문구 독립문공원길 13 (03733) 극동프라자 5층
전화: 02) 3147-1212
팩스: 02) 3147-2626

http://www.spacetime.co.kr
mail: spacetime@korea.com

편집: Design Battery

ISBN: 978-89-5592-385-8

정가: 15,000원

THE INTERIOR DESIGN
인테리어 디자인 아카데미

CHRIS GRIMLEY
MIMI LOVE
장정제 역

Spacetime

차 례

i.

소개글

이 책은 폭넓은 독자층을 위한 안내서이다. 전문적인 인테리어 디자이너에게는 특별한 문제를 해결하는 가이드가 되고 비전문가들에게는 디자인 프로세스를 이해하는데 도움이 될 것이다. 배낭에 넣고 다니기에 쉽고 편리하며 손에 들고 읽기에도 용이하다. 모든 인테리어 디자인의 문제들을 언급할 수는 없었으나 대신 디자인에 필요한 필수적인 원칙들 그리고 디자인 프로세스의 단계들과 목표를 분명히 제시함으로써 광범위한 독자층에 다가갈 수 있도록 했다.

이 책은 인테리어 디자인에 관해 두 방향으로 접근한다. 우선 전문가를 통해 한 손에 펴서 읽을 수 있는 크기로 정리되었다. 이 책은 개성과 스타일이 꽉 들어차 있지만 디자인을 결정하는 기본적인 원칙이나 이를 규정하는 구조가 있지는 않다. 두 번째는 디자인 매뉴얼을 제공한다. 이 책은 유용한 정보들을 수록하지만 디자인 전략을 위한 특별한 태도를 제시하지는 않는다. 우리의 목표는 인테리어 디자인에 관한 더 많은 디자인 이론과 시각적 매력을 가진 규범적인 책을 만드는 것이다. 우리는 이 책이 젊은 세대 디자이너의 문화적 취향에도 신선한 접근이 되길 바란다.

이 책은 6개의 큰 주제를 가지고 있다.

첫째 주제 '인테리어 디자인의 기초'는 인테리어 프로젝트의 단계별 과정을 제시한다. 전문적가적인 작업의 범위, 프로젝트 스케줄, 드로잉, 프레젠테이션 테크닉 등이다.

둘째 주제, '공간'은 공간 디자인을 개관하고 공간의 연계, 그리고 기능과 안정성의 문제들을 언급한다.

셋째 주제, '표피'는 색채, 재료, 텍스쳐, 패턴을 통해 디자인의 특별한 방식을 구체화한다. 이와 함께, 실무와 유지 보수에 관한 내용도 소개한다.

넷째 주제, '환경'은 특별한 분위기, 성격 등을 창조하는 인테리어디자인의 특별한 측면을 고찰한다. 자연 채광과 인공조명, 그리고 기타 공간을 유용하게 하는 설비시스템을 소개한다.

다섯째 주제, '요소'는 인테리어 애플리케이션에 필요한 유용한 디테일 들을 소개한다. 또한 모든 디자이너들이 알아야 할 뛰어난 20세기 가구의 목록과 예술작품의 전시, 수집, 기타 용품들의 전시에 필요한 아이디어도 정리한다.

여섯째 주제, '디자인 리소스'에서는 유용한 정보를 제공하는데 지속가능한 디자인 전략의 요약과 참고도서, 블로그, 웹사이트까지 제공한다.

마지막으로, 매우 유명한 전문가들과 이 책의 각 주제에 관하여 인터뷰하고 주제의 내용들을 실제 작업에서 어떻게 창조적으로 실현할 것인가도 수록하였다.

1.

기초

인테리어 디자인 프로젝트를 수행하는 것은 디자인만큼 매우 창조적인 사고가 요구된다. 가장 훌륭한 프로젝트는 매우 잘 계획된 프로젝트 스케줄을 통해 시작된다. 전형적으로 프로젝트 프로세스는 분명하게 구분된 시기들로 쪼개지고 이 단계들은 디자인 팀이나 클라이언트 모두에게 디자인을 결정하는 중요한 단계들이 된다. 디자인 프로세스의 시작에는, 셀 수 없이 많은 가능성들이 나타난다. 그러나 디자인이 진행되면서 점차 몇몇의 가능성들로 축소되고 프로젝트는 특별한 테마와 배치로 녹아든다.

도면은 디자인을 선택하는데 참조되고 소통하는데 필요한 주된 도구다. 도면의 유형은 프로젝트가 재구성되고 발전함에 따라서 변화한다. 디자인의 초기에는 프리핸드 스케치가 개념을 제시하기에 가장 훌륭한 방식이 된다. 그러나 이후 디자인은 CAD(Computer-aided design)를 통해서 정리되고 분명하게 치수를 결정할 필요가 있다. 또한 다른 전문가들과 조정하여야 한다. 새로운 기술은 디자인 프로세스의 단계에서 여러 차례 디자인 개념을 3차원적으로 손쉽게 표현하도록 돕는다.

Chapter 1: 인테리어 프로젝트의 시작

인테리어 프로젝트를 시작한다는 생각부터 두려운 일이 될 수 있다. 그러나 조금은 전략적인 계획을 통해서 프로젝트는 매우 부드럽고 효율적으로 시작될 수 있다. 어떠한 규모의 프로젝트라도, 초기에 다음 네 가지 요소가 고려되어야 한다. **사이트, 프로그램, 스케줄, 예산**이다. 이 네 아이템들은 클라이언트와 디자이너 모두에게 전혀 다른 문제일 수도 있으나 종종 일치하기도 한다. 다양한 가능성이 적으면 적을수록 프로젝트는 더 효율적으로 진행된다.

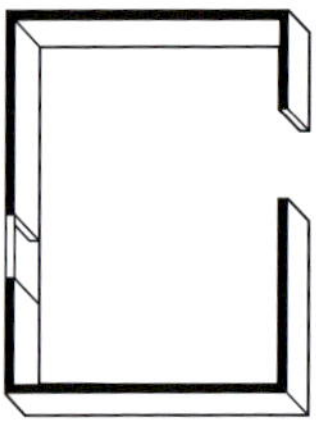
사이트

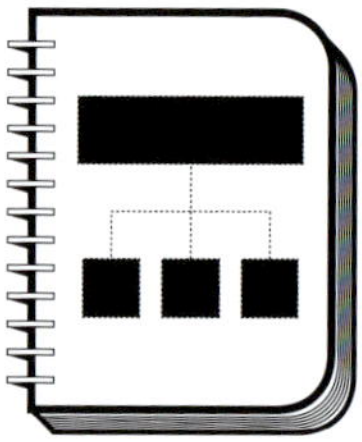
프로그램

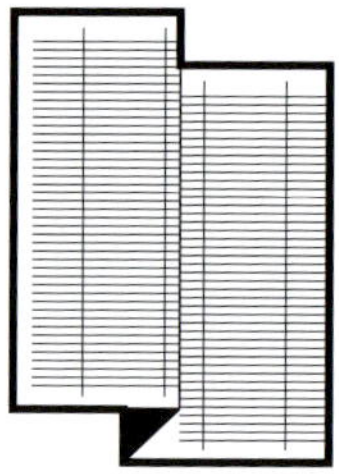
스케줄

예산

프로젝트 사이트

일반적으로 클라이언트는 현장 혹은 공간을 가지고 디자이너와 만난다. 그때 디자이너의 작업은 공간을 분석하여 클라이언트의 요구를 만족시킬 계획을 제시하는 것이다. 종종 클라이언트는 심중에 하나의 공간만을 생각하지 않을 수도 있다. 오히려 디자이너가 계획 평가하여 클라이언트의 요구에 가장 적합한 계획 전체를 제시할 수도 있다. 이러한 두 시나리오는 클라이언트가 특정한 프로그램을 가지고 있거나 혹은 물리적인 공간이 특정한 프로그램을 요구하는 경우이다. 이러한 경우 디자이너의 책무는 공간에 관하여 가장 정확한 계획의 범위를 결정하고 그러한 제한 속에서 프로그램을 디자인하는 것이다.

프로그래밍

디자인하는데 있어서 **프로그래밍**은 공간을 사용하는 사람들의 요구를 정의하는 과정이다. 주방의 리노베이션 혹은 새로이 지어진 레스토랑에서 이러한 과제는 기능적인 실제 행위들, 여러 가능성, 현실적인 공간의 제한 등을 평가하는 것이다. 나아가 프로그램은 기능성을 확대하기 위하여 혹은 공간에 특성을 부여하고 적합한 특성을 부여하기 위하여 어떠한 공간, 요소, 기구들이 부가되어야 하는지를 분명하게 제시하는 것이다. 프로그램의 목표는 간략하고 정확하게 산출되어야 한다. 설계도서는 기능적이고 치수적인 그리고 관계된 요구사항들을 모두 가늠하여야 한다. 이러한 목표들의 리스트는 프로젝트의 다음 단계에서 가치 있는 디자인의 기초가 된다.

프로그래밍은 세 가지 중요한 유형으로 나눌 수 있다. 정보의 수집, 분석, 기록의 과정이다. 이러한 작업 과정에서 요구 리스트는 매우 광범위한 프로젝트의 목표와 프로그램의 형식을 수립하는 프로세스를 생산한다. 소규모 프로젝트에서 데이터 수집과 클라이언트의 요구를 분석하는 것은 필수적이다. 기록된 보고서는 많은 정보를 전달하지 못한다. 그 말은, 잘못된 의사소통을 피하기 위하여, 프로세스를 기록해야만 한다. 그러므로 프로그래밍은 잘 짜여진 질의응답, 상세한 인터뷰 내용, 세부문제들의 결정 목록 등으로 구성될 수 있다. 예를 들면, 옷장 안에 보관할 신발들의 유형과 개수, 매일 필요한 접시와 식기 등을 보관하는데 필요한 선반과 공간의 크기 등이다. 좀 더 대규모의 기업체나 기관의 프로젝트의 경우, 디자이너는 광범위한 이해관계자들로부터 결정의 기준들을 듣고 정리할 필요가 있다. 종종 인테리어 디자이너는 상충되는 정보들을 종합해야하고 클라이언트에게 현실적인 계획 이상으로 정책적인 영향을 미칠 수 있는 제안도 해야 한다. 기록은 필수적이다. 모든 경우에, 디자이너는 가치 있고 분명한 디자인을 위하여 요구 목록의 우선순위를 결정할 필요가 있다.

비록 이러한 단계가 전혀 무의미해 보일 수도 있으나, **프로그래밍**은 디자인 프로세스에서 매우 중요하다. 이러한 작업을 통해 클라이언트의 문제와 목표가 분명하게 드러날 수 있기 때문이다. 훌륭한 의사소통은 프로그램을 정교하게 하고 디자인 단계에서 요구되는 의도를 조율하는 열쇠이다. 이 단계에서 목표의 이해가 부족하다면, 건설단계에서 비용이 상승하거나 나쁘게는 일을 망칠수도 있고 클라이언트의 기본적인 요구조차 만족시키지 못할 것이다. 이상적으로 프로그램은 디자인의 목표들, 공간적인 요구들, 건설상의 제한들로부터 얻어진 핵심적인 지도로 만들어져야하고 매우 정교하게 조정되어야 한다.

프로그래밍의 작업들

정보 수집	정보 분석	정보 기록
·평면도의 수집 ·클라이언트와 현장 답사 ·현장 관찰의 정리 ·클라이언트의 조직 확인과 사용자의 결정(누가 결정을 내리는가? 누가 공간을 사용하는가?) ·클라이언트의 정보를 정리(클라이언트의 요구, 조직의 구조, 장래의 목표 등) ·클라이언트의 대표와 사용자들과의 인터뷰	·인터뷰 노트의 분석 ·이상적인 공간 관계를 버블 다이어그램으로 작성 ·직원 수와 장래의 계획을 결정 ·공간의 유형과 규모의 리스트를 작성 ·주어진 공간에서 필요한 요구사항을 저의(특정한 수량의 파일을 저장하기 위한 공간 등) ·명확한 문제점과 해결방법에 관한 리스트	·클라이언트의 요구사항과 프로젝트 목표의 기록 ·주된 요구와 장래 성장 규모 등에 관한 프로그램을 요약하기 ·인터뷰로부터 미팅 노트를 작성하여 기록하기 ·프로그램과 목표에 대한 클라이언트의 승인 받기 ·업무연락의 정리

스케줄

이상적인 프로젝트 스케줄은 디자이너에게 책임감을 부여할 뿐 아니라 적절한 때에 클라이언트로부터 중요한 결정들을 얻도록 한다. 스케줄은 클라이언트가 계약자로서 중대한 역할을 하도록 하고 프로젝트 팀의 일원으로서 참여하도록 한다. 결과적으로 스케줄은 체크리스트의 형식으로 모든 프로젝트의 단계들을 기록해야 한다. 그리고 모든 팀구성원들에게 주된 책임과제를 부여해야 한다. 스케줄은 계약을 수행하고 주어진 여건을 탐색할 수 있는 기간을 제시해야하지만 그것만이 전부는 아니다. 디자인의 각 단계의 기간을 정하고 디자인 콘셉트를 결정하고 예산 계획을 마무리하고 계약자와 계약을 조율하여 결정하고 건축 허가를 받고 공사 일정을 결정하는 일 그리고 입주일자를 정하는 것까지 필요하다. 입주일자가 이미 결정되어 있다면, 입주일로부터 역으로 각 단계의 일정을 정하는 것이 바람직하다. 작업의 체크리스트와 비교하여 모든 일정표를 검토함으로써 그 책임을 담당자에게 물을 수 있다. 종종 작업자들은 요구되는 일정 이상으로 시간을 소모할 수 있기 때문에 현장에서 정해진 일정과 허용된 프로세스를 파악하는 것 또한 중요하다.

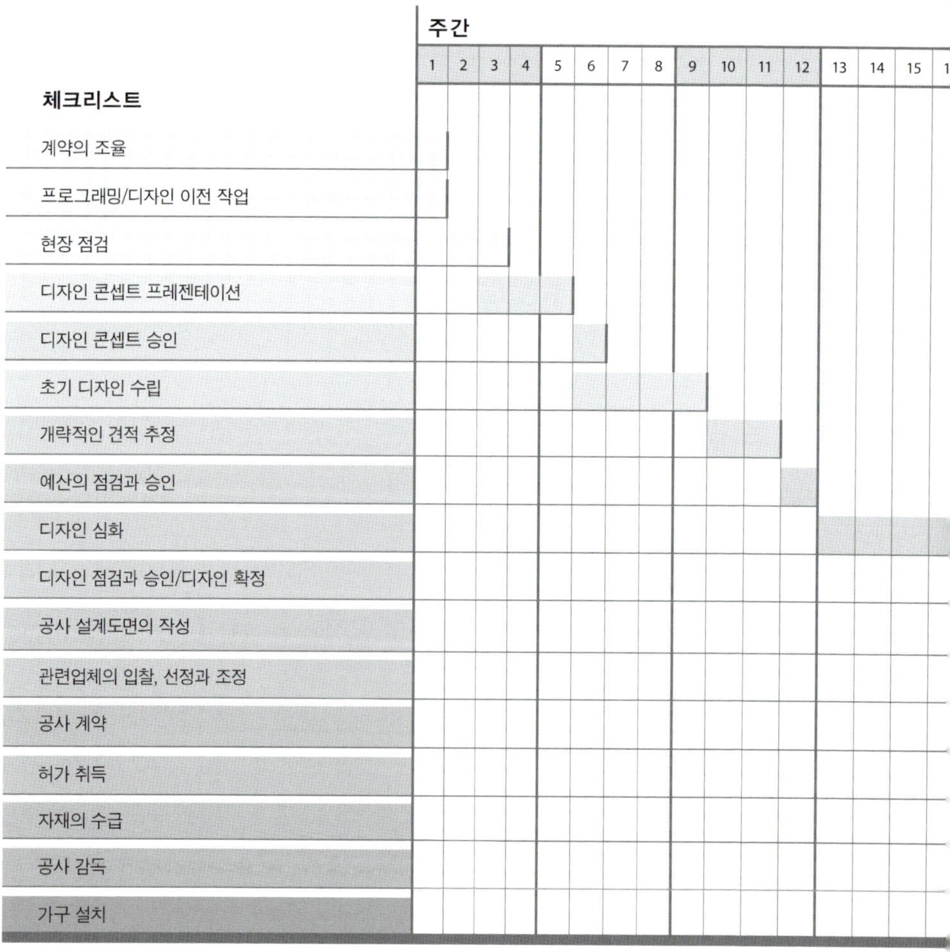

																			월간					
8	19	20	21	22	23	24	25	26	27	28	29	30	31	32	33	34	35	36	1	2	3	4	5	6

예산

프로젝트의 예산을 추정하는 것은 디자인 프로세스를 간소화하는데 매우 중요한 일이다. 예산은 작업의 범위와 마감의 수준을 결정한다. 예산은 실제비용(hard cost, 경성비용)과 간접비용(soft cost, 연성비용)으로 구분된다. 인테리어 프로젝트에서 실제 비용은 시공 및 자재, 가구, 설비의 비용을 의미한다. 이러한 실제비용은 대체로 전체 공사비용의 10%정도로 추정된다. 간접비용은 디자인 비용, 컨설턴트 비용, 프로젝트 관리비용, 보험, 프로젝트 예비비 등을 포함하여 넓게 적용된다.

디자이너의 주된 관심은 실제 비용에 예산을 맞추는 것이다. 예산의 확보는 매우 실질적인 일이다. 이론적인 비용의 책정은 프로세스 초기에 이루어져야만 한다. 소규모 프로젝트의 경우, 초기 단계에 공사비 추정 혹은 계약을 위한 전문가를 두는 것은 실질적이지 않을 수도 있다. 대신, 디자이너는 자신의 경험을 토대로 개략적인 수치를 제시해야만 한다. 그에 따른 위험은 시공 비용이 심하게 변동될 수 있고 물가 상승 혹은 시장 여건과 같은 많은 변수에 따라서 변화할 수 있다는 것이다. 그러므로 초기 비용 산정과 개략적인 추정에 있어서 알려지지 않은 변수에 대한 위험에 대한 예비비를 포함시키는 것이 중요하다. 다양한 유형의 돌발 상황이 있는데 디자인의 발전단계에 따라 전체적인 금액의 규모는 점자 변화할 수 있다.

돌발적 상황을 위한 예비 비 유형

디자인 단계의 예비비	비용 산정 중에 나타나지 않는 디자인 요소를 위하여 준비된 예산. 예산 책정이 빠르게 결정되면 될수록 디자인 변동에 따른 돌발적인 상황에 필요한 비용의 규모는 증가한다. 디자인이 점차적으로 문서화되면서 비용의 규모는 감소한다. 결국 시공도서가 완성되는 최종 시점에 이르러서 디자인 단계의 돌발적 상황을 위한 비용은 제거된다. 이러한 비용은 대체로 총 예산의 5~10% 정도에 책정된다.
시공 단계의 예비비	기존의 건축물을 리노베이션하는데 필요한 알려지지 않은 상황을 위하여 준비된 예산, 이러한 예산은 5~15% 정도로 책정된다.
건축주를 위한 예비비	프로젝트의 시공 중에 요구조건 변화를 대처하기 위한 예산, 디자인 요구의 변화는 대체로 현장 디자인의 변화, 스케줄의 변동 그리고 디자인과 스케줄이 함께 변화하는 경우다. 이 예산은 5~15% 정도이며 기존 건축물의 현장 조건에 따라 다르다. 일반적으로 건축물이 오래된 것일수록, 예상할 수 없는 상황을 위한 비용은 증가한다.
비용 증가를 위한 예비비	비용의 산정시기와 실제적인 시공단계의 시간적인 변화 때문에 발생하는 재료와 임금의 상승에 대처하기 위한 비용. 이러한 예비비는 프로젝트의 비용 책정이 된 시기부터 매년 3~5% 정도로 책정된다.

예산 결정에 관련된 용어

설계 변경	계약자에 의하여 제시되는 문서로서 프로젝트를 완성하는데 필요한 서비스의 수행비용과 스케줄 변화를 지시하는 문서
경쟁 입찰	완성된 설계도서와 세부지침에 의한 프로젝트에 필요한 공개적인 입찰, 클라이언트가 정부, 기관, 기업일 경우 최저가 입찰자를 선택하는 방식이다.
최대 보장 공사비 (GMP)	완성중인 디자인 도서를 토대로 공사 관리자에 의하여 보장되는 시공비용. 불완전한 설계도서에 의하여 비용에 관한 위험이 존재하지만 클라이언트와 시공자가 최대 보장 공사비에 동의해야 한다. 프로세스 과정의 매우 초기에 결정될 경우, 전체적인 프로세스가 쉽게 흘러갈 수 있으나 변경요구서에 의하여 최대 보장 공사비에 의한 진행을 어렵게 만들 수도 있다.
입찰 공고/입찰 초청	완성된 시공도서와 지침에 따라 사전 계약자들에게 프로젝트의 입찰에 참여를 요구하는 요청서
벨류 엔지니어링 (VE)	특별한 기능의 부여 혹은 프로그램의 요구에 대한 대처를 하지 않고 비용을 부가하는 항목들을 제거하거나 축소함으로써 프로젝트의 경비를 감소시키려는 노력. 가치 공학은 클라이언트, 시공 업자, 계약자, 디자이너 모두의 참여를 요구한다.

프로젝트의 범위

소규모 프로젝트의 디자인이 진행될수록, 디자이너가 제공하는 도면과 지침서에 근거한 프로젝트의 비용을 추정하는 관련 업체 계약자들과의 작업이 중요하다. 소규모 프로젝트에서 비용의 추정은 단위 면적을 기준할 수 없다. 오히려 공사 자재와 임금의 비용과 확인을 통해서 이루어져야 한다. 중규모 이상과 대규모의 프로젝트에서는 공사비 산출을 위한 전문가와 시공 관리자가 예산 계획을 준비한다. 견적 전문가가 비용 산출을 위해 예외적으로 고용될 수도 있다. 시공 관리자는 디자인 프로세스 초기에 고용되어 디자인 과정 내내 프로젝트의 비용을 관리하는 계약자 혹은 시공자이다. 이들 전문가들은 중요한 현장 경험을 가지고 있으며 단위 면적당 비용을 토대로 하는 프로젝트 예산을 산출할 수 있다. 그러나 예산은 항상 프로젝트 전체의 범위에서 세부적인 공사 하자와 오류를 예상하고 테스트되어야 한다. 매우 큰 프로젝트의 경우 프로젝트의 사장 가치를 테스트하기 위하여 여러 차례의 비용 산출이 요구되는 것은 기본이다. 테스트 마다 비용상의 큰 차이가 생길 경우, 재료의 물량을 확인하기 위하여 적산가들을 고용할 수도 있다. 비용을 확인하게 되는 경우, 단위 가격의 차이라기보다 물량의 차이에 의한 경우가 많다. 적산가들이 이러한 문제들을 해결할 수 있다.

예산의 구성

소규모 프로젝트에서 예산은 종합건설업자가 관련 하도급업자와 업무계약을 어떻게 입찰하였는가에 따라 전형적으로 항목화된다. 사업 분야는 일반적인 카테고리로 목공사, 배관설비공사, 전기공사, 미장과 도장 공사, 창호공사 등으로 구분된다.

중규모에서 대규모의 프로젝트에서 예산은 설계기준[미국기준 Construction Specification Institute's(CSI) index]에 따라서 구성되어야 한다. 기본적인 항목은 건축 업무분야에 따라서 세분화되며 세분화된 비용을 책정한다. 이러한 항목표는 디자이너가 어떠한 부분에 건설비용을 집중할지를 보여준다. 다음의 표는 CSI Index의 기본 형식이다. 이 표는 인테리어 프로젝트에 연관된 항목들과 분야를 보여준다.

CSI Index(본 항목은 미국의 색인 번호와 항목임)

Index No.	항목	세부 항목
01000	일반 조건	
02000	현장 시공	
03000	콘크리트 공사	
04000	조적 공사	
05000	금속 공사	05010 금속 재료 05030 금속 마감 05700 금속 장식
06000	목공사 및 합성수지공사	06200 목공 마감 06400 건축 목공 06600 합성수지
07000	단열 및 방수 공사	
08000	창호 공사	08100 철재 출입문 08200 목재 및 플라스틱 출입문 08250 출입문 조립 08400 출입문 및 정면 08500 철재 창문 08600 목재 및 플라스틱 창문 08700 하드웨어 08800 유리 공사

09000	마감 공사	09100	금속재료 마감
		09200	미장
		09230	골재 마감
		09250	석고 보드
		09300	타일 마감
		09400	테라조 마감
		09500	음향 처리
		09540	특수 표면 처리
		09550	목재 바닥 마감
		09600	석재 바닥 마감
		09630	블록 바닥 마감
		09650	탄성 바닥 마감
		09680	카펫
		09700	특수 바닥 마감
		09780	바닥 처리
		09800	특수 코팅
		09900	페인팅
		09950	도배
10000	설치 공사	10100	칠판 & 게시판
		10260	벽체 & 코너 난간
		10500	라커
		10600	파티션
		10650	전동 파티션
		10670	창고 선반
		10800	화장실 & 욕실 부속품
		10900	옷장 & 벽장 설치
11000	설비 공사		
12000	내장 공사	12050	직물
		12100	미술품
		12300	공산품
		12500	창문 처리
		12600	가구 및 액서서리
		12670	러그 & 매트
		12700	다양한 좌석
		12800	내부 식재 및 화분
13000	특수 시공		
14000	운반 시스템		
15000	기계공사		
16000	전기공사	16500	조명시스템
		16700	통신시스템
		16900	제어시스템

Chapter 2: 프로젝트 매니지먼트

디자이너와 클라이언트는 프로젝트의 성공을 위하여 계약, 비용, 디자인 프로세스 공통의 이해에 도달해야 한다. 거대한 프로젝트의 경우 프로젝트 매니저는 다양한 업무 분야를 조율하는 책임을 갖는다. 소규모 프로젝트의 경우, 디자이너는 프로젝트를 디자인하고 관리하여야 한다. 전형적으로 관리업무 내용은 프로젝트 초기부터 부담을 갖게 되지만, 모든 업무는 비용, 스케줄, 클라이언트와 합의가 균형을 이루도록 지속적으로 확인하여야 한다.

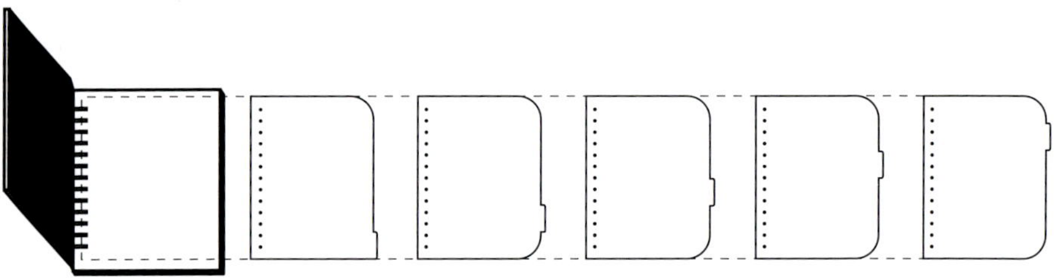

계약

디자이너와 클라이언트에게 프로젝트를 시작하는 첫 번째 단계는 계약서에 사인하는 일이다. 계약은 프로젝트의 계약범위, 계약 자격, 계약의 책임, 예외 조항, 계약기간, 계약조건을 결정한다. 이상적으로 특정한 디자인 업무, 제공되는 예시 패널, 렌더링 컷의 장수, 미팅의 횟수, 결정 사항 등의 계약 범위를 세분화하여 계약하도록 한다. 세부적인 범위에 덧붙여 계약은 계약 범위를 국한하는 계약 자격(혹은 면허)의 리스트를 포함시켜야 한다. 전형적인 계약조건은 아마도 '계약 면적을 토대로 하는 프로젝트 비용' 혹은 특정 '디자인 기간에 근거한 프로젝트 비용' 이다. 또한 계약의 책임 리스트를 추가함으로써 의사소통의 오류를 피할 수 있다. 예를 들어, '기존 건축물의 캐드 파일은 건물 소유자로부터 제공 받는다' 혹은 '프로젝트는 2개의 시공 프로젝트로 단계를 나눈다' 와 같이 제시한다. 계약의 예외 조항 리스트 역시 매우 중요한데 '내부 측량은 계약 조건에서 제외한다' 혹은 '가구의 선택은 계약 부분이 아니다' 와 같이 명기한다. 이러한 조건은 디자이너가 책임지지 않아도 되는 특정한 업무와 컨설턴트에 대하여 확인받을 수 있다. 계약은 반드시 서면으로 제시하여야 하고 프로젝트 일정을 보여주는 그래픽 스케줄도 제시한다.

모든 계약서에 포함되어야 할 동의 사항
책임의 한계
지불 조건
법률의 해석과 장애인 규정 준수
설계도서의 소유권
결과적 손해 방지
계약 중지 혹은 계약 연기 사항
보험과 보상

계약서를 작성할 때 피해야하는 공통된 실수
작업의 세부적인 범위에 대하여 정하지 않은 것
계약서에 사인하기 전에 프로젝트를 시작하는 것
보상의 방법을 정의하지 않은 것
일어날 수 있는 주의할만한 부가적인 서비스에 대해 언급하지 않은 것
배상해야 할 수 있는 항목들에 대하여 리스트를 작성하지 않은 것
지불 기한이 넘었을 때 작업을 멈추지 않은 것

설계비

비용을 조정할 때, 비용의 구성에 대하여 디자이너와 클라이언트의 동의가 필요하다. 대부분의 디자인 업무에는, 개별적인 프로젝트의 광범위한 차이들로 인해서 디자인 서비스에 따른 일반적인 설계비 혹은 기준이 되는 설계비가 정해져 있지 않다. 예를 들어, 주거와 관련된 프로젝트는 보통의 리노베이션부터 특별한 개별 디자인에까지 너무나 광범위하다. 그리고 디자인 비용은 시간 단위를 기준으로 구성하는 것이 가장 좋다. 대규모의 프로젝트에서 디자인 업무의 수행을 위하여 단위 면적을 기준으로 디자인 비용을 산정하는 것이 합리적이다. 대부분의 디자이너는 디자인 비용을 산정하는데 여러 가지의 방법들 중 하나를 선택하거나 여러 방식을 동시에 고려하고 클라이언트의 특별한 요구를 맞추기 위해 비용 항목들을 만들고 조정한다.

설계비의 구조

설계비의 구조	
고정 설계비	노동력에 근거한 특정한 합계, 시간 단위 비용을 기준으로 적용하며 모든 서비스의 단계별 과정을 산정한다. 환급 가능한 비용은 고정 비용에서 제외한다.
시간당 설계비	사전에 결정된 시간별 비용에 근거하여 프로젝트에서 디자이너가 소모하는 모든 시간에 대한 보상비용. 시간당 비용, 재료비를 추가한다. (예: 컬러 복사비, 인쇄비, 샘플링 등)
최대 지불 시간당 설계비	디자이너가 사전에 동의된 업무범위에 근거하여 작업할 경우 최대한으로 지급하는 비용을 산정한다.
부가설계비	디자이너가 구입한 재료, 비품 그리고 서비스(목공, 직물, 액자, 기타 제작 및 설치)와 그것을 디자이너가 산정한 가격으로 클라이언트에게 인도하는 비용. 덧붙여 디자이너가 투여한 노력과 시간에 대하여 특별한 비율로 산정한 부가적인 비용.
공사비 대비 설계비	전체 공사비에 근거하여 일정 비율로 산정된 비용
면적당 정산 설계비	프로젝트 면적의 확대로 인해 결정되는 설계비. 일반적으로 설계 면적을 기준으로 단위 면적당 합의된 비용을 정산한다. 프로젝트가 커지면 커질수록 단위 면적당 설계비는 낮아진다.

최근까지 거주 공간을 디자인하는 디자이너들에게 부가 설계비는 가장 광범위하게 활용되는 설계비였다. 현재는 디자이너의 작업 시간당 설계비로 디자인 서비스 비용을 산정하고 작업 생산물에 대하여서는 부가 설계비로 산정하는 것이 일반적이 되고 있다.

대체로, 디자이너는 디자인 착수를 위한 선금을 요구한다. 이 선금은 클라이언트가 디자인 프로세스를 시작 위하여 지불하는 대금이다. 흔히 클라이언트는 계약서에 사인하고 프로젝트의 최종 대금 청구서가 전달되면 지불한다.

관련 컨설턴트

인테리어 프로젝트를 위하여 관련된 컨설턴트에 대한 기준은 없다. 프로젝트의 크기, 유형, 범위에 따라 컨설턴트의 선정이 결정된다. 예를 들어 주방 리노베이션에 중요한 조명 공사가 필요한 경우, 조명 디자이너를 선정할 필요는 없겠으나 만약 아트 갤러리 프로젝트의 경우라면 조명 전문가를 선정해야할 것이다. 이러한 전문가를 선정하는 것은 클라이언트에게 디자이너가 제안할 책임이 있다. 다음의 리스트에서 보여주는 항목들은 인테리어 디자이너가 프로젝트 수행시 참고해야하는 컨설턴트다.

컨설턴트의 유형

컨설턴트	ID	A	책임 영역
음향 전문가	X	X	디자인, 디테일, 음향기준에 적합한 시공 결정 방법
미술 전문가	X		예술 작품의 추천과 설치
색채 전문가	X	X	도색 방법과 색채 계획
소방 전문가	X	X	스프링클러, 방화구획, 소방 계획
가구 전문가	X	X	가구와 기구, 설비의 선택, 배치, 활용계획
주방 전문가	X		주문 제작 주방의 디자인과 디테일
조경 건축가		X	조경 디자인, 디자인 요소의 결정과 제안
조명 전문가	X	X	조명의 선택과 디자인 및 제어장치 디자인
기계, 설비, 전기 전문가	X	X	기계, 전기, 설비 시스템의 결정과 디자인
미디어 전문가	X		시청각 설비 및 시스템의 디자인과 설치
안내/출입 시스템 전문가	X	X	건축물의 안내 및 출입 시스템의 디자인과 설치
지속가능한 시스템 전문가	X	X	지속가능한 시스템으로의 통합을 제안, 디자인
구조 전문가	X	X	프로젝트의 구조 요소를 결정하고 디자인

ID = 인테리어 디자이너
A = 건축가

디자인 단계

모든 전문직 종사자들을 디자인 프로세스의 기본적인 단계들에 참여해야 한다. 다음의 표는 소규모 인테리어 디자인 프로세스의 흐름과 각 단계들의 목표들을 정리한 것이다. 특수한 프로젝트가 가진 환경에 근거하여 타임라인은 매우 다양하게 나타날 수 있다. 그러나 프로젝트의 목표는 각 디자인 단계에서 반드시 달성해야한다.

프로그래밍	개념 디자인	디자인 심화
2주차	3주차	6주차
· 계약의 조율 · 프로젝트 스케줄의 심화 · 자료조사/ 현황조사 · 디자인 목표의 결정 · 공간적 요구의 결정 · 프로젝트 목표 설정 · 요구되는 컨설턴트 정리	· 각 디자인의 개념을 표현한 그래픽 결과물 · 클라이언트와 디자인 개념의 재고 · 건축물 안전과 법규의 검토, 확인, 처리 · 발전시킬 디자인의 개념을 선택하고 심화	· 확정된 디자인 개념 심화 · 평면, 천장도, 내부 입면, 전개도, 상세도의 준비 · 작품, 부대설비, 그래픽작업의 준비 · 안내 시스템 프로그램 · 세분화된 시공 재료 · 설비의 리스트 · 사전에 결정된 디자인 경비를 도급계약자와 확인

프로젝트 단계들

프로그래밍 : 클라이언트의 요구를 기록하고 분석하고 정의하는 과정. 문서화된 기록을 통해 목표를 설정. 연속되는 단계들의 디자인 해법을 재심화하는 토대가 된다.

개념 디자인 : 디자인 프로세스의 단계들을 브레인스토밍 한다. 이를 통해서 많은 가능성과 선택을 가진 디자인 프로세스를 심화하고 가치 있게 한다. 디자인의 목표는 프로젝트가 진행됨에 따라서 더욱 발전되어질 단 하나의 디자인 콘셉트를 의미하여 클라이언트의 동의가 필요하다. 또한 프로젝트의 특성과 미학적 의도를 위한 발전 디자인 발전 방향 역시 클라이언트의 동의를 얻는다.

디자인 심화 : 프로젝트의 디자인 심화 단계들에서 디자인 요소와 세부사항은 발전된다. 파티션, 가구 배치, 벽체, 창호, 바닥, 천장, 마감, 설치, 도배, 색채선택, 도장, 하드웨어, 조명, 전기, 통신시스템을 세분화하고 결정한다. 이 단계의 목표는 디자인의 고려사항들 전체의 상세한 확인과 정의이다.

시공 설계도서의 작성	공사의 감독
8주차	모든 공사 기간
· 실제 경비를 토대로 시공 범위의 확인 · 시공을 위한 설계도서의 준비 · 전문 계약자와 인터뷰 및 검증 · 클라이언트와 도급계약자와의 미팅 · 시방서 및 공사기준의 작성	· 건축 허가 사항의 확인 · 숍 드로잉과 샘플의 확인과 검토 · 관련 생산 현장의 방문 · 마감, 기구, 설비의 감독과 확인 · 보류중인 시공상의 하자 리스트 작성

시공설계도서 : 구조적으로 하중을 받지 않는 내부의 건설, 재료, 마감, 가구, 기구, 설비 등의 작업을 위한 시공도면과 시방서, 표준설계도서 등을 준비한다. 이 단계의 마지막에, 디자이너는 시공의 목적을 구체적으로 기술하고 시각화된 다이어그램을 통해 디자인 의도를 구체화해야 한다.

공사의 감독 : 계약된 사항을 감독한다. 클라이언트를 대신해서 현장을 감독하고 디자이너는 현장 도면을 검수하고 정기적으로 현장을 방문하여 프로젝트가 도면에 맞게 시공되는가를 확인한다.

Chapter 3: 드로잉의 기초

도면을 작성의 능력은 디자인 프로세스에서 필수적이다. 인테리어 디자인 업무에서 '드로잉' 은 다양한 형식을 의미한다. 우선 손으로 도면을 그리는 것, 컴퓨터로 도면을 작성하는 것, 또 사진작업과 다양한 의사소통의 표현 방식도 포함한다. 드로잉의 기준과 원칙들은 디자인에 관한 시각적 데이터와 아이디어의 전달을 용이하게 하기 위하여 필요한 것이다. 인테리어 디자이너의 작업에서 그러한 기준들이 어떻게 기능하고 보이는가를 이해하는 것이 매우 중요하다.

인테리어 디자인의 치수

드로잉의 선을 긋기 전에 인테리어 디자이너는 치수의 개념과 단위들을 분명히 숙지해야 한다. 국제적인 치수 시스템은 우리가 알고 있듯이 대상의 길이, 무게, 볼륨 그리고 대상과 대상의 관계 등을 결정하는데 가장 널리 사용되고 기준이 되는 국제단위시스템 SI를 사용한다. 기본적으로 미터를 사용하고 십진법을 활용하는 단위시스템이다. 선형의 길이를 측정하는데 미국식의 미터법으로 작업하는 디자이너는 U.S. 시스템에도 익숙할 것이다. 영국에서 발전시킨 방식의 기준은 몇몇의 측정 시스템을 결합시킨 특정한 단위시스템이다. 이 치수단위는 인치 inch와 피트 feet를 사용하고 세부 단위는 인치와 피트의 하위 단위시스템을 사용한다. 비록 모든 단위시스템을 결정하는 위원회에서 프로젝트에 S.I. UNIT을 사용하도록 요구하고 있으나 미국을 비롯한 세계의 몇몇 건설 산업에서는 여전히 관습적인 단위를 사용하고 있다. 그 예는 2″ x 4″ 각재, 4′ x 8′ 판재와 같이 사용한다. 그것은 건축분야나 엔지니어링에서나 마찬가지다.

치수 단위의 변환

종종 치수 단위는 자유롭게 변환된다. 치수 단위의 변환 방식을 이해하면 더욱 유용하다. 디자이너는 다양한 서적, 웹사이트 등에서 길이, 넓이, 부피, 그 밖의 측정 단위들의 매우 광범위한 정보를 접한다. 웹사이트에서 많은 온라인 변환계산기를 찾을 수도 있지만 대부분 인테리어 디자이너들은 다음의 표와 같이 치수를 자유롭게 변환할 수 있다.

유용한 환산 공식

초기 단위	곱하기	변환 단위	초기 단위	곱하기	변환 단위
inches	25.4	millimeters	millimeters	0.039 370	inches
feet	304.8	millimeters	millimeters	0.003 281	feet
feet	0.304 8	meters	meters	3.280 8	feet
yards	914.4	millimeters	millimeters	0.001 093 6	yards
yards	0.914	meters	meters	1.093 613 3	yards

초기 단위	곱하기	변환 단위	초기 단위	곱하기	변환 단위
square inches	645.16	square millimeters	square millimeters	0.001 550 0	square inches
square feet	92 903.04	square millimeters	square millimeters	$1.076\,391 \times 10^{-5}$	square feet
square feet	0.092 903 04	square millimeters	square millimeters	10.763 910	square feet
square yards	836 127.36	square millimeters	square millimeters	$1.195\,990 \times 10^{-6}$	square yards
square yards	0.836 127 36	square millimeters	square millimeters	1.195 990	square yards

길이 치수 단위의 변환

Inches	Millimeters (mm)	Centimeters (cm)	Meters (m)
0.25	6.35	0.635	0.00635
0.5	12.7	1.27	0.0127
0.75	19.1	1.91	0.0191
1	**25.4**	**2.54**	**0.0254**
1.25	31.8	3.18	0.032
1.5	38.1	3.81	0.038
1.75	44.5	4.45	0.045
2	50.8	5.08	0.051
3	76.2	7.62	0.076
4	101.6	10.16	0.102
5	127.0	12.7	0.127
6	152.4	15.24	0.152
7	177.8	17.78	0.178
8	203.2	20.32	0.203
9	228.6	22.86	0.229
10	254.0	25.4	0.254
11	279.4	27.94	0.279
12	304.8	30.48	0.305
24	610.0	61.0	0.610
36	914.5	91.45	0.915
48	1 219.2	121.92	1.219
60	1 524.0	152.4	1.524
72	1 828.8	182.88	1.829

인치와 미터 변환 (스케일의 사용)

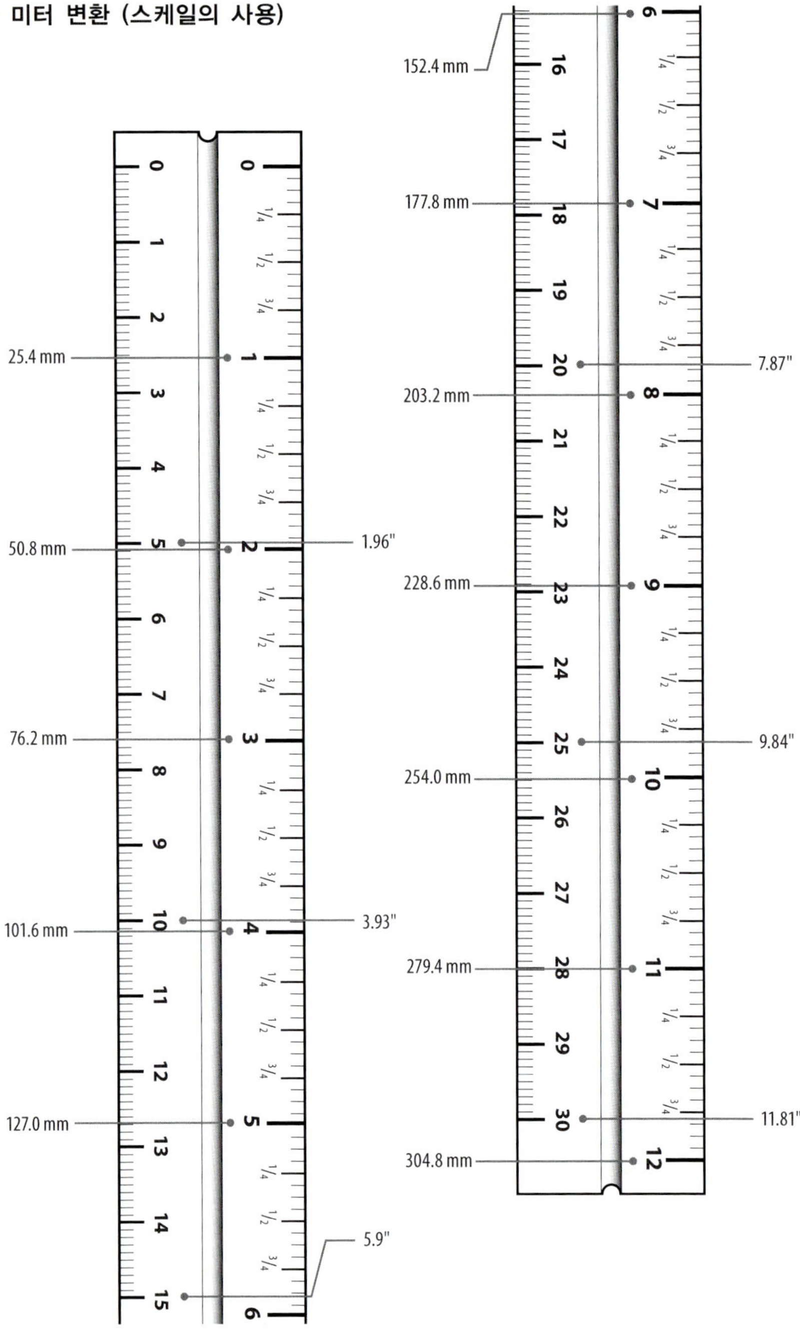

공학 계산기

공학 계산기는 건축과 관련된 산업에서 요구되는 치수단위의 변환을 손쉽게 돕는다. 계산기는 도색이나 도장, 미장, 도배, 구조물 설치와 같은 공사에서 계단, 층고, 보, 가새, 구조물, 재료의 크기 등과 연관된 피트와 인치 단위 수치를 신속하게 미터와 밀리 단위 수치로 전환한다.

제도 용구의 활용

컴퓨터가 인테리어 디자인 실무 대부분에서 주된 드로잉 도구로서 사용되고 있으나, 핸드 드로잉 도구들은 디자인 프로세스의 일부로 활용된다. 핸드 드로잉 도면의 제작은 아이디어와 디테일을 신속하게 발전시키는데 활용된다. 여전히 최종 투시도를 작성하는 데에도 드로잉 도구가 활용된다.

제도 용구	
홀더	2mm 지름의 드로잉 가능한 심을 사용하는 도구. 뒤 버튼을 누르면 심의 길이를 길게 할 수 있고 심을 날카롭게 할 수도 있다.
샤프펜슬	0.9mm 지름에 이르는 다양한 직경의 심을 사용하는 기계적인 펜으로 심을 날카롭게 할 필요가 없다.
연필	필기 가능한 소재의 심을 일반적인 나무로 감싼 펜슬, 프리핸드 드로잉과 스케치에 매우 용이하다.
홀더 심갈이	심을 특별한 형태로 날카롭게 갈아내는 도구
홀더 흑연 심	다양한 굳기를 가진 흑연 심으로 다양한 용지에 드로잉, 스케치를 하는데 매우 용이하다.
색연필	종종 프린트되지 않거나 사진에 나타나지 펜을 사용할 수도 있다.
플라스틱 심	벨룸 혹은 마일라 Mylar와 같은 드로잉 필름에 사용하기 위한 심
제도용 펜	제도용으로 제작된 특별한 두께를 표현하는 펜, 제도용 필름, 벨룸에만 사용함, 팁이라면 마른 후에 자주 청소하는 것이 필요.

평형자와 삼각자	
T-자	T자와 같이 생겼고 수직선과 수평선을 수직으로 유지하고 그릴 수 있도록 한쪽 끝에 수직으로 부착된 작은 자가 있는 자
평행자	케이블, 롤러, 스프링으로 이루어진 플라스틱 직선자. 이 자는 도면 위에서 모서리를 한 방향으로 움직일 수 있고 삼각자 등과 함께 사용한다.
삼각자	45/90도와 30/60/90도를 사용하는 플라스틱으로 된 삼각형자
자유(자재) 삼각자	어떠한 각도로도 사용이 가능한 플라스틱 자
템플릿	원형, 다각형, 가구와 같은 반복된 요소를 그리는데 필요한 단순한 형태를 뚫어놓은 플라스틱 시트.
자유곡선자	사용자가 임의로 정한 곡선 혹은 호를 따라서 길이를 측정할 수 있는 자
운형자	다양한 곡률과 반경을 갖는 곡선을 따라 그릴 수 있도록 만들어진 플라스틱 자

종 이	특 성	크 기	용 도
트레이싱 페이퍼	희거나 노란 빛이 있는 얇고 투명한 종이	30,45,60,90cm 넓이의 롤지로 제공	스케치 혹은 도면 디테일 수정, 작업을 겹쳐서 확인하고 펜, 잉크, 마커에 유용함
벨룸	트레이싱 보다 두껍고 16, 20, 24 파운드의 다양한 무게의 용지가 있음 부드럽고 투명함	낱장, 롤로 제공	시공도면: 강한 펜 표현이 가능한 디테일 도면, 투시도. 펜, 잉크, 마커에 유용함
제도 필름	마일라 Mylar로 언급되기도 하고 단면 혹은 양면으로 사용가능하다, 다양한 무게의 용지가 있으나 0,003, 0,004를 가장 많이 씀	36″, 42″의 롤과 A계열의 낱장으로 제공	시공 도면: 홀더, 잉크를 사용하며 쉽게 지워지고 잘 찢어지지 않음
본드지	다양한 두께가 생산되며 불투명하고 한쪽은 거칠고 다른 쪽은 부드럽다.	다양한 크기의 낱장	최종 도면: 펜, 잉크, 수채, 모두 가능하다
일러스트레이션보드	골판지를 뒤에 대어 겹으로 만든 종이. 홑겹(1T) 혹은 두겹(2T)으로 제작	다양한 크기의 낱장	최종 프레젠테이션, 드로잉, 모델제작
폼보드	폴리스티틸렌의 양면에 종이를 붙인 보드, 다양한 두께로 제작	A1 사이즈로 낱장	손쉬운 모델 제작, 출력된 용지를 간단히 접착 가능한 프레젠테이션 보드

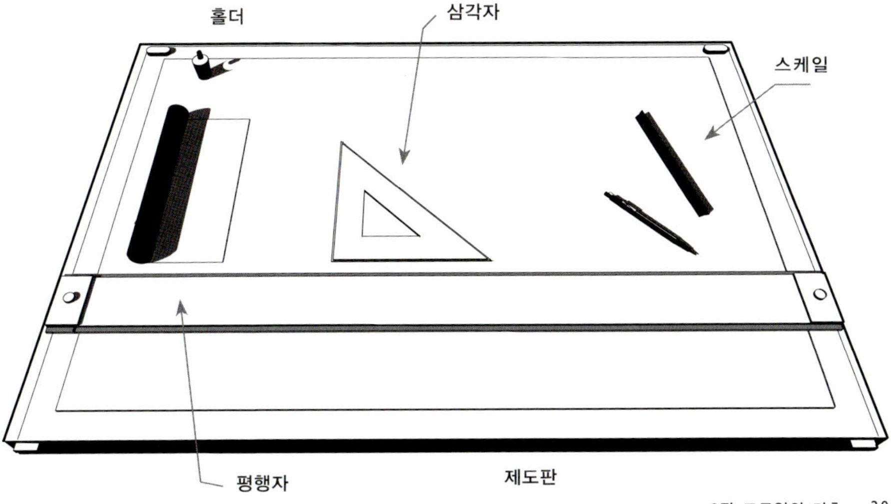

드로잉 원칙의 이해

이해와 설명을 위하여 디자이너는 클라이언트, 컨설턴트 및 도급계약자에게 공통으로 제공하는 수많은 드로잉의 원칙을 통해 도면을 작성하고 제공한다. 이러한 필요한 도상적 축약을 통해서 선, 기호, 텍스트를 사용하여 디자이너의 시각을 전달한다.

선의 두께와 유형

선은 인테리어 디자이너가 의사소통하는데 중요한 도구다. 선은 프로젝트에서 의도된 계획을 전달하고 공간의 단면 특성을 제시하고 시각적으로 도면을 읽는 사람에게 선의 위계, 유형, 의도 등의 다양한 상황들도 전달한다. 이러한 선의 유형과 두께는 다양한 방식으로 표현되며 그것은 수작업에서나 컴퓨터에서도 유용하게 적용된다.

선의 유형은 인테리어 드로잉에서 많은 기능을 갖는다. 디자이너는 상대적인 의미를 다양한 두께의 차이로 결정한다. 더 두꺼운 선은 평면과 단면의 절단면을 표현하는데 주로 사용된다. 그리고 좀 더 얇은 선들은 표현의 외곽선 그리고 공간 내의 가구와 설비를 표현한다.

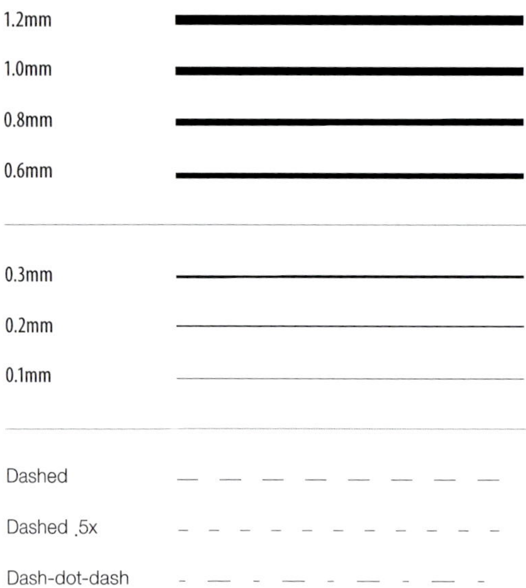

두꺼운 선

평면과 단면의 절단선, 절단된 오브제의 윤곽, 드로잉의 외곽선에 사용된다.

중간 혹은 얇은 선

치수선, 잘려지지 않은 오브제의 윤곽, 시점으로부터 숨겨진 오브제에 사용된다.

점선(파단선)

숨겨진 오브제를 그리거나 평면의 아래 혹은 위의 물체를 표현할 때 사용된다.

점선은 숨겨져 드러나지 않은 오브제는 물론 싱크대 상부 수납장과 같이 평면도에서 절단면 위의 대상과 벽체 상부의 변화 등을 표현한다. 또한 참고를 위한 보조선들로 사용된다. 구조적 그리드, 전기 배선, 조명과 스위칭, 배관 설비 등에도 사용된다.

평면의 드로잉에서 위계는 선의 두께와 유형의 조심스러운 사용을 통해서 확정된다. 아래에서 평면의 절단된 벽체가 가장 두껍게 표현된다. 가구와 추가적인 설치구조는 벽체보다 가볍게 표현한다. 선반이나 수납장과 같은 숨겨진 요소들은 점선으로 표현된다.

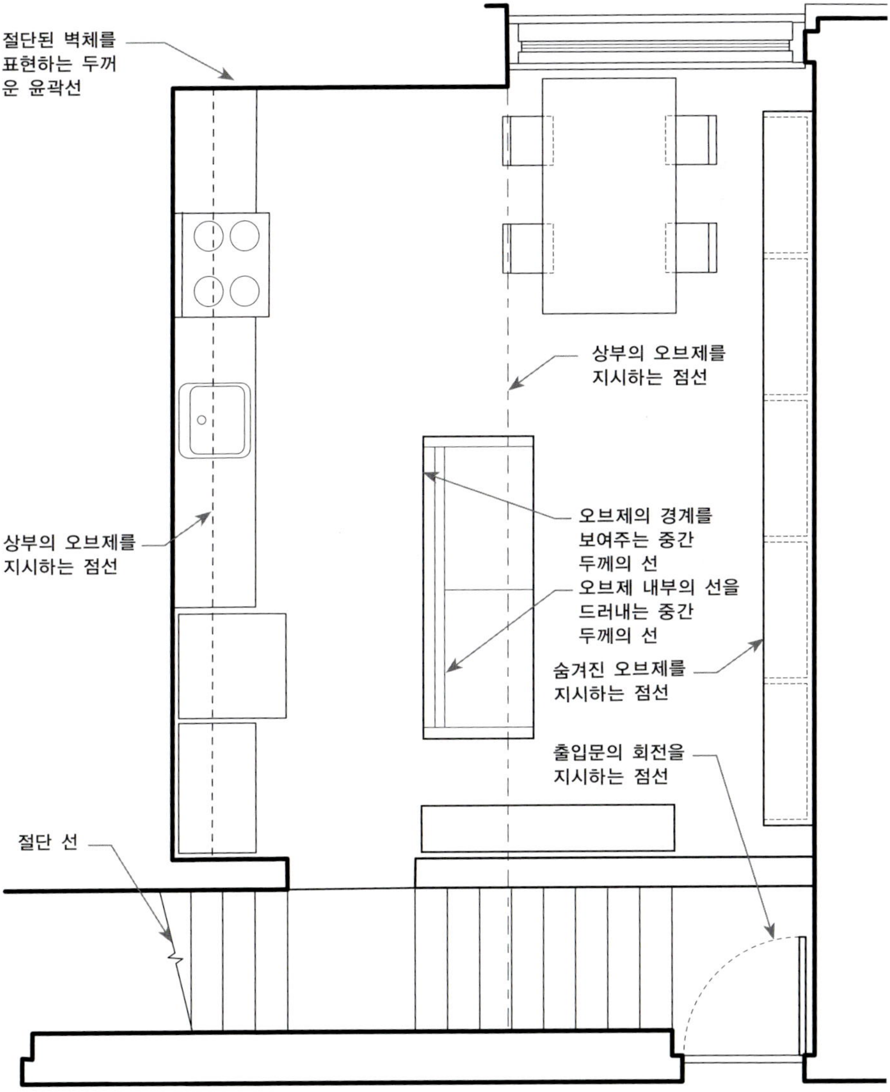

도면의 기호

도면의 기호는 다양한 여러 도면에서 필수적인 요소들을 상세하게 표현하고 서로 간의 관계를 규정된 언어로 대변한다. 아래의 기호는 전형적으로 인테리어 도면에 사용되는 기호들이다.

기본적인 도면 번호의 지시

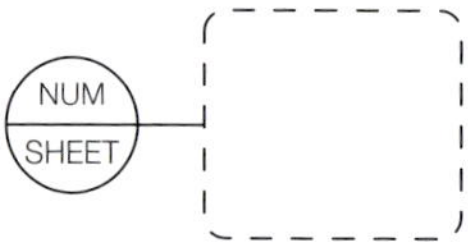

연관된 상세 도면의 참고

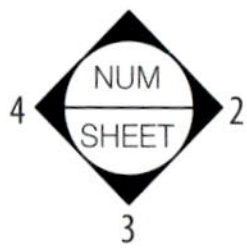

인테리어 내부 입면(전개도)의 지시

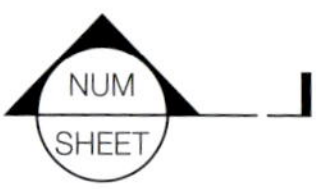

벽체 상세도 혹은 단면 상세도

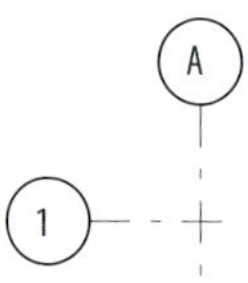

기둥 중심선 그리드

도면명/축척

검토 대상의 표시와 번호

절단선

창호 유형

출입문 유형

벽체 유형

중심선

실명 및 번호

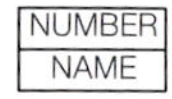

벽지

바닥용 직물 깔개

벽체 마감

조명 설치

평면도의 기호는 전체 도면에서 다른 도면을 지시하는 키워드가 된다. 대칭으로 그리는 천장도, 입면도, 단면도, 상세도에서도 마찬가지다. 디자인에 포함되는 요소들은 쉽게 도면에서 도면으로 읽혀질 수 있어야만 한다. 도면에서 재확인되고 쉽게 공동작업이 될 수 있어야 한다. 치수는 건축 도면 주변에 보조선, 치수선을 사용하여 제시한다. 혹은 건축 도면 자체의 내부에도 필요에 따라 제시한다. 텍스트와 숫자의 용이한 가독력은 도면을 읽는데 매우 중요하다.

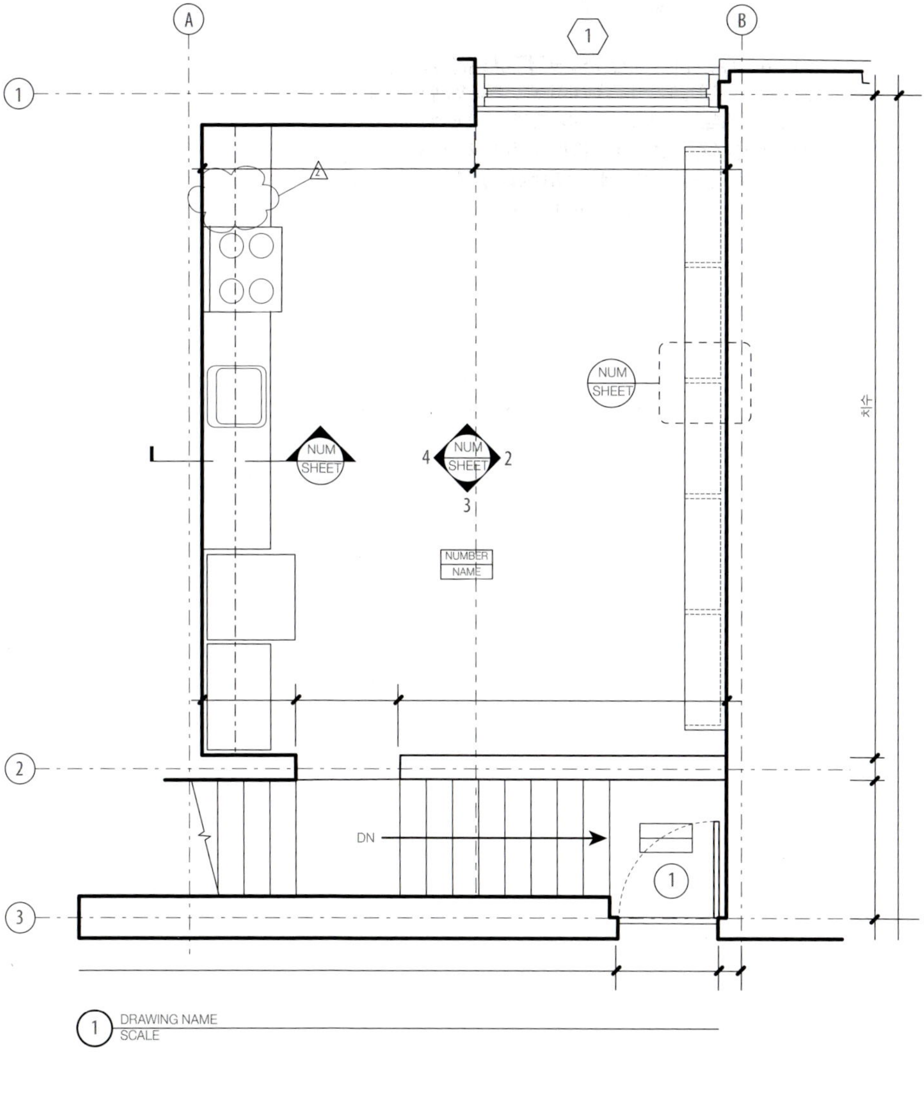

인테리어 디자인의 도면 유형

도면은 인테리어 디자이너가 가진 무기 중에 가장 중요한 커뮤니케이션 도구다. 어떤 도면은 건축이나 전기공사 등과 같이 다른 범위의 것과 겹치기도 하지만 대부분은 인테리어 디자인만의 독특한 부분이다. 다음의 도면은 인테리어 디자이너에게 친숙한 전형적인 도면을 보여준다.

평면도

평면도는 가변적인 파티션으로부터 외벽에까지 프로젝트를 규정하는 공간적 한계를 확정한다. 벽체는 치수선에 의하여 한정되고 바닥 평면 내부의 편리한 위치에 중심선을 따라서 출입문을 그려 넣는다. 평면은 한눈에 전체를 이해할 수 있는 크기의 스케일로 그려진다.

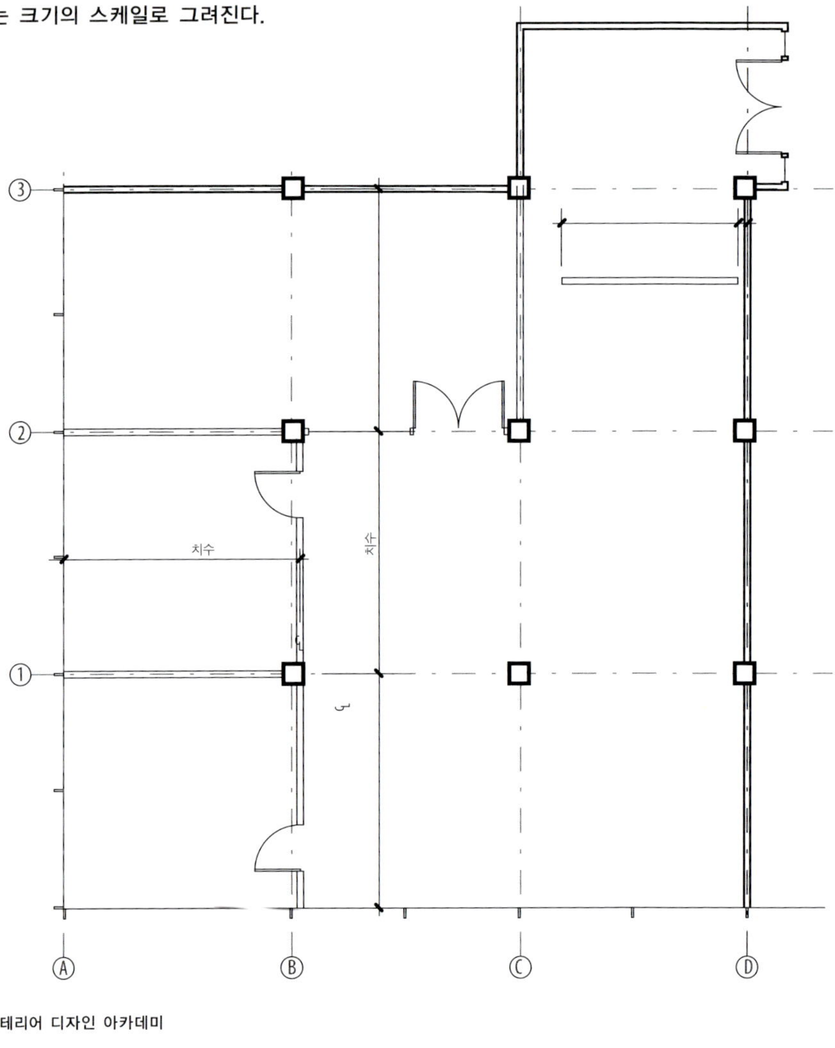

반사된 천장도

반사된 천장도(RCPs)는 거울을 통해 바라본 개실의 상부 표현을 묘사한다. 모든 조명 위치, 천정마감, 구조물 하부, 인방과 문틀, 상부 프레임의 높이와 재료 등의 정보를 천장평면도에 기록한다. 표준 기호를 사용하여 고정 방식과 위치를 기록하고 도면 내에 색인을 통해 기호의 의미를 전달한다.

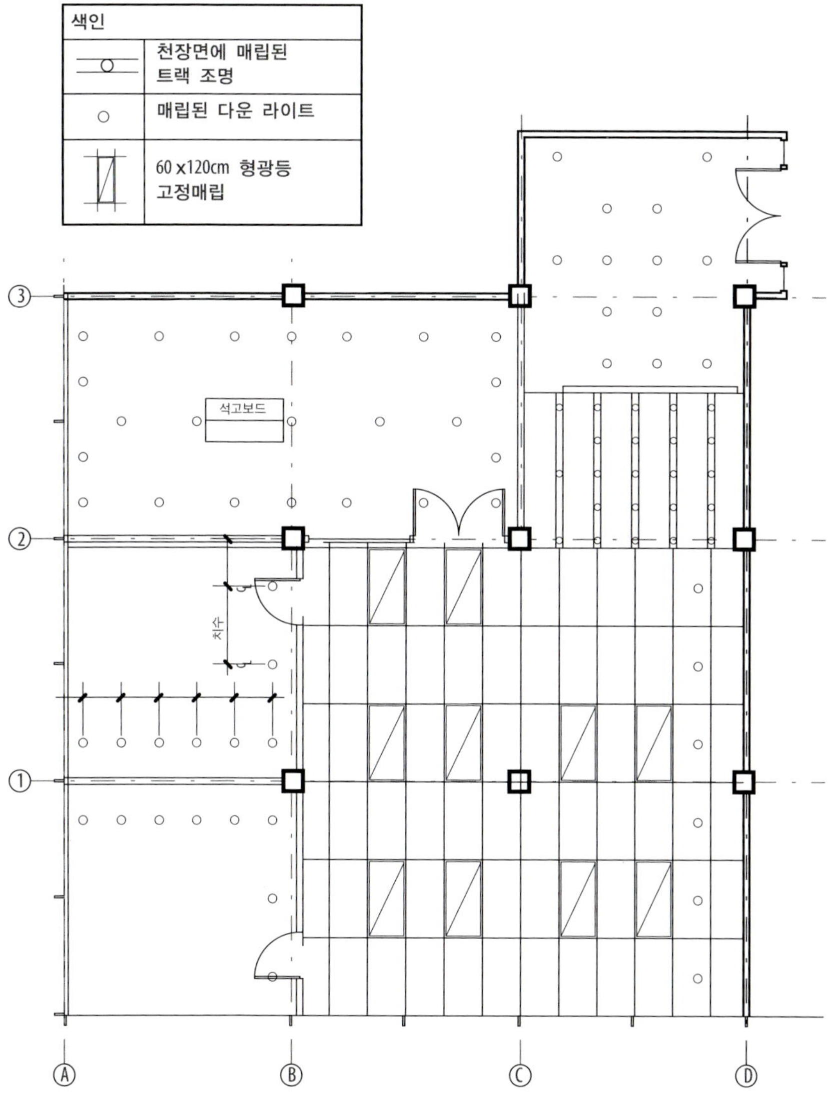

가구 배치 계획

인테리어 디자이너는 종종 프로젝트에 적절한 가구를 결정하고 선택 구입하거나 제작한다. 이러한 아이템들은 많은 다른 도면 위에 기록된다. 가구 배치 계획은 프로젝트의 평면에서 위치를 확인할 치수들을 상세히 기록한다.

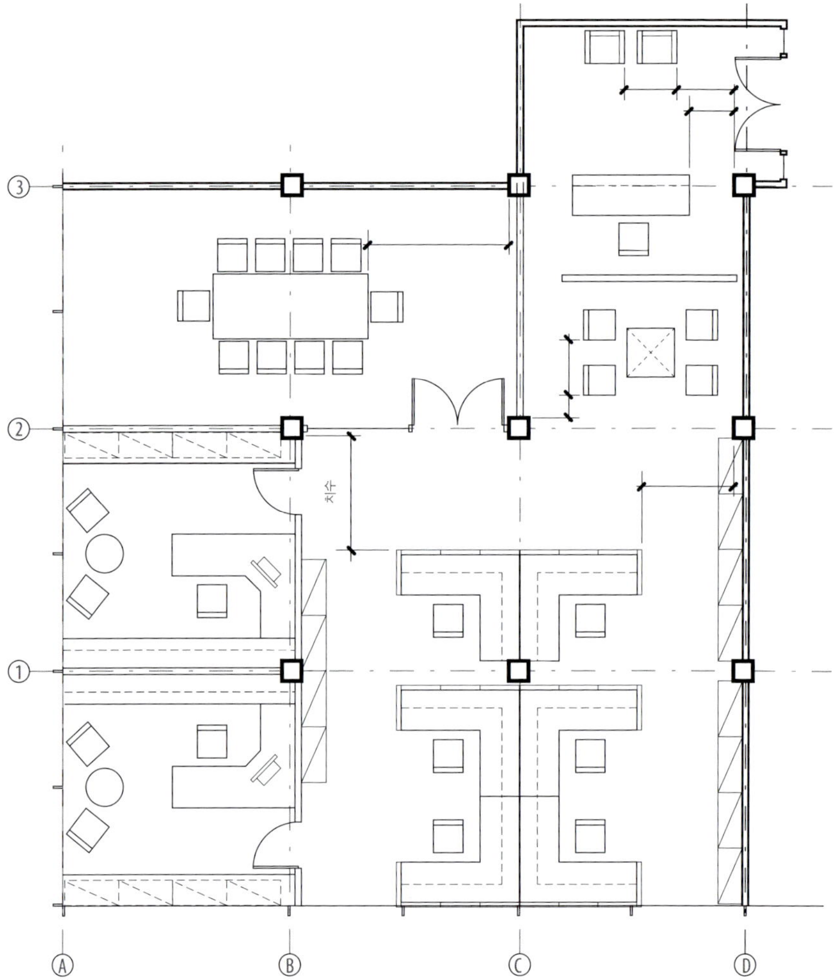

바닥 마감 계획과 벽체 마감 계획

바닥 마감 계획과 벽체 마감 계획은 프로젝트에 사용된 다양한 마감 정보를 상세히 기록한다. 마감 정보는 필요한 치수를 통해 기입한다. 마감 유형을 확인할 수 있는 표준 기호를 사용하고 각 도면에는 색인을 통해 사용된 기호들을 제시한다.

바닥 마감 계획

바닥 마감 계획은 디자인 범위 내에서 사용된 마감의 유형, 위치, 패턴의 치수를 표기한다. 필요하다면 시작 타일의 위치도 기록한다.

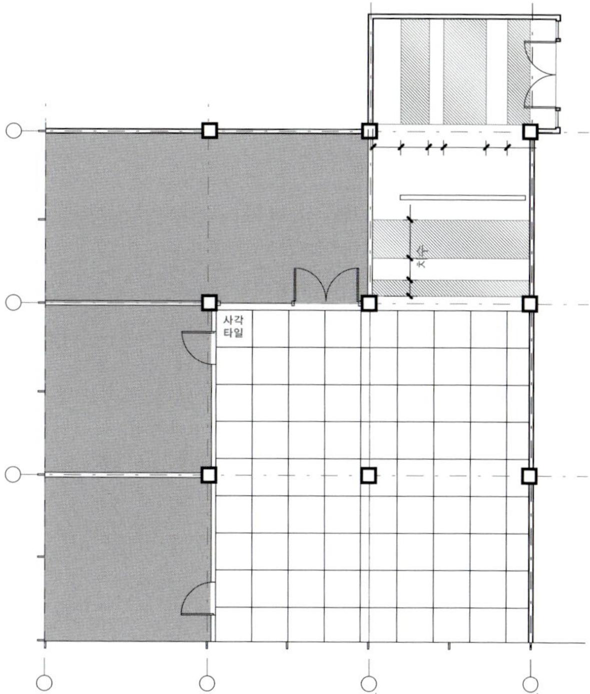

벽체 마감 계획

벽체 마감 계획은 간단히 내용을 덧붙이는 방식으로 재료, 색상, 마감의 시작과 끝 위치 지점을 제시한다. 그 지점의 벽지, 도색, 미장, 목재 패널 설치 그리고 음향 시스템 등의 마감을 기록한다.

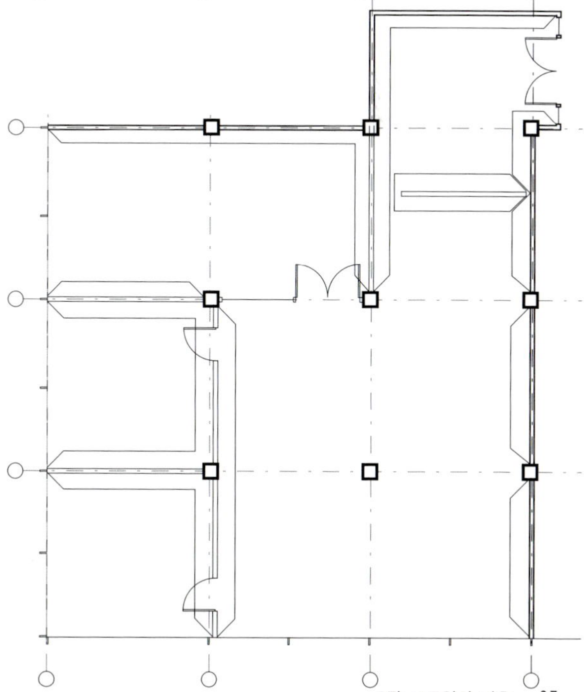

내부 입면도

내부의 입면은 대체로 프로젝트의 다른 도면들보다 큰 스케일로 작성한다. 입면은 더 많은 디테일을 기록하고 치수와 재료, 가구와 설비 등의 재료와 질감의 표현도 기입한다. 입면도의 작성에서 세부 요소들은 디자인을 더 발전시킬 수 있는 상세도와 함께 참조할 수 있도록 단면도와 평면도의 번호를 기입한다. 여기에서 캐비닛, 가로대, 출입문, 유리공사 등의 디테일과 고정 방식과 형태, 위치 등을 특히 집중해서 표현한다.

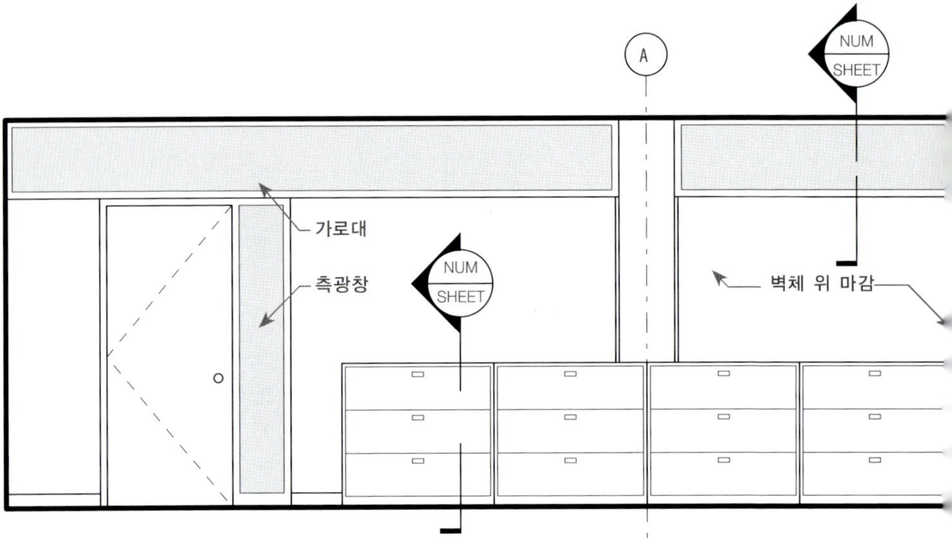

상세도

상세도는 어떻게 디자인이 서로 결속되어지는가를 상세하게 보여준다. 벽체의 단면으로부터 기계적인 결합에 이르기까지 그리고 벽체의 마감까지 모두 제시한다. 상세도는 다른 모든 도면보다도 더 큰 스케일로 제작된다. 상세도를 위한 스케일은 1/2 혹은 1/5과 같은 큰 스케일로 제작된다. 경우에 따라서 디테일은 디자이너의 의도를 분명하게 보여주기 위하여 도급계약자 혹은 설치전문가에게 실물보다도 확대된 스케일로 보여주기도 한다.

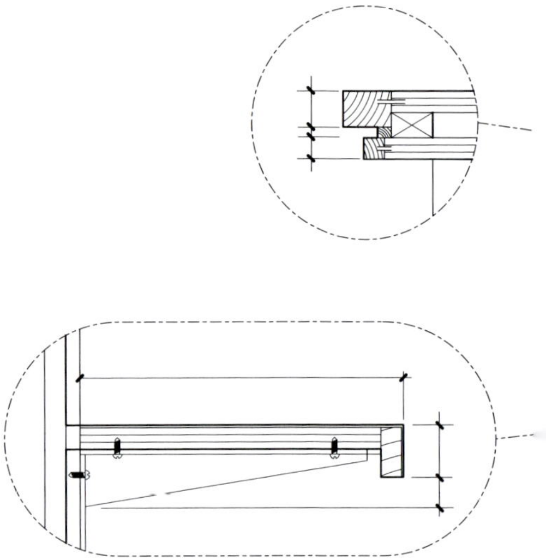

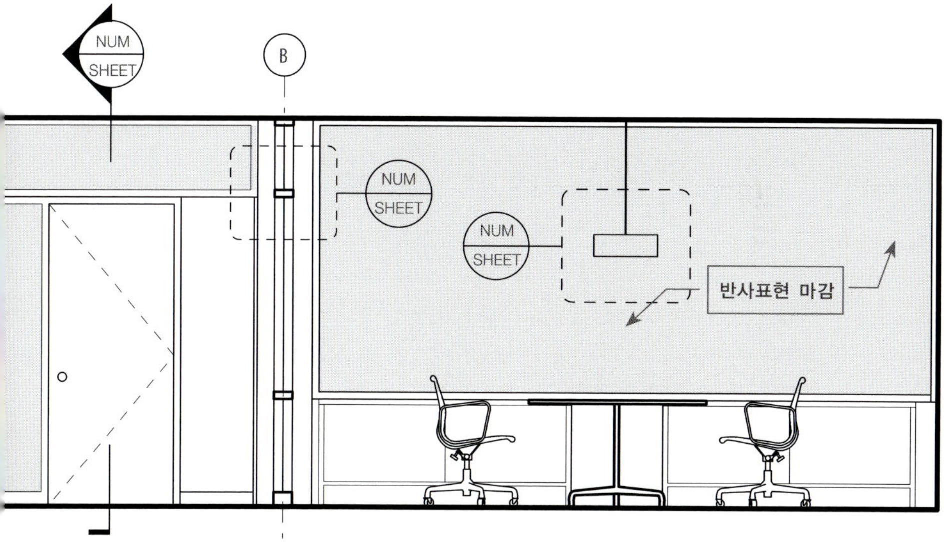
NUM
SHEET
B
NUM
SHEET
NUM
SHEET
반사표현 마감

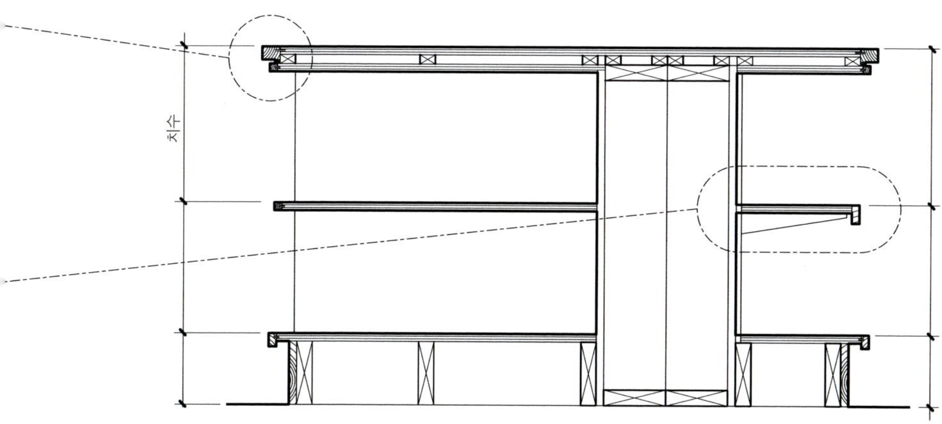
치수

도면 찾기

한 장을 꽉 채워 그리는 도면은 부분이나 혹은 전체이거나 나름대로 그 안에서 전체적인 계획을 모두 보여주도록 제작된다. 여러 장의 도면들을 한 장에 채운 경우, 일반적으로 좀 더 큰 스케일로 디자이너의 의도를 보여주기 위한 입면도, 상세도, 마감도 등에 사용된다. 이러한 유형의 도면들은 서로 간에 연관된 시스템에 따라서 번호가 부여되고 도면의 아래에서 기록된다.

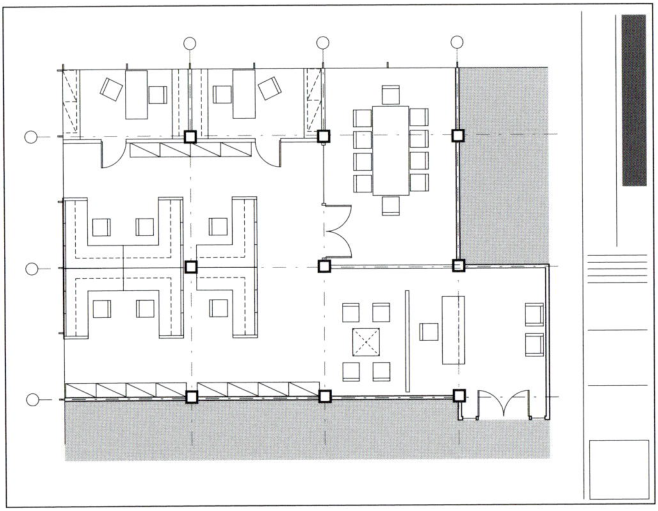

인테리어 실무에서, 한 장의 도면에 전체를 보여주는 모든 평면도, 천장도, 연관된 계획도면들은 동일한 스케일로 그려진다. (1:200, 1:100, 1:50)

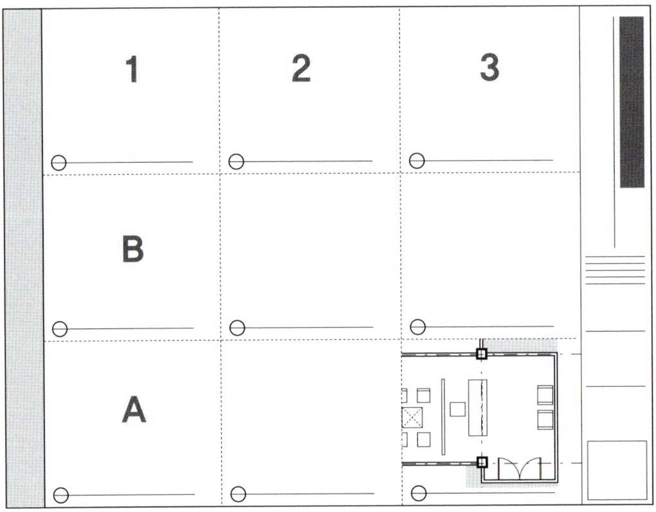

많은 유형과 스케일의 도면이 함께 그려질 때에는 도면의 배열을 왼쪽에서 오른쪽으로, 위에서 아래로 나름의 규칙을 가지고 배열한다. 그리고 번호를 지정하는 것도 규칙을 부여한다. 이 경우 각각의 도면들을 찾아서 읽기 쉽고 다른 도면과 연관시키기 용이하다.

상세도 찾기

도면집에서 도면들을 서로 연관시키는 전형적인 방법은 다음과 같다. 평면도(A)에는 좀 더 큰 스케일로 그린 상세도와 기타 도명 혹은 부분적인 정보를 포함하고 있다. 도면(A)와 서로 연관된 정보를 갖는 도면(B)는 또 다른 도면(C)을 지시하면서 그 도면이 공간의 입면도와 관련되어 있음을 제시한다. 입면도(C)는 또 다른 도면(D)의 정보를 확인할 수 있음을 제시한다. 이와 같이 다중적인 도면들은 서로 연관되어 더 많은 디테일을 제시하고 필요한 정보를 다른 도면으로 추가할 수 있다.

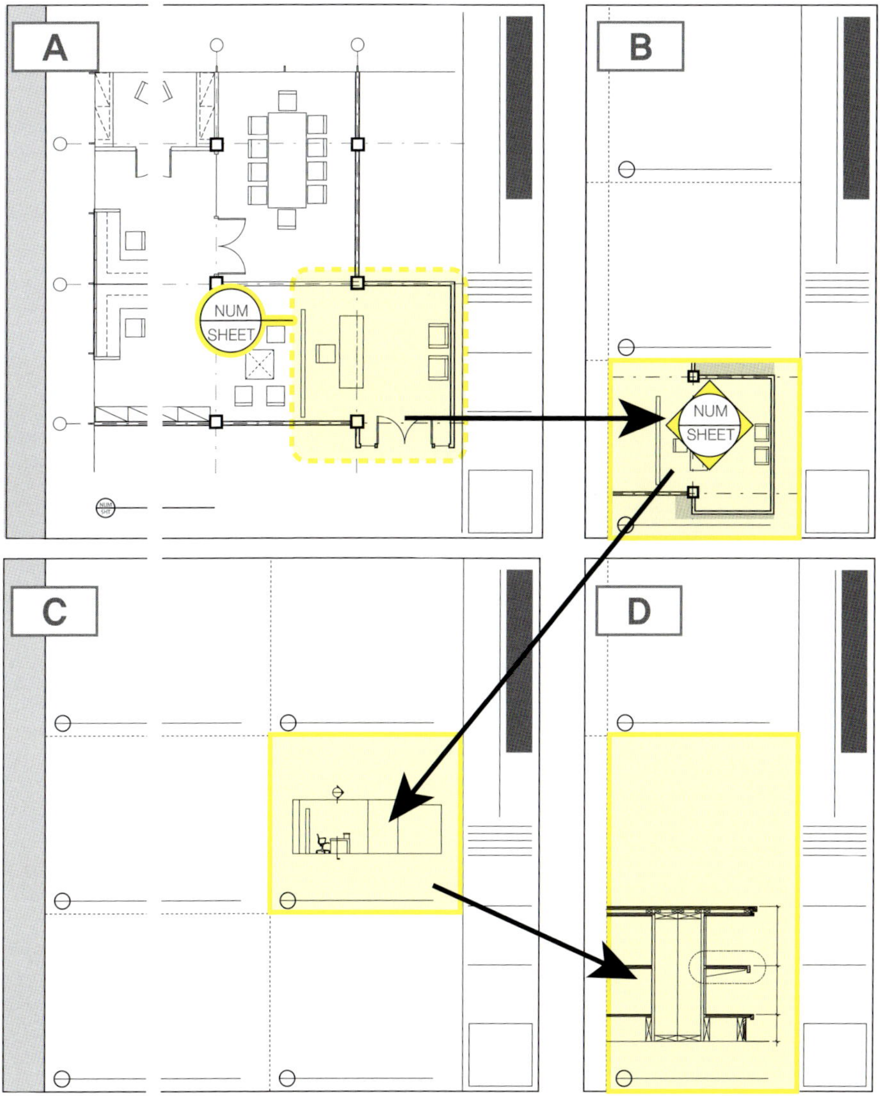

도면 순서

제작되는 도면의 순서는 디자이너, 프로젝트 마다 매우 다양하다. 좀 더 명확하고 질서있게 정리하기 위하여, 인테리어 디자인 작업을 구성하는 여러 유형의 도면들은 번호를 부여한다. 번호는 일반적으로 전체를 보여주는 계획에서 특별한 디테일 도면과 부가적인 도면의 순서로 부여된다. 이러한 도면의 제작 후에는 전문 컨설턴트의 도면도 기본 도면의 리스트 아래에 연속적으로 번호를 붙여 통합한다.

분류	도 면 명	제 작 목 적
	표지	프로젝트의 이름, 장소, 업체 정보 등 개요
	색인	도면집의 도면명의 개요, 축약 등
	대지 및 현장 계획	프로젝트의 컨텍스트
100	철거 계획	필요한 경우 철거의 범위와 일정
200	평면 계획	새로운 벽체, 공간의 배치와 크기 등
300	천장 마감 계획	조명과 천장 마감 계획
400	마감 계획	마감 위치와 방식을 구체적으로 계획
500	가구 배치 계획	가구의 유형과 배치
600	입면도	디테일과 마감의 높이 면적
700	벽체 단면도	벽체의 시공과 재료의 구분
800	목공사	현장에서 이루어지는 가구 설치 및 목공사
900	상세도	시공상의 상세한 정보 제시

S	구조	
Q	설비	
F	소방	
P	배관	
M	기계	
E	전기	

용지의 크기

도면의 제작에는 작업을 표현하기 위하여 다양한 용지의 크기가 사용된다. 미국에서는 일반적으로 건축적인 분류에 따른다. 다른 포맷으로는 공학적인 규격의 ANSI (American National Standards Institute)가 있고 유럽과 그 밖의 나라에서는 A-Series ISO 216 (International Organization for Standardization)를 쓰기도 한다.

ANSI			Architectural			ISO 216		
	Inches	Millimeters		Inches	Millimeters		Inches	Millimeters
A	8.5 × 11	216 × 279	ARCH-A	9 × 12	229 × 305	A0	$33^1/_8 \times 46^3/_4$	841 × 1 189
B	11 × 17	279 × 432	ARCH-B	12 × 18	305 × 457	A1	$23^3/_8 \times 33^1/_8$	594 × 841
C	17 × 22	432 × 559	ARCH-C	18 × 24	457 × 610	A2	$16^1/_2 \times 23^3/_8$	420 × 594
D	22 × 34	559 × 864	ARCH-D	24 × 36	610 × 914	A3	$11^3/_4 \times 16^1/_2$	297 × 420
E	34 × 44	864 × 1 118	ARCH-E	36 × 48	914 × 1219	A4	$8^1/_4 \times 11^3/_4$	210 × 297

상관적인 용지 크기

위 그림이 보여주는 것은 모든 용지의 크기가 중첩된 모습이다. 다양한 비율과 크기가 사용된다.

ISO 216 시리즈

ISO를 비롯한 ANSI, Architectural 사이즈는 각각 최초의 크기에서 절반의 크기로 줄어든다. 이러한 방식으로 용지는 동일비율로 작아진다.

3차원 도면의 유형

인테리어 디자인에서 3차원 도면은 2차원적 표현을 통해 이해하고 전달할 수 없는 디자인의 많은 부분을 시각적으로 제시할 수 있다. 일반적으로 이 3차원의 도면은 디자인의 의도와 전체 모습을 분명하게 해준다. 인테리어 디자인에서 3차원의 도면들은 프로젝트의 다양한 측면을 여러 시각에서 설명하고 시각화한다. 가구의 디테일, 색채, 마감, 조명, 그림자 등을 분명히 보여준다. 다양한 유형의 3차원적 도면들은 다양한 방식으로 프로젝트를 표현한다. 등각투상도는 모든 모서리를 평행하게 작도하여 3차원적 볼륨을 보여준다. 투시도는 지평선의 소실점으로 사라지는 모서리 선들로 이루어진 3차원의 볼륨을 생산한다.

투상도

흔히 엑소노메트릭 axonometric, 아이소메트릭 isometric, 사투상도 oblique 등으로 불린다. 이 투상도는 디자이너에게 매우 유용하다. 투상도는 측정가능하고 결합 가능한 평면, 단면, 입면을 하나의 도면 위에 결합시켜 평행한 모서리를 통해 3차원의 볼륨을 제시한다. 경사각의 선택은 대상의 어떠한 부분을 강조하여 보여줄 것인가를 결정한다. 적절한 각도를 선택하는 것과 투시 방법을 선택하는 것은 도면을 작성하고 성공적인 커뮤니케이션을 위해 매우 중요한 일이다.

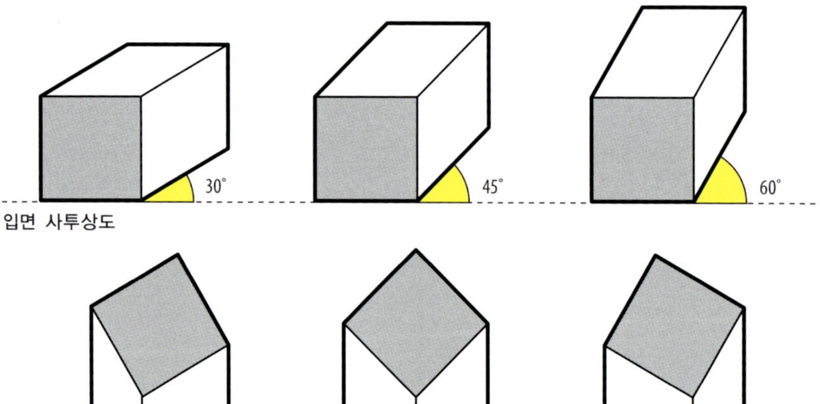

입면 사투상도

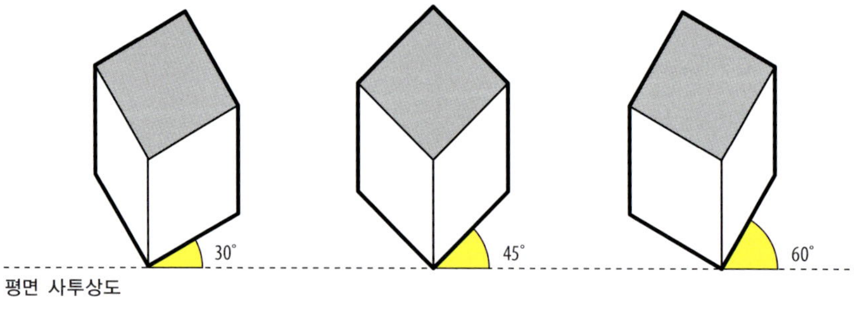

평면 사투상도

사투상도의 투시방향

사투상도의 투시방향은 평면 혹은 입면을 바탕으로 할 수 있다. 평면 사투상도는 도면의 시공에 사용되는 실제 도면을 바탕으로 표현할 수 있다. 시점의 각도는 다른 투상도의 투시방향 보다는 매우 높다. 입면 사투상도는 실제 입면을 바탕으로 작성된다. 두 투상도의 경사각은 오브제의 볼륨을 표현하기 위하여 30도 혹은 45도, 60도 등으로 선택할 수 있다. 오브제의 깊이는 선택된 기준면을 평행한 모서리를 확장함으로써 작도한다. 사투상도는 실제와는 달리 왜곡되어 나타난다. 종종 오브제와 비례를 맞추기 위하여 깊이의 절반 혹은 그 이상으로 압축하여 그리기도 한다.

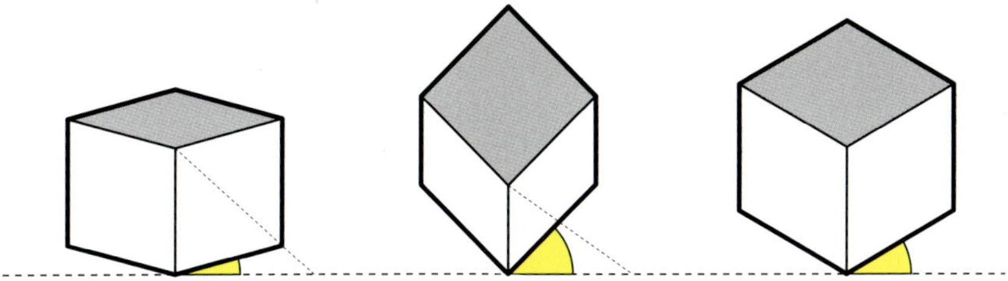

아이소메트릭 다이메트릭

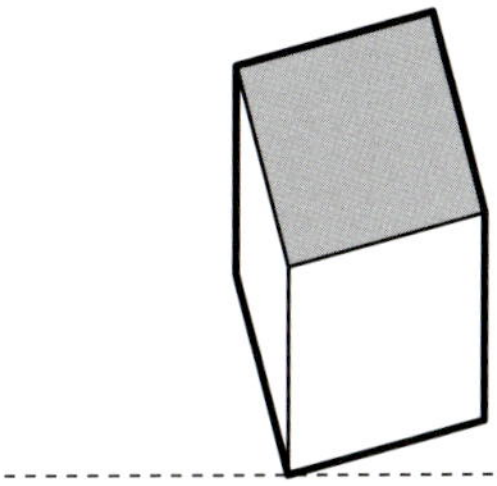

트라이메트릭

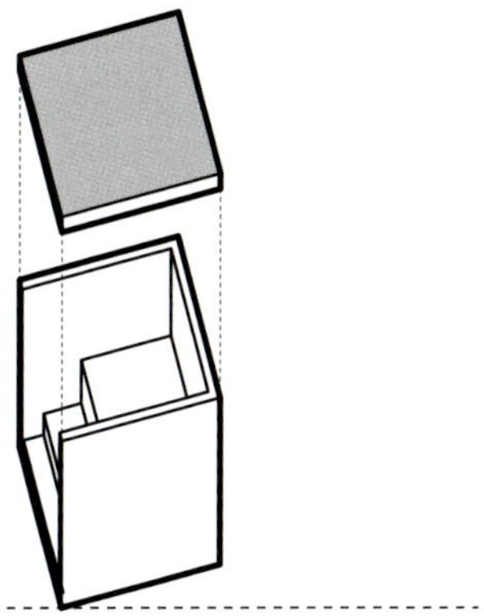

익스플로디드 엑소노메트릭

아이소메트릭, 다이메트릭, 트라이메트릭

아이소메트릭, 다이메트릭, 트라이메트릭과 같은 투상도의 작도는 또 다른 범위의 시각을 통해 도면을 작성한다. 이 도면들은 모두 엑소노메트릭 Axonometric으로 부른다. 이 3차원적 표현에서 오브제가 보여지는 시점과 각도는 사투상도보다는 낮다. 종종 평면 혹은 단면은 도면의 토대로 사용할 수 없을 수도 있다. 그래서 사투상도에서 시각적으로 왜곡된 결과물을 만들 수 있다. 아이소메트릭의 시각 방향에서, 오브제의 세 축의 각도는 기준이 되는 면의 모서리와 평행하게 작성된다. 그리고 필요에 따라서 길이는 동일하게 축소된다. 이러한 동일성 때문에 아이소메트릭은 엑소노메트릭 중 가장 널리 활용된다. 다이메트릭은 두 개의 시각적 방향, 즉 두 축을 먼저 축소함으로써 세 번째의 축은 왜곡을 방지하는 한에서 축소 확장할 수 있다. 트라이메트릭 도면은 모든 축 방향으로 길이를 서로 다른 정도로 축소시켜 작도한다.

때때로 디자이너는 분해해체된 아이소메트릭을 선호하기도 한다. 오브제로부터 내부의 요소를 보여주기 위하여 개별적인 벽체와 바닥면 혹은 구조체를 분해하여 이격시킴으로서 내부를 보여준다. 분해해체된 엑소노메트릭에서 중요한 것은 완전한 오브제를 요소들로 이해하고 재구성할 수 있는 시각적 능력이다. 점선은 이 도면에서 부분적으로 분리하여 이격된 요소들이 결합되는 방향과 거리를 제시한다.

투시도의 작도

내부공간의 투시도를 작도하는 것은 건축적인 투시도의 작성하는 것과는 차이가 없다. 인테리어 디자인에서 시각적 초점 obvious focus은 좀 더 쉽게 다양한 부분들의 참조가 되는 시점이 된다. 그러나 원통형의 시각 범위가 너무 커질 경우 혹은 투시도면의 시각 범위가 너무 넓어질 경우, 이미지가 심각하게 왜곡되지 않도록 주의가 필요하다.

화상면 Picture Pane(PP)

관찰자 시선의 중심과 항상 수직으로 서 있고 그 위에 투시도의 이미지가 투영되는 평탄한 가상면

정점 Station Point or eye point(SP)

관찰자의 시각적 위치와 높이

지평선 Horizon Line or eye height(HL)

관찰자의 시각 높이에 의해 생성되는 지평선의 위치. 전형적으로 수직의 측정선 방향으로 투시된다.

바닥선 Ground Line(GL)

바닥면과 화상면이 교차되는 부분

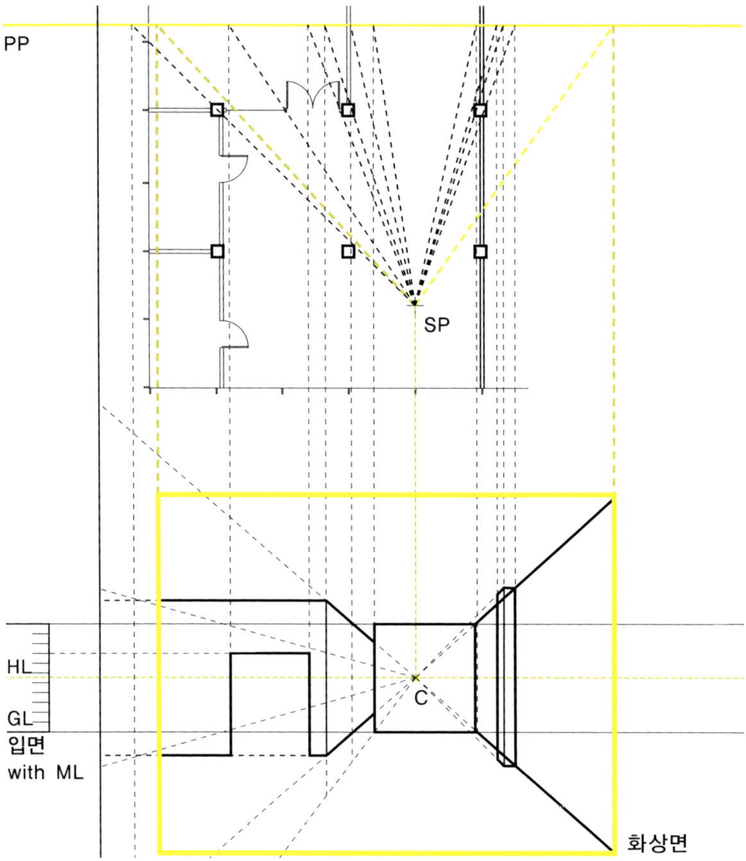

1소점 투시도

시선의 중심 Center of Vision(C)

1소점 투시도에서 수평선과 수직한 선으로 시각의 중심에 위치하는 선과 화상면이 만나는 점

소실점 Vanishing Point(VP)

소실점은 2소점 투시도에서 모든 평행선들이 시야에서 멀어짐에 따라 화상면 상의 어느 한 점을 향해 모이는데 이점을 소실점이라 한다. 소실점은 평면상의 여러 평행한 선들이 지평선에 가까워지면서 한 점으로 모인 곳이다.

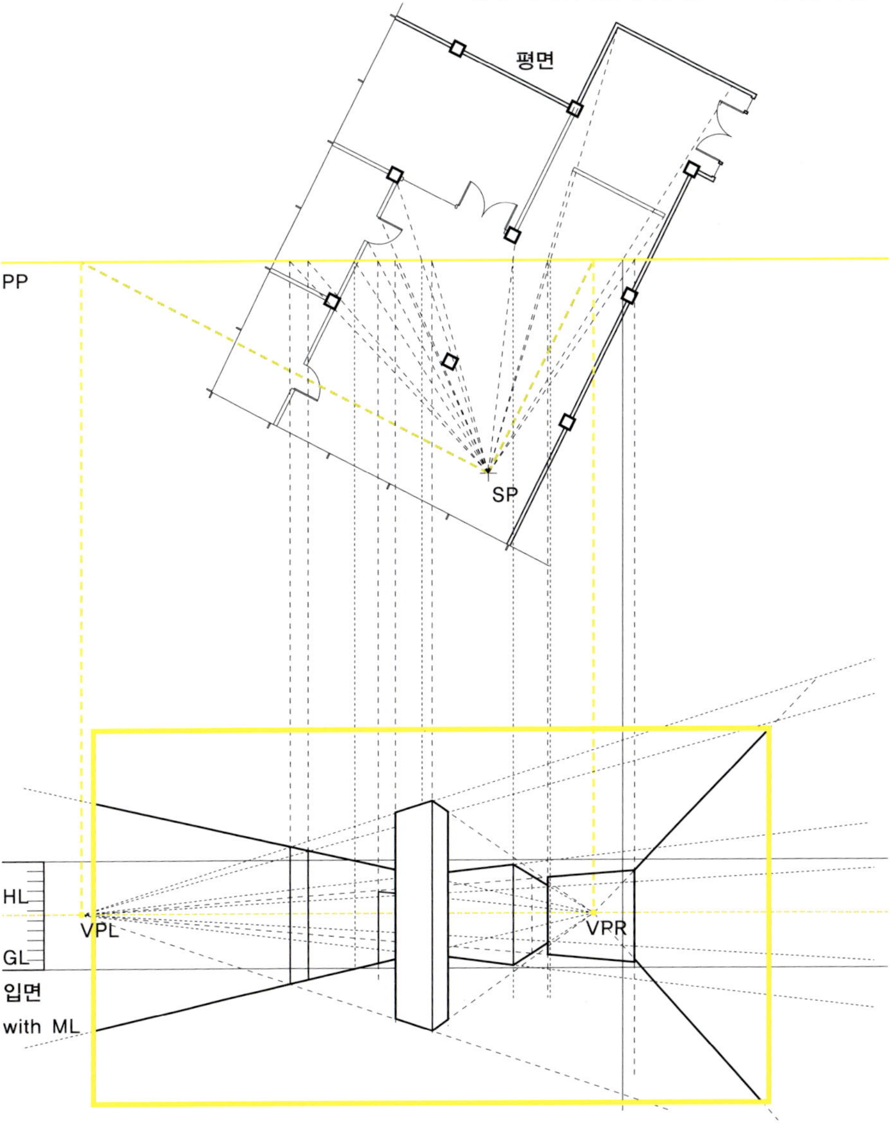

2소점 투시도

디지털 디자인 소프트웨어

아마도, 디자이너의 가장 도전적이고 중요한 결정은 컴퓨터 소프트웨어의 선택이다. 분명 디자인 회사는 특별한 기준을 설정하고 발전시킨다. 또, 새로운 기술들은 디자인 프로세스를 개념화하고 표현하고 결정하는데 영향을 미친다. 많은 어플리케이션이 다양한 디자인 방식을 가능하게 한다. 그러나 이러한 소프트웨어는 개인과 팀 작업에 적합한 훌륭한 도구로서 작업의 틀을 제공하는 방식에 따라 몇몇 그룹으로 나누어진다.

이미지 편집 소프트웨어

인테리어 디자이너에게 중요한 도구로서 이미지 작업을 위한 소프트웨어는 렌더링, 사진작업, 그리고 다른 드로잉에 재료, 색채, 가구, 공예, 공간의 이미지를 꼴라주하여 조작할 수 있게 한다. 이미지 소프트웨어는 투시도에 디테일을 추가하거나 도면의 중요한 부분을 강조하고 평면과 입면의 상세한 부분들을 표현하는데 유용하다. 이러한 소프트웨어들은 여러 레이어를 사용하고 이 레이어들은 디자인의 다양한 측면들을 효율적으로 조작하고 표현하도록 한다. 또한 복수의 선택적인 계획을 심화하는 것도 가능하게 한다.

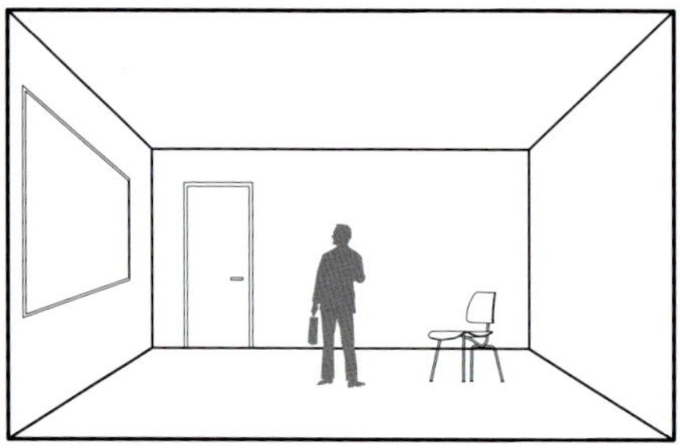

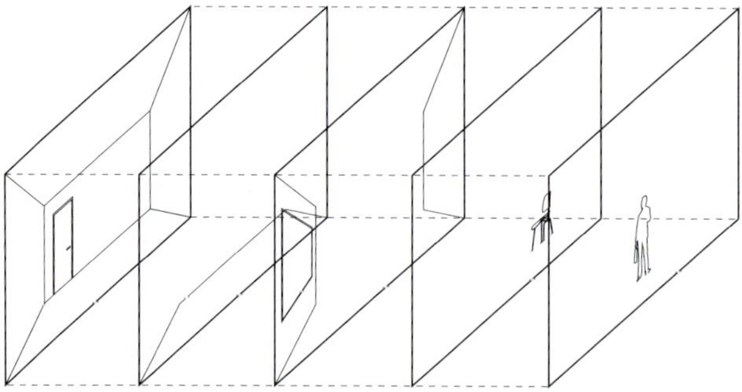

원본 이미지 위에 시각적으로 여러 레이어를 설정한다. 2차원의 소프트웨어의 레이어를 설정하는 것은 도면의 특정한 부분과 분리된 작업 결과를 시각화할 수 있다. 그것이 기본 계획 이미지이거나 혹은 시공 도면이거나 상관이 없다.

래스터 이미지

래스터 이미지는 색채의 점, 픽셀의 집합으로 이루어진다. 이 픽셀은 전체 이미지를 위한 해상도에 따라 달라진다. 주어진 이미지에 더 많은 픽셀이 들어가면, 해상도가 더 높아진다. 그리고 스크린 위에 표현된 이미지에는 더 많은 세부 정보의 표현이 가능해진다. 래스터 이미지의 표현 정도는 그 용량과 매우 관계가 크다. 다양한 색채와 픽셀들의 조합들은 하나의 파일에 기록된다. 더 작은 용량의 파일에 저장하기 위하여 래스터 이미지는 압축기술을 사용하는데 이미지의 화질에 영향을 미칠 수 있다. 그러한 압축 저장 형식은 원본을 압축하면서 정보의 일부를 손실하므로 이미지는 저화질 이미지로 부른다.

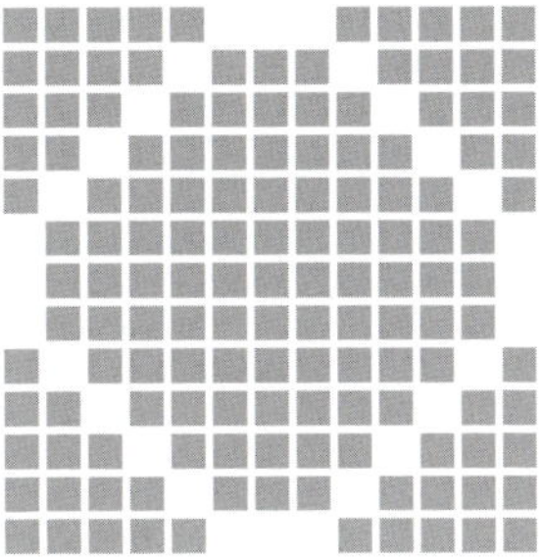

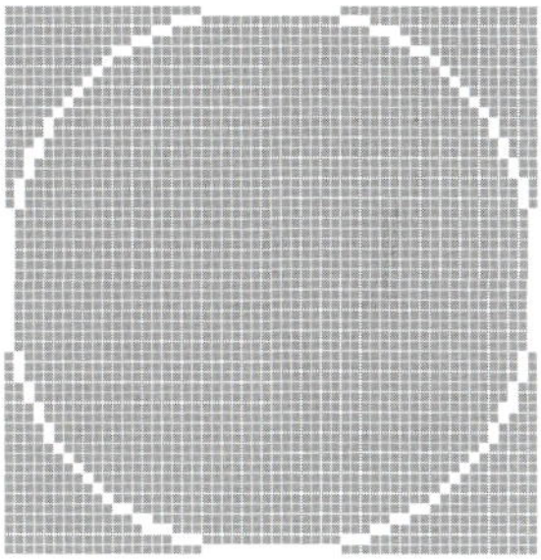

래스터 파일 타입

TIFF, JPG, GIF, PNG 그리고 RAW 파일 타입은 모두 래스터 파일 타입의 유형이다. 각각의 파일은 장점과 활용방식이 다르다. TIFF는 JPG와 달리 압축되지 않은 파일 형식이다. JPG와 GIF는 온라인 혹은 앱을 통해 스크린에 프리젠테이션하는데 유용한 형식이다. PNG 파일 형식은 평면과 같은 이미지를 섬세한 선 작업으로 저장하는데 쓰인다. RAW 파일 형식은 디지털 네거티브로 부르는데 최종적인 작업 마감에 사용된다.

래스터 이미지 처리

래스터 이미지를 수정하고 조작하는 여러 어플리케이케이션이 있다. 그 중에서 가장 인기 있는 것은 아도브사의 photoshop이다. 이러한 소프트웨어는 사용자 이미지의 오류를 수정하는 것을 가능하게 한다. 또 투시도, 평면도, 단면도에 재질을 더하거나 여러 조각으로 전체 이미지를 만드는 것이 가능하다.

우측의 이미지들은 압축도가 증가함에 따라서 이미지의 질적 수준이 낮아지는 것을 보여준다.

TIFF 200 dpi

PNG 200 dpi

JPG 200 dpi 고해상도

JPG 200 dpi 저해상도

벡터 이미지

벡터 그래픽은 래스터 이미지와는 상대적인 처리 방식이다. 벡터 파일은 수학적인 정보를 시각적 형식으로 변환하여 점, 선, 곡선, 폴리곤의 형태로 제공한다. 각각의 형상은 일련의 정보의 통합으로 정의된다. 컴퓨터 어플리케이션은 통합된 정보를 시각적인 그래픽으로 전환한다. 벡터 파일은 해상도 문제에 있어서 훨씬 자유롭다. 이러한 해상도 문제의 해결은 그래픽 결과를 매우 작거나 혹은 아주 큰 스케일로 출력하더라도 정보의 손실이 일어나지 않는다. 더욱이 래스터 이미지와 비교하여 수학적 관계의 연속으로 이루어져 파일 사이즈 역시 매우 작다.

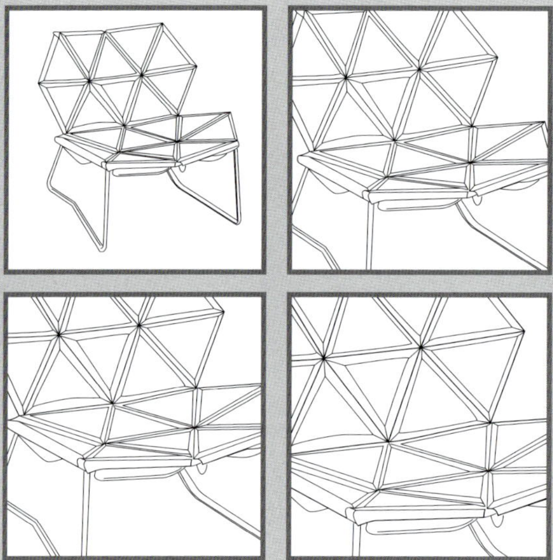

벡터 파일은 얼마나 큰 크기로 출력하든 상관없이 해상도를 유지한다. 아무리 크게 그려진다해도 선의 두께는 적절하게 표현되며 곡선은 선명하게 유지된다.

벡터 파일 유형

여러 파일 유형이 벡터 정보를 담을 수 있다. 벡터 파일의 가장 흔한 화일은 SVG 형식이다. SVG는 오픈 소스 파일 형식으로 벡터를 기반으로 하는 거의 모든 어플리케이션에서 읽고 쓸 수 있다. 다른 파일 유형으로는 EPS, AI, DWG, and DXF 등이다.

벡터 이미지 처리

컴퓨터 어플리케이션은 벡터를 기반으로 하는 그래픽 작업을 가능하게 하고 이러한 방식은 대체로 오브제, 세그먼트, 점 등을 조정하며 위상학적 수준에서 수정된다. 기본적인 컴퓨터 기반 디자인 소프트웨어는 벡터를 토대로 한다. 벡터로 도면을 제작하는 장점은 해상도를 걱정하지 않아도 된다는 것이다. 벡터 이미지는 대상을 확대하거나 축소하더라도 이미지의 질적 손실이 일어나지 않기 때문이다. 또한 사용자가 작업하면서 특정한 위치의 점을 선택할 수 있다. 다수의 어플리케이션이 벡터 파일을 그래픽으로 그려낼 수 있다. Photoshop, Affinity Photo는 물론 가장 생산적으로 벡터를 수정하고 드로잉할 수 있는 도구로서 도면을 그릴 수 있는 프로그램은 Autodesk's Autocad, Adobe's Illustrator, Affinity Designer등이 있다.

벡터의 조정

1960년대 르노 자동차에서 일하던 엔지니어 삐에르 베지어 Pierre Bézier는 2D, 3D 공간의 곡선을 표현하고 수정하는 기하학적인 방법을 발전시켰다. 곡선은 두 개의 끝점 end points 혹은 정점 Anchors에 의하여 연결된다. 그리고 곡선의 형태는 조절점 control points에 의하여 만들어진다. 조절점의 위치는 곡선의 특성을 정의하는 고정점과 연관된다.

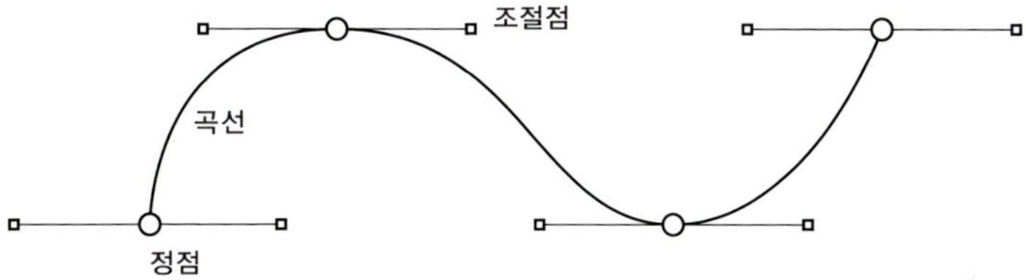

PDF 파일에 관하여

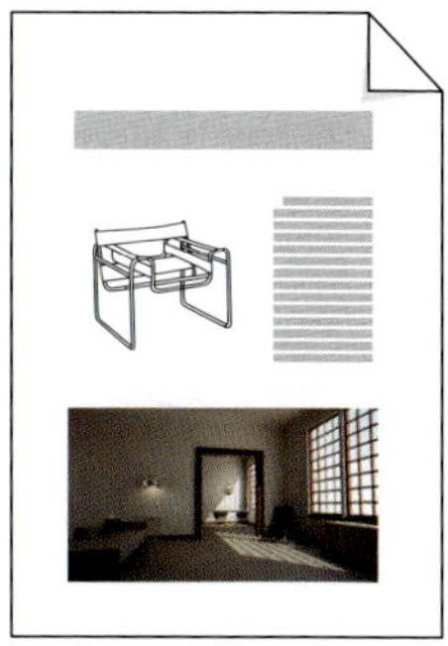

Adobe사는 문서, 도면, 다른 유형의 정보를 전달하기 위한 PDF(Portable Document Format)을 개발했다. 이 파일의 장점은 기존 포맷의 형식을 유지하고 선의 두께를 유지하고 래스터 이미지와 벡터 이미지를 문서 안에 유지한다는 점이다. PDF 파일은 또한 웹사이트의 정보, 링크는 물론 멀티미디어 파일의 링크와 형식도 저장할 수 있다. 따라서 PDF 파일은 특별한 정보는 물론 클라이언트에게 프레젠테이션하거나 시공도면에 이르기까지 광범위한 문서의 형식을 손쉽게 전달할 수 있다. 아주 많은 어플리케이션들이 PDF 파일로 저장하고 파일을 생성할 수 있다. 그러나 PDF 파일을 수정하고 전달하고 조정하는데는 Acrobat 프로그램이 가장 널리 이용된다.

PDF 파일은 AutoCAD, Illustrator, Affinity Designer와 같은 어플리케이션에서 열어 수정가능한 다양한 벡터 작업들을 실을 수 있으며 Photoshop 등에서 작업된 래스터 이미지를 불러오거나 내보낼 수 있다. 파일은 패스워드로 보안을 유지할 수 있고 수정을 방지할 수 있다. 디지털 서명을 포함시키거나 할 수 있어 안전하게 보호받고 활용할 수 있다.

올바른 이미지 유형의 선택

파일 유형의 선택은 궁극적으로 디자인의 몫이다. 명확성과 적절한 스케일을 위하여 평면과 단면 등의 기술적인 도면 작업은 벡터를 기반으로 하는 도면으로 제작되어야 한다. 래스터 이미지는 스캔을 받아 보존하고 랜더링 이미지는 사람, 나무, 다른 요소 등을 추가하여 주변 환경을 보기 좋게 리터치한다.

컴퓨터 기반 디자인

CAD는 지난 수십년간 디자인 작업에 매우 유용하게 사용되었다. 점차적으로 인테리어 디자인에서 작업을 완수하기 위해 기본 바탕이 되고 있다. 컴퓨터는 많은 면에서 인테리어 디자인 업무를 바꾸고 있다. 프로젝트의 팀 구성원 간에 커뮤니케이션과 정보전달을 유용하게 하고 매우 정확한 방식으로 모든 부분들 간의 변화를 조절하고 확인할 수 있게 돕고 디자인 아이디어를 직접 부분들에 맞추어 변경할 수 있다. 무엇보다도, 디자이너는 어떤 어플리케이션을 사용할지를 결정해야하고 많은 요소들을 고려하여 선택야한다. 컴퓨터 플랫폼으로 매킨토시 Macintosh 혹은 피시 PC를 결정한다. 또한 컴퓨터로 생산될 작업의 상세 정도를 결정해야 한다.

2차원 도면 작업의 애플리케이션

대부분의 프로젝트는 3차원적 차원에서 분석하고 입면과 단면, 디테일 도면에서 세밀한 작업을 요구한다. 이러한 작업은 또한 2차원의 작업으로 이루어진다. 이러한 어플리케이션은 디자이너가 종이 위에 작업하는 프로세스의 과정을 디지털 작업으로 대체할 수 있다. 컴퓨터에 의한 도면작성의 장점은 소프트웨어가 가능하게 하는 정확성, 공동작업의 가능성, 컨설턴트와 정보 공유의 용이함, 반복적인 결과물 출력의 효율성 등이다. 모든 2차원 어플리케이션은 필연적으로 어떠한 의미도 지니지 않는다. 표현된 선은 오직 선일 뿐이다. 이러한 디테일의 복잡한 통합은 나타나는 오직 디자이너의 아이디어를 표현하는 여러 선들의 종합으로서 존재한다.

디지털 환경에서, 드로잉은 실제 스케일로 작성된다. 실제로 구축되고 시공되어지길 바라는 스케일대로 작성되고 조직화되며 출력할 때는 축소하여 작성한다. 2차원적인 어플리케이션은 수작업으로 하는 드로잉 환경을 디지털 환경으로 구축한 것이므로 드로잉 작업과 시공도서의 통합이 필요하다. 실제 작업과 시공도서의 상호 참조, 스케줄, 프로젝트의 진행에 따라서 변경되는 내용들에 대한 면밀한 주의가 필요하다.

가장 우위에 있는 드로잉 어플리케이션은 Auto CAD가 있다. 다른 프로그램으로는 로버트맥늘앤 어쏘시에이츠 Robert Mc-Neel & Associates의 라이노 Rhinoceros 프로그램이 있다. 그리고 네메첵 Nemetschek의 벡터웍스 VcotorWorks기 있다.

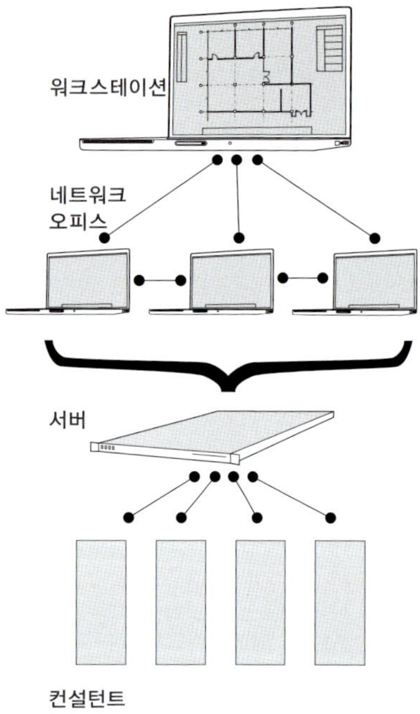

공동 작업

일반적으로 CAD 도면작업은 공동작업으로 진행된다. 편면과 단면은 서로 간에 참조되며 오피스 내의 많은 작업자들에 의하여 함께 작성된다. 컨설턴트를 위한 도면작업은 상호 검색을 위하여 FTP 서버에 업로드하면 된다.

레이어와 도면 작성 기준

인테리어 사무실, 컨설턴트, 도급계약자를 포함해서 정보에 접근하는 다양한 사용자들이 정보를 공유하는 것은 어떠한 레이어를 사용하고 레이어의 이름을 정하고 순서를 정하는가에 대한 정확한 공유가 필요하다. 여러 기관에서는 유용한 정보를 상호 교환할 수 있는 시스템을 구축하기 위하여 전략적인 방법을 발전시켜왔다. 다른 몇몇 기관의 레이어 시스템이 있지만 National CAD Standard와 AIA Layer Guidelines은 매우 선도적인 기관이다. 레이어를 활용하고 포맷을 공유하는 방법들은 프로젝트의 계약 단계에서 미리 공유되고 합의하여야 한다.

National CAD Standard(NCS)는 설계 도면의 목록, 모델 파일, 도면 파일에 관한 주석도 다루고 있다. 다음의 도면들은 NCS에서 효율적으로 제공되는 시스템이다.

업무 분야 규정　　상위 그룹　　하위 그룹　　작업 상황

규정과 주요 그룹의 조합은 허용 가능한 레이어 명명 규칙을 구성한다. 일반적인 레이어의 분류는 다음과 같다.

A-WALL-INTR-DEMO	철거해야하는 내부 벽체를 위한 레이어를 지시
A-WALL-INTR	새로운 내부 벽체를 위한 레이어를 지시

인테리어 디자인 실무에서 전형적인 레이어의 형식 다음과 같은 내용을 포함하지만 필요에 따라 이 밖에도 많은 레이어를 사용한다.

A-CLNG	I-ANNO-TEXT	I-EQPM
A-WALL	I-ANNO-SYMB	I-EQPM-MOVE
A-DOOR	I-ANNO-LEGN	I-FURN
A-FLOR	I-ANNO-DIMS	I-FURN-CASE
A-GLAZ	I-ANNO-TTLB	I-FURN-POWR

(주 : A로 명명된 레이어 들은 일반적으로 건축적인 레이어로 사용된다. 많은 규정들이 있고 기본적인 레이어명을 사용하는 것이 용이하다.)

3차원 디자인 소프트웨어

3차원 디자인 어플리케이션은 디자이너가 자신의 디자인을 볼륨의 형상으로 가시화하는데 공간과 디테일을 상상할 수 있도록 돕는다. 이러한 모델은 디테일을 발전시키는데 해석적 스터디에 활용된다. 그리고 프로젝트의 재해석으로 정확한 재료, 조명, 공간의 분위기와 질적 수준을 분명하게 표현할 수 있다. 3차원 디자인 프로그램은 한계가 없는 것은 아니지만, 창조되고 있는 디자인에 직접적으로 더 큰 발전 가능성을 제공한다.

3차원 모델링 프로그램은 오브제의 유형에 따라서 구분된다. 표피를 모델링하는 것 surface modelers과 입체를 모델하는 것 solid modelers으로 구분된다. 몇몇 프로그램은 두 가지 모두 가능하지만 대부분 어느 한편으로 모델링한다. 모든 프로그램이 인테리어 공간을 시각화하기 위해 제작된 것은 아니다. 어떠한 소프트웨어를 구입하여 사용할 것인가는 라이센스의 내용과 사용자 교육 등을 세심하게 고려해야만 한다.

서피스 모델링 프로그램

서피스 모델은 3차원의 스플라인 splines을 작도함으로써 구축되며 서피스를 형태화하는 산술식들을 사용한다. 디자인된 오브제를 생성하거나 변형할 수 있는 메쉬 meshes를 만들어 내거나 혹은 컨트롤 포인트 control points와 컨트롤 폴리곤 control polygons에 의하여 조정되는 파라메트릭 곡면 parametric surface을 만들어 냄으로써 가능하다. 서피스 모델링에서 페이스 face와 세그먼트 segment를 이용하여 쉽게 변형되고 결합되며 조정되어 복합잡 형태를 만들 수 있다. 서피스 모델링 프로그램은 특히 빠르게 진행되는 시험적인 시나리오 작업에 유용하다. 그러한 작업에서 디자이너는 물리적인 형태에 근접한 직접적인 모델링을 의도할 수 있다.

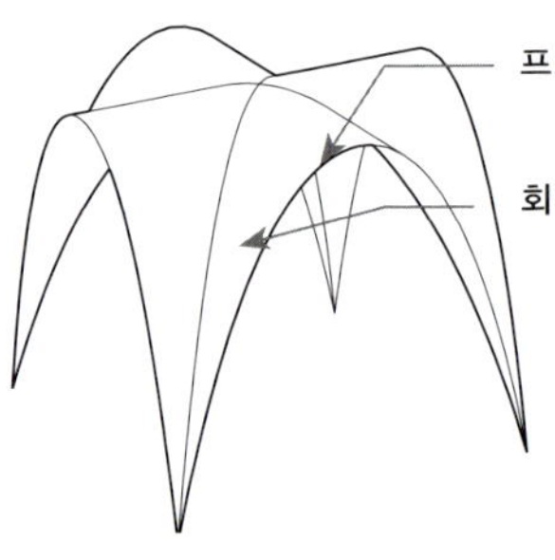

서피스 모델

서피스 모델의 예에서 프로파일 라인 profile line과 서피스 오브제를 볼 수 있다. 서피스들은 어떠한 볼륨도 담고 있지 않는다.

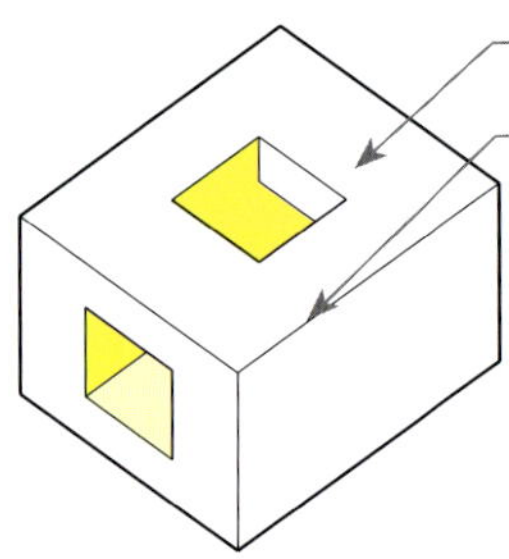

솔리드 모델

솔리드 모델은 볼륨을 가지고 있고 모든 면들은 서로 연결된 모서리들로 닫혀있는 오브제를 형성한다.

솔리드 모델링 프로그램

솔리드 모델링 프로그램은 닫힌 기하학적 구조의 오브제를 생산한다. 육면체는 6면이 서로간에 모서리로 만나서 만들 수 있는 유일한 솔리드구조다. 그러한 오브제는 형태화하기 용이하고 또한 솔리드로 만들기도 쉽다. 솔리드 모델링은 건축과 인테리어 디자인 실무에도 매우 잘 적용된다. 형태를 구축하는 방식이 건설 프로세스와 흡사하기 때문이다. 오브제가 결정되면 형태를 만들고 인테리어 디자인에 적절하게 배치하는 과정을 갖는다. 이러한 반복적인 프로세스는 많은 디테일과 구축적 방식을 갖는 공간의 창조에도 이상적이다. 더욱이 다양한 기능들, 복사, 회전, 스케일 변화 등등은 솔리드를 선택하고 쌓는 과정을 통해 원하는 결과에 도달하는 적절한 방법이 된다.

불 연산

솔리드 모델은 불 연산이라고 불리는 삭제와 부가의 방식에 의하여 만들어질 수 있다. 불 연산은 다른 볼륨으로부터 솔리드 볼륨을 삭제할 수 있고 덧붙일 수도 있다. 그리고 볼륨은 여러 부분들로 나눌수도 있다. 그러므로 원래의 오브제로부터 수많은 부분의 오브제를 분리해낼 수도 있다. 불 연산은 어떠한 오브제를 선택하는가와 오브제의 순서에 영향을 받는다. 다이어그램에 따라서, 가장 아래에 있는 볼륨이 먼저 선택된다.

알고리듬과 노드 기반 모델러

알고리듬 그리고 노드에 기반한 모델링 기능은 디자이너가 건축물의 파사드, 형태, 관습적 디테일의 복수적 반복을 발전시키는 사고 방식에 도전하며 나타났다. 이러한 어플리케이션은 시각적 프로그래밍 언어를 3차원 모델링에 적용한다. 이 모델링에서 디자인 프로세스의 건축 단위 사이에 시각적 연계성은 형식적인 제한을 통해서 탐색된다. 이러한 제한은 디자인 문제에 대한 거의 무한한 수의 변형들을 생산할 수 있다. 전형적으로 이러한 모델러는 기존의 어플리케이션에 설치 가능한 플러그인 plug-in이나 확장팩 extension으로 제공된다. 가장 많이 사용되는 것으로 라이노 Rhinoceros에 사용되는 글라스쇼퍼 Grasshopper가 있다.

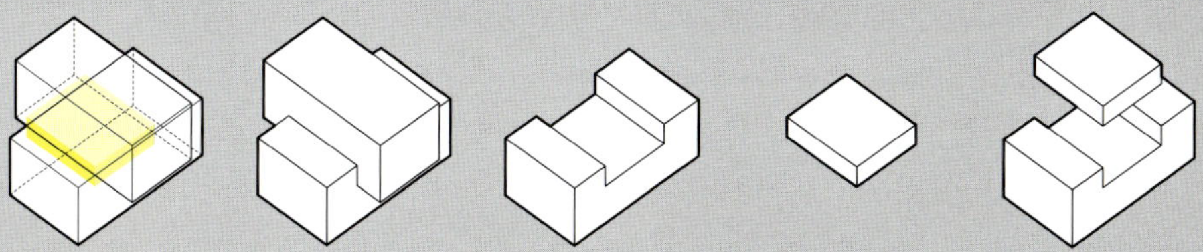

원래의 오브제 결합 : 하나의 오브제 삭제 : 하나의 오브제 교차 : 하나의 오브제 분리 : 두 개의 오브제

건축 정보 모델러

솔리드와 서피스 모델링 프로그램의 한계는 2차원 프로그램의 기술들의 한계와 비슷하다. 넙스 오브제의 특별한 파라메트릭 데이터를 통제하는 경우는 예외로 하더라도 디자인 정보들은 인테리어를 만들어내는 정확인 특성과 구축의 프로세스를 표현하지는 못한다. 이와 대조적으로 건축물의 정보를 모델링하는 프로그램들 혹은 BIMs은 건축, 인테리어 디자인, 건설관리에서 생겨난 기술적인 프로그램이다. 이 프로그램은 디자이너 혹은 디자인 팀원이 디자인 중에 있는 공간을 가상적이지만 완전하게 기능적으로 표현할 수 있다.

BIM 시스템에서 건축물의 모든 요소들은 오브제를 사용하여 모델링 된다. 이 오브제는 벽체, 바닥, 마감 그리고 가구와 같은 건축산업 시스템에 특화되었다. 그리고 변수들의 결과는 감각적 측면, 비용, 건축 성능의 측면에서 디자인을 정확하게 모니터할 수 있다. 모든 전형적인 2차원적 도면, 스케줄, 디테일은 3차원적 모델로부터 얻어진다. 그리고 기본적인 모델에 일어나는 어떠한 디자인적 변화도 즉시 프로젝트에서 요구하는 설계 관련 도면과 도서에 즉각적으로 반영된다. 이점은 디자이너가 디자인에 더 많은 시간을 할애하고 설계도서 작성에 시간을 줄일 수 있도록 함으로써 디자이너는 디자인을 발전시키는 기회를 만족스러울 만큼 충분히 가질 수 있다.

파일의 변환

모든 도면제작 어플리케이션은 데이터를 자신만의 유일한 파일 형식으로 저장한다. 그러나 프로젝트의 콘설턴트와 협력업제들이 만들어 낸 정보들을 함께 공유할 수 있어야만 한다. 가장 일반적인 형식은 DWG와 DXF 파일 형식이다. 이러한 파일 형식은 오토데스크사에서 시작된 것이나 대체로 거의 모든 어플리케이션이 이 파일 형식을 다양한 수준으로 변형하여 저장하기를 지원한다.

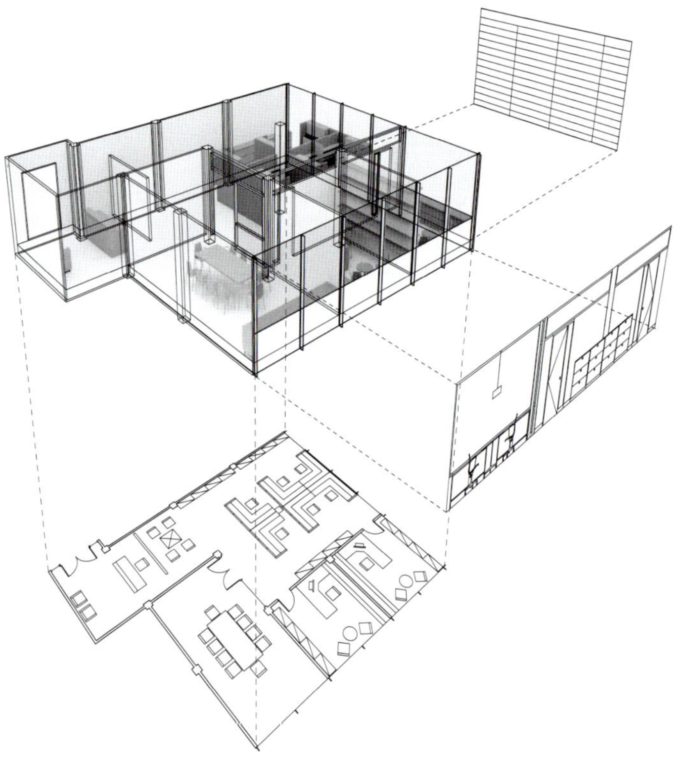

파일의 변환과 한계

대부분의 3차원 모델링 프로그램은 나름의 파일 포맷으로 저장한다. 그러나 몇몇의 파일 추출 유형은 다른 플랫폼과 프로그램으로 변환이 가능하다. 2차원 프로그램과 마찬가지로 가장 공통적인 파일은 DXF와 DWG이다. 이 파일은 Autodesk 프로그램에 매우 적합하게 되어 있으나 손쉽게 다른 프로그램으로 변환할 수 있다. 그밖에 XML, OBJ, 3DS와 같은 파일 포맷도 있다.

BIM 모델은 열린 산업 기반 클래스 Industry Foundation Class (IFC)ff 통해서 점점 더 널리 공유되어 BIM 파일이 다루는 더 복잡한 오브제와 연관된 데이터로 전환된다.(디자인 리소스 부분에서 더 많은 정보와 소프트웨어 회사의 링크를 확인하시오)

타블렛을 활용한 어플리케이션

포터블 디바이스를 사용하여 많은 도면제작과 기본적인 3D 모델링 어플리케이션이 디자이너들에게 제공되고 사용된다. 이러한 어플리케이션은 데스크탑 장치의 장점을 지니고 있으면서 다양한 레이어, 벡터, 래스터 드로잉, 파일변환 기능을 지원한다. 또한 필기도구의 제공은 데스크탑에서는 제한적인 디자인 프로세스를 벗어날 수 있는 핸드 스케치, 다양한 방식의 수정과 표현, 커뮤니케이션을 가능하게 한다.

3D 모델링 소프트웨어

Application	Solid	Surface	Animation	Operating System	Price
AutoCAD	×	×		Windows	* 2D only **** Full 3D
3D Studio Max	×	×	×	Windows	****
Blender 3D		×	×	OS X, Windows, Linux	Free
Cinema 4D	×	×	×	OS X, Windows	****
Rhinocereos		×		OS X, Windows	**
SketchUp	×	×	×	OS X, Windows	Free for personal use, ** for pro use

건축 정보 모델링 소프트웨어

Application	Solid	Surface	Animation	Operating System	Price
Revit	×	×	×	Windows	****
ArchiCAD	×	×	×	OS X, Windows	****

ONLINE

Application	Solid	Surface	Animation	Operating System	Price
TinkerCAD	×			Browser	Free
OnShape	×			Browser	Free
My.Sketchup	×	×	×	Browser	Free for personal use

(REFER TO THE RESOURCES CHAPTER FOR FURTHER INFORMATION AND LINKS TO SOFTWARE VENDORS.)

Chapter 4: 프레젠테이션과 커뮤니케이션

도면 제작은 인테리어 디자이너에게 매우 복합적인 업무이다. 프로젝트의 시작단계에서는 클라이언트와 아이디어를 교환할 수 있게 한다. 도면 작업은 프로세스의 중요한 단계에서 이미지를 제공하며 디자인의 내용을 제공한다. 최종적으로 통합된 시공 도면을 만들어 낸다. 이러한 효과는 어떠한 방식으로 관련 도서가 제공되는가에 달려있다. 디자이너는 폭넓은 프레젠테이션 방식을 사용할 수 있다. 그리고 프레젠테이션마다 디자인 프로세스 과정에서 나름의 역할을 한다. 인테리어 디자이너가 일반인에게 제공하는 설계 도서들은 디자인 실무를 반영하는 것이어야만 한다. 말 그대로 브랜드를 만드는 것인데, 디자인의 결과물과 서비스, 서비스 제공 업체를 확인할 수 있는 프로젝트 명, 기간, 기호, 사인, 디자인과 기타 의도된 정보를 함께 제시한다. 또한 다른 작업들과 분명히 구분될 수 있어야 한다. 조직의 이름과 주소, 명함, 제안서, 브로슈어, 디자인 보드, 모델, 이미지는 모두 디자이너의 아이디어를 전달할 수 있어야 한다. 프로젝트의 작업을 어떻게 프레젠테이션할 것인가의 문제와 달리, 그래픽적으로 통일된 프로그램을 발전시키는 것도 매우 중요하다.

프레젠테이션의 심화

디자이너에게 가장 중요한 것은 성공적인 프레젠테이션과 상대에게 내용을 각인시키는 능력이다. 그러한 능력은 아이디어와 디자인 프로세스를 보여주고 매우 특별한 수준의 결정에 도달하게 돕는다. 프레젠테이션을 설명하고 개요를 작성하는 것 그리고 스토리 보드를 만드는 일, 적절한 프레젠테이션 미디어를 결정하는 것은 디자이너가 결정해야하는 일의 일부에 지나지 않는다.

디자이너는 또한 그래픽 요소로서 사용되는 도면 작업이 서로 다른 프레젠테이션에서 어떻게 역할을 하는지 파악하고 있어야 한다. 그리고 그래픽 디자인의 방식들이 프레젠테이션에서 어떠한 영향을 미치는가를 이해해야 한다. 그래픽 디자인을 참조할 라이브러리를 항상 최신으로 가지고 있어야한다. 영감을 제공할 분 아니라 프레젠테이션의 레이아웃을 제시하는 사례로서 그리고 작품을 설명하는데 매우 유용하다. 그래픽 잡지의 디자인 공모전의 문제들은 매우 훌륭한 시작점이 될 수 있다.

명심해야 할 것은, 비록 매우 값비싼 출력 장비를 써야하긴 하지만, 고해상도의 컬러 인쇄를 사용한 결과물들은 아이디어를 프레젠테이션 하는데 매우 유용한 재료들을 제공하고 사고의 범위도 확장해준다. 인테리어 디자이너는 인쇄 파일 형식에 따라 디자인 아이디어를 설명하는데 어떠한 영향을 미치는가를 알고 있어야 한다. 그리고 이러한 커뮤니케이션을 가능하게 하는 그래픽 기술들을 습득하고 그러한 기술을 기반으로 도면을 작성할 수 있어야 한다.

디자인 보드

디자인 보드는 제안하는 내용을 시각화할 수 있는 연속적이고 질서 잡힌 구조로 계획되어야 한다. 보드작업을 성공적으로 스토리보드의 작성의 원칙을 가지고 정보를 프레젠테이션 해야 한다. 이 계획은 보드에 제시되는 여러 요소들의 위계를 결정하며 계획의 설명이 이루어지는 순서를 결정한다. 디자인 보드는 가능하면 클라이언트가 더 많은 시간을 들여 미팅에 참여할 수 있도록 해야 한다. 그러므로 요소들은 더 오래 동안 디자인을 탐색할 수 있도록 배치되어야한다. 프레젠테이션 보드를 디자인할때에는 많은 이슈들을 고려할 수 있도록 할 필요가 있다.

전시 보드의 장수: 레젠테이션에서 보드의 장수를 결정하는 것은 다음과 같은 질문이 먼저 이루어져야 한다. 프로젝트의 규모는 어떠한가? 프로젝트를 설명하는데 얼마나 많은 도면이 필요한가? 프로젝트의 전체가 가늠될 수 있다고 생각되는가? 보드에 직접적으로 제시할 샘플은 있는가? 스캔하거나 부착될 투시도는 있는가?

디자인 과정의 설명과 개요: 프레젠테이션에 대한 설명을 발전시킨다는 것은 디자인 프로세스의 스토리를 이야기 한다는 것을 의미한다. 잘 정리된 설명은 무엇을 언제 프레젠테이션 할 것인가를 결정한다. 작품설명은 강조할 부분과 프로세스의 특정한 부분을 중요하게 부각시킬 수 있는 전체적인 전략을 가진다. 작품의 해설은 디자인 의도의 윤곽을 유지하면서 프로젝트 자체를 발전시키는 과정의 전달에 집중해야 한다.

공간적 배치, 스케일, 속도: 프레젠테이션을 위한 레이아웃을 발전시키면서 어떻게 보드가 보여질 것인가를 판단하는 것도 매우 중요하다. 몇몇 관찰자들은 보드를 매우 빠르게 훑어볼 것이다. 또 다르게 천천히 매우 깊이 작품을 관찰하는 사람도 있을 것이다. 이러한 상황을 예측하여, 레이아웃 전략은 공간적인 배치, 오브제의 스케일을 고려하고 관찰자가 파악할 수 있는 속도로 설명도록 한다.

전시 보드의 전시 방향: 보드는 수직 크기를 높게 배치하는데 이러한 배열을 인물화 형식이라고 부른다. 높이보다 폭을 넓게 배치하는 형식은 풍경화 형식이라고 일컫는다. 두 형식 모두 유리한 점은 있다. 초상화 방식은 인쇄물고 시각적인 동질감을 가지고 있고 연속적으로 디스플레이할 때, 수평적으로 적은 공간으로도 많은 정보를 전달할 수 있다. 풍경화 형식의 보드는 투시도를 위한 시각을 훨씬 더 자연스럽게 전달할 수 있다. 또한 수평적인 넓이는 더욱 유연하고 자연스러운 연속성을 가능하게 한다.

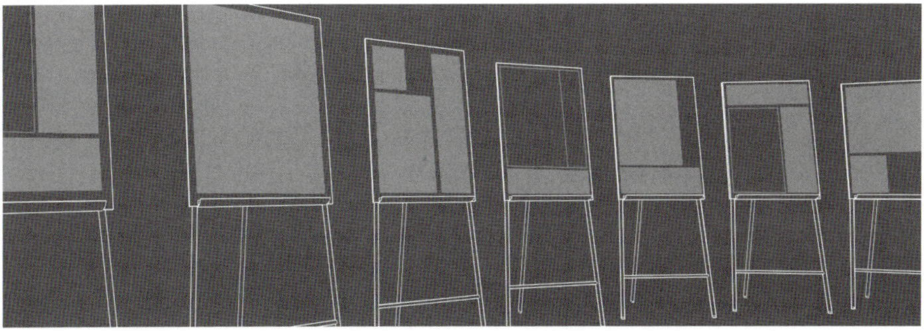

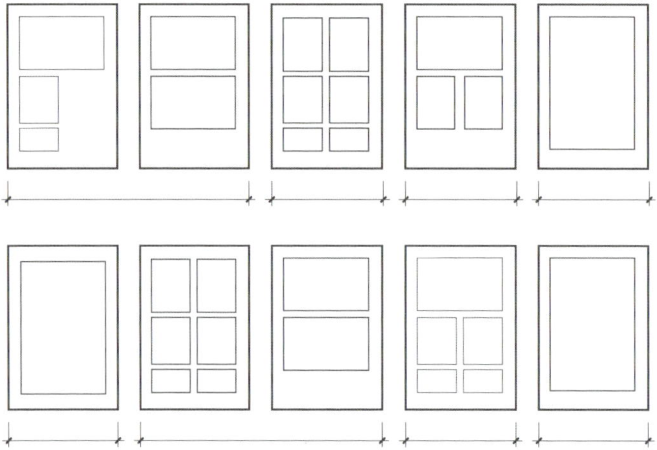

여백 공간: 보드 내의 모든 도면, 샘플, 텍스트의 둘러싼 흰색 공간은 상대적 중요성을 증가시키는데 사용될 수 있다. 디자이너는 너무 많은 정보를 담은 적은 수의 보드로 프레젠테이션을 레이아웃 하면서 지나치게 복잡하게 만드는 일은 피해야만 한다. 또 다른 보드를 추가해서 전시하는 것은 항상 가능하다.

스토리보딩과 썸네일: 프레젠테이션을 발전시키기 위한 유용한 수단은 목업 mock-ups처럼 다양한 방식들을 만들어볼 수 있다. 이러한 예시 모델은 다양한 결과적인 전략들을 확인할 수 있고 프레젠테이션 될 정보들을 수집할 수 있다.

레이블과 주석: 종종 간과하는데, 어떻게 레이아웃을 결정할 것인가에서 가장 중요한 요소 중 하나는 폰트를 선택하는 것이다. 폰트는 디자이너의 텍스트를 표현하는 도구이다. 분명하고 가독성이 뛰어난 타입, 다양한 크기로 활용 가능한가는 보드가 어떻게 읽혀질 것인가에 중요한 문제가 된다. 또한 폰트는 보드의 디자인에서 중요한 그래픽적 요소가 된다. 디자인 초기 과정에서 폰트의 위계를 설정하는 것은 정확하게 그래픽과 관련시켜 다양한 해석 텍스트의 위치 설정을 가능하게 한다. 최소한, 폰트의 결정은 설계도서 혹은 프레젠테이션에서 다음의 유형들을 고려하여 이루어져야 한다. 타이틀 폰트, 레이블 폰트, 캡션 폰트 등이다.

그리드 방식의 심화

프레젠테이션 보드에서 오브제의 배치와 구조를 결정하기 위하여, 디자이너는 그리드의 형태로 원칙을 제공하는 템플릿을 개발해야 한다. 그리드는 정확하게 설정된다면, 디자인 요소의 배열을 분명하게 할 수 있다. 만약 어디에서부터 시작할지를 확신할 수 없다면, 인테리어 디자이너는 그래픽 예술의 결과물로부터 실마리를 시작할 수 있다. 그로부터 예시들을 얻고, 자신만의 그리드 시스템을 만들어낼 수 있다.

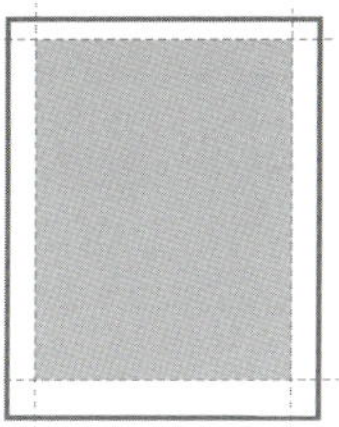

단일 세로단

렌더링된 평면 혹은 투시도와 같이 단일한 콘텐츠를 강조한다.

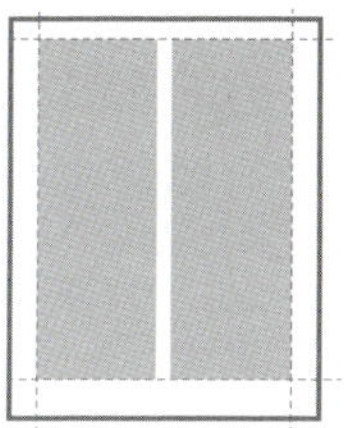

복수의 세로단

복수의 이미지와 텍스트를 구성

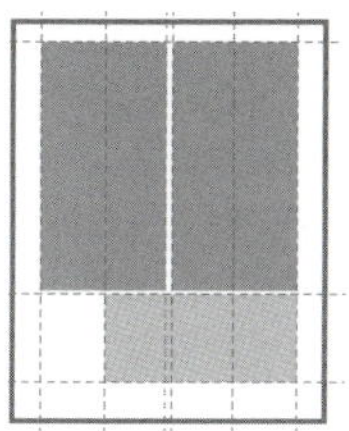

앵커

이미지와 타이틀을 포함한 콘텐츠가 페이지에 고정된 구성

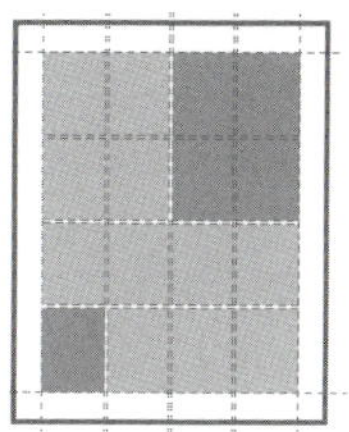

모듈러

요소들을 배치하는데 다양성을 가능하게 하는 다수의 이해 가능한 그리드

레이아웃 전략

다음의 사례는 모듈러 그리드 시스템으로 커다란 디자인 보드의 구성으로 발전시키는 방식을 예시한 것이다.

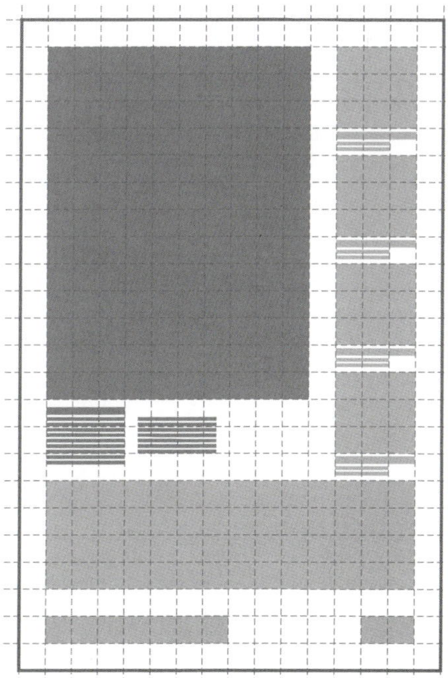

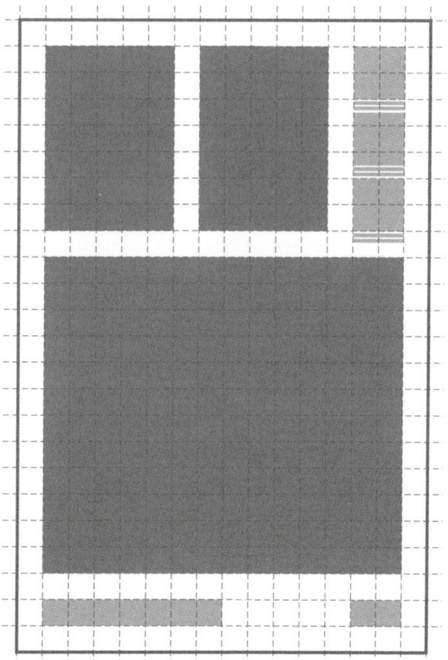

재료와 분위기

재료 팔레트의 조심스러운 발전은 인테리어 디자인 프로세스의 꼭 필요한 부분이다. 각 디자인 요소의 프리젠테이션은 디자이너에게 도전이 된다. 그들이 프리젠테이션은 프로젝트의 매우 중요한 개념들을 전달한다. 일반적으로 디자인 발전 과정 중에 준비해서, 샘플과 분위기를 보여주는 보드(실물과 디지털 모두 가능하다)는 재료를 보여주는 프리젠테이션 팔레트로 사용한다. 이 보드는 인테리어 프로젝트를 발전시키는 과정 중에 참고자료로 사용된다. 이상적으로 재료는 클라이언트에게 분위기, 기구, 가구, 마감 등을 분명하게 이해시키기 위하여 적절하게 프리젠테이션되어야 한다. 이러한 요소들은 전제 제안의 요소들을 모두 종합할 수 있어야 한다.

요 소	재 료
바닥	목재, 타일, 코르크, 석재, 카펫 등
천장	흡음 타일, 페인트, 패널 등
벽체	페인트, 도배, 미장 등
가구	목재, 철재, 합성수지 등
패브릭	커튼, 양모, 덮개 등
하드웨어	기계 부속 혹은 장식 마감(스테인리스 스틸, 브론즈, 알루미늄 등)

유형에 관계없이, 프리젠테이션은 프로젝트에 사용되는 주된 재료 각각을 보여주는 샘플들을 포함해야만 한다. 프리젠테이션에는 의자, 테이블, 램프 등 디자인에 연관된 가구 제품들의 이미지 클립들도 포함되어야 한다.

그 프리젠테이션은 공간에 대한 디자이너의 아이디어를 보여줄 뿐 아니라 프로젝트 전체를 통해 고려되어야 하는 주의사항과 중요사항들을 보여줄 수 있어야 한다. 물리적으로 고열의 접착제 흔적, 패브릭의 실가닥, 일반적인 지저분한 처리들은 프리젠테이션의 효과를 약화시키므로 전문가적인 방식으로 잘 마무리되어야 한다. 디지털 프리젠테이션은 그 항목과 흐름에 주의를 기울여 발전시켜야 한다. 재료와 마감에 대한 디지털 프리젠테이션은 언제나 실질적인 시공 샘플이 제시되어야 하고 재료는 색상의 일관성, 다양한 소재의 나열, 허용된 재료로 제시되어야 한다.

인테리어 디자이너는 쓰고자 하는 재료를 프리젠테이션하는데 각각의 재료의 3가지 복사본을 만드는 것이 매우 실용적이다. 하나는 샘플 보드에 사용하고 다른 하나는 디자이너의 라이브러리에 그리고 마지막 하나는 클라이언트에 제공한다. 그러한 방식은 프로젝트 과정 내내 진행되어야 한다.

샘플 보드의 프레젠테이션 유형

디자이너의 전문성을 보여주기 위해 샘플들을 표현할 수 있는 방법은 다양하다. 잡지, 서적, 혹은 다른 출판물을 살펴보면 제품으로 샘플 보드를 세련되게 만들 수 있는 훌륭한 방법과 생산자들이 그들의 제품을 표현하는 방식을 확인할 수 있다.

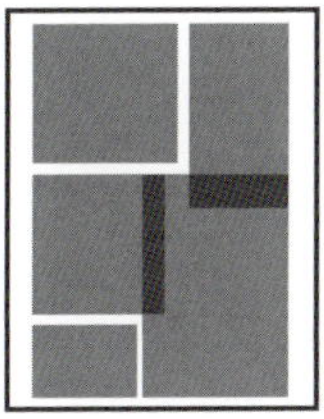

비정형적 형식

샘플들을 만질 수 있도록 배치. 배치의 형식은 중요하지 않으며 상자에 모으거나 선반에 모아두는 것도 가능하다.

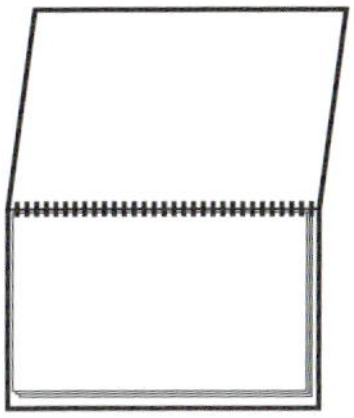

샘플 북

가구, 하드웨어, 텍스타일, 페인트 컬러 등의 이미지를 종합하여 모아 둘 수 있다.

입체적 보드

샘플들을 폼보드와 같은 단단한 표면에 덧붙이듯 오버랩하여 배열해서 덧붙인다.

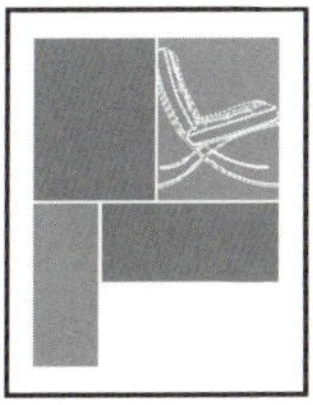

정형적인 보드

그리드의 형태를 유지하며 자유로이 거칠게 샘플들과 이미지를 혼합하여 붙인다.

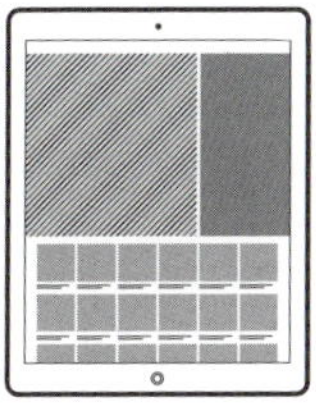

타블렛

현장에서 시각적으로 제시 가능하며 다양한 샘플들을 한번에 보여줄 수 있다.

전형적인 샘플 보드

1. 휘장에 사용되는 직물 조각
2. 실내장식용 직물
3. 페인트 컬러
4. 바닥과 계산대의 석재
5. 카펫
6. 마감용 목재
7. 화장실용 타일
8. 코르크 바닥재

디지털 프레젠테이션

디지털 프레젠테이션은 디자인의 문제점과 가능성을 특이한 결합을 제시한다. 인쇄물과는 완전히 다르고 드라마틱하다. 디지털 프레젠테이션의 가장 두드러진 차이는 디자인 스토리를 언급하는 잘 정리된 서술적인 연속성에 있다. 화면으로 투영된 프레젠테이션은 보드보다는 덜 상호작용적이다. 관찰자는 다양한 자료들 사이에서 임의로 앞뒤로 넘겨 다니면서 내용을 파악할 수가 없다. 또한 천천히 시간을 들여 정보를 들여다볼 수도 없다. 이러한 이유로, 디자이너는 무엇이 소통될 수 있는지에 대한 서술적인 내용들에 관심을 집중해야만 한다.

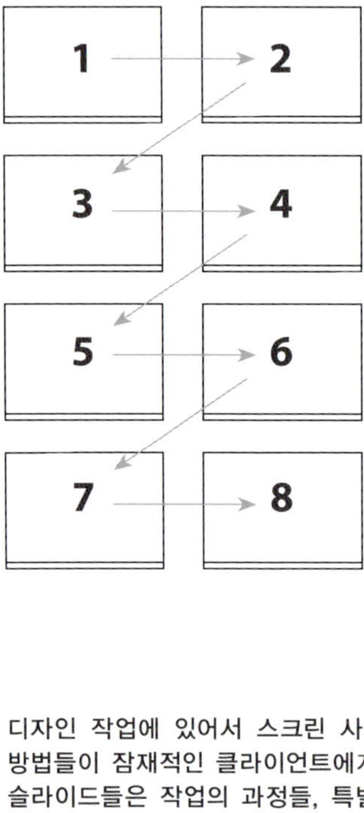

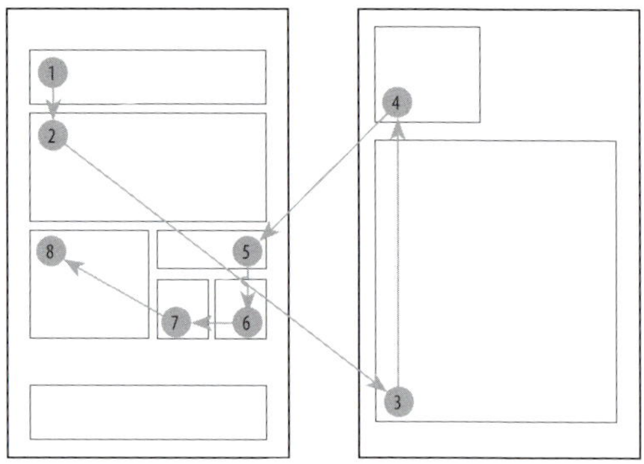

디지털 프로젝션 vs 디자인 보드

투영된 프레젠테이션은 직선적 서술로서 진행된다. 그러한 방식은 중요한 요소들을 청중이 작업을 이해할 수 있도록 의도된 방식으로 주장을 반복한다. 다른 한편으로 디자인 보드는 서로 다른 방식으로 순서와 시간을 들여 읽혀질 수 있는 요소들로 구성된다.

디자인 작업에 있어서 스크린 사용이 증가함에 따라서, 더 많은 프레젠테이션과 커뮤니케이션 방법들이 잠재적인 클라이언트에게 디지털 방식으로 전달되도록 만들어진다. 전형적으로 일련의 슬라이드들은 작업의 과정들, 특별한 디자인의 개념, 프로젝트의 구조들을 보여준다. 이러한 디지털 자료들은 온라인 웨비나를 통해 전달되고 다양한 감각적인 이미지들의 집합으로 공유도며 특정한 목적의 어플리케이션을 통해 생산되며 온라인의 웹 컨텐츠를 더욱 더 집약된 형태의 종합으로 보여준다. 각각의 여러 유형의 프리젠테이션을 발표자에게 효과적으로 만들 수 있게 되면서, 관람자들에게도 효과적인 결과를 얻게 된다. 이러한 점은 컨텐츠에 집중시키는데 매우 필수적이다. 디자이너에게는 그러한 협업과정이 제공하는 잠재성을 인식하는 것이 매우 중요하다.

많은 어플리케이션이 디지털 프레젠테이션을 만들어내는데 사용된다. 애플의 키노트 Keynote, 구글 슬라이드 Slide, 마이크로소프트의 파워포인트 PowerPoint는 프리젠테이션을 쉽게 작성할 수 있는 프로그램들이다. 디자이너는 그의 기술과 전략으로 이러한 프로그램을 능숙하게 사용할 수 있어야 한다.

(프리젠테이션과 커뮤니케이션 리소스의 링크들을 제시한 챕터를 확인할 것)

효과적인 디지털 프레젠테이션의 완성

디지털 프레젠테이션의 디자인에 있어서 가능성은 매우 다양하다. 작업이 투사되는 스크린의 크기는 미리 알려지지 않을 것이다. 프레젠테이션이 이뤄지는 공간의 조명 수준도 예상할 수 없다. 프레젠테이션에 반응하는 사람들의 어떠한 태도를 보일지 예상할 수 없다. 그러나 디자이너는 아래의 추천 항목들에 따름으로서 청중들의 관심을 집중시킬 수 있다.

폰트의 사이즈를 크게

스크린으로 투사되는 경우 결과물의 레이아웃에 사용되는 폰트는 쉽게 읽혀야 한다. 제목, 설명 등에 필요한 몇몇 폰트 크기를 추가하여 활용한다.

세리프 폰트의 사용은 자제

텍스트의 긴 문단을 읽는 데에는 유용할지 모르나 세리프 폰트의 다양한 두께의 변화는 혼란하게 보일 수 있다.

내용은 작은 단위로 나누어서 표현

너무 큰 보드를 사용하듯이 하나의 슬라이드에 너무 많은 내용을 배치하는 것은 지나치게 많은 이미지들로 들어찬다. 내용을 나누어서 표현한다.

너무 튀는 보이는 리스트를 사용하지 않는다.

· 튀는 것은 단순하게 한다.

· 복잡한 내용은 축소한다.

· 문장을 축약한다.

클립아트는 자제한다.

클립아트는 종종 프레젠테이션의 내용에 의문을 제기할 수 있다. 오직 직접 그린 도면만을 사용한다.

사용한 색채 배색의 콘트라스트를 높인다.

프로젝터는 색채를 표현하는데 한계가 있다. 콘트라스트를 높임으로써 작업의 가독력을 높일 수 있다.

재료를 보여주거나 샘플보드를 화면으로 보여주는 것은 피한다.

색채의 표현은 프로젝터 마다 차이가 있다. 샘플을 보여주고 이야기하려 한다면 실제 보드와 재료를 보여준다.

중요한 지점에서는 요약 슬라이드를 만든다.

여러 아이디어에 관하여 이야기한다면, 이야기 전후로 개요 페이지를 추가한다.

자신의 데이터를 이해한다.

중요하거나 혹은 중요하지 않거나 상관없이 정보의 내용, 숫자, 사실을 검토한다. 그래야만 어떠한 순간에도 그러한 정보를 떠올릴 수 있다.

정보 전달의 일정한 흐름을 유지한다.

소프트웨어에 시간 조정 기능이 있다면 매우 훌륭하다. 그렇지 않다면 너무 서두르게 된다. 먼저 프레젠테이션을 연습하는 것이 좋다.

전달 내용의 균형을 유지한다.

프레젠테이션을 발전시켜 많은 요소들을 서로 균형 있게 발표한다. 지루한 내용으로 시간을 소비하지 말라.

평정심을 유지한다.

프레젠테이션은 당신의 것이다. 릴렉스. 당신의 생각을 편하게 가로질러 생각할 시간이 필요하다.

프레젠테이션을 위한 렌더링 테크닉

인테리어 프로젝트에서 렌더링은 중요한 역할을 한다. 단순한 도면을 렌더링 할 수 있는 능력은 이해가능성을 크게 늘려준다. 도면에 텍스쳐와 그림자를 더하고 다른 재료적 표현과 물성을 더함으로써 렌더링 한다. 더욱이 훌륭한 렌더링 테크닉은 도면을 인테리어 작업이 어떻게 구성되는가를 시각적으로 제시할 수 있을 뿐 아니라 논의되고 있는 사항의 결정이 어떻게 나타날 것인가를 시각적으로 제시한다. 일반적으로 디자이너는 스케치를 작업의 프로세스를 위한 도면작업에 활용한다. 프로젝트 팀의 내부적인 의견 조율뿐 아니라 클라이언트, 컨설턴트, 외부업체와의 프레젠테이션 혹은 미팅에서 아이디어를 쉽게 전달하고 공유하기 위한 도구로서 사용하기도 한다. 최근에, 대부분의 프레젠테이션 렌더링은 컴퓨터로 제작된다.

그림자와 텍스쳐

평면도 혹은 단면도와 같이 투시도면 이 아닌 경우에는 그림자는 다양한 오브제의 입체적인 높이를 이해하는데 매우 좋은 수단을 제시하고 깊이의 감각을 제공한다. 컴퓨터 렌더링 프로그램은 평면도에 손쉽고 빠르게 클라이언트의 정보에 깊이를 주고 그림자를 만들며 시각화하는 방법을 제공한다. 그러나 오브제를 모호하지 않게 표현하려면 그림자의 방향을 설정하는데 주의가 필요하다.

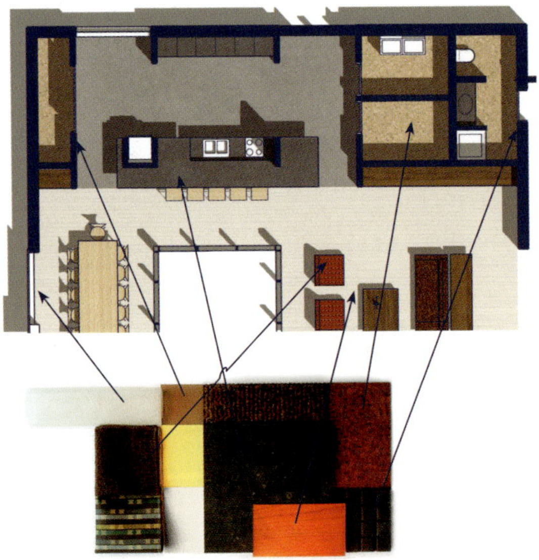

재료와 그림자 계획

프로젝트에 사용되는 재료를 꼴라주하여 표현한 평면과 단면은 공간 내에서 재료의 위치, 비례, 효과를 시각적으로 표현할 수 있다. 재료들은 채도를 낮추거나 투명도를 부여하여 평면이나 단면의 공간들을 시각적으로 강조할 수 있다. 재료 사용 계획은 그림자를 표현함으로써 더욱 효과적이다. 평면의 표현을 단순화함으로써 공간의 특별한 감각을 제공하기도 한다. 샘플 보드와 결합은 최상의 표현이 될 수 있다.

투시도 렌더링 테크닉

숨겨진 선(은선)과 그림자

핸드 드로잉에 의한 투시도면의 작성과 같이, 숨겨진 선들의 이미지는 공간의 표현하는데 필수적이다. 숨겨진 선의 이미지에서 그림자와 텍스쳐는 이미지의 깊이를 증가시키고 디자인의 특정 요소들에 명확한 형상을 제공하고 디자인의 의도를 완전히 표현할 수 있도록 돕는다. 편면과 단면에서, 그림자의 위치와 밀도는 조심스럽게 선택하여야만 한다. 이러한 드로잉은 3차원 그래픽 애플리케이션에서 제작될 수 있다. 그러나 2차원의 래스터 이미지 프로그램에서도 꼴라주하여 더 쉽게 만들 수 있다.

선과 색채

선으로 이루어진 드로잉에 색채를 부여함으로써 단순하고 간결한 방법으로 내부 분위기를 강조한다.

선, 색채 그리고 그림자

선으로 이루어진 도면에 그림자를 부여함으로써 더 큰 깊이감과 이미지에 극적 효과를 부여한다.

빛

공간을 이해하는 열쇠는 빛이다. 컴퓨터는 다양한 알고리즘을 통해서 서피스 렌더링과 레이트레이싱 렌더링을 추가함으로써 인테리어 공간의 빛을 시뮬레이션할 수 있다. 서피스 렌더링 방식은 빛 혹은 재료를 사실대로 표현하는 것이 아니다. 또 레이트레이싱 렌더링은 다른 방식들처럼 정확한 표현 방식은 아니다. 최근에 두 가지 방식의 선택적인 알고리즘이 새로 소개되었는데 전역 조명 global illumination 렌더링 방식과 물리적 정밀 해석 physically accurate solutions 렌더링 방식이다. 전역 조명 방식은 공간에 들어오는 직사광과 간접광을 함께 계산한다. 반사광을 내는 표면의 색채는 전경내로 산란된다. 물리적 정밀 해석 소프트웨어는 공간내에서 정확한 빛의 물리학적 효과를 시뮬레이션 한다. 이 방식은 공간에 들어오는 자연광과 공간 내에 설치된 인공조명을 조심스럽게 측정하고 표현하는 것이 가능하다. 이러한 연산은 컴퓨터에 의하여 고도로 집적되며 완성하는데 많은 시간이 소요된다. 디자이너는 이러한 방식들의 효과에 영향을 미치는 복잡한 변수들에 익숙해져야만 한다.

서피스 렌더링

서피스 렌더링은 공간을 단순하게 표현한다.

레이트레이스 렌더링

레이트레이스 렌더링은 반사광을 추가하고 장면에 그림자를 추적하여 표현한다.

정확한 채광의 해석

어떻게 빛이 색채와 공간과 상호작용하는가를 표현하기 위하여, 컴퓨터는 현재 전역 조명 global illumination 렌더링 방식과 물리적 정밀 해석 physically accurate solutions 렌더링 방식과 같은 복잡한 알고리듬을 활용할 수 있을 만큼 강력하다.

3차원 렌더링 소프트웨어

최근까지, 3차원 렌더링은 일반적으로 모델링을 구축한 특정한 프로그램 자체에서만 가능했다. 최근에, 몇몇의 렌더링 시스템들은 광범위한 표현의 가능성을 제공하고 이를 프로그램에 이식했다. 실질적인 재료, 복합적인 조명 기술, 분위기를 만들어내는 효과, 더 부드럽고 유연한 표현 효과를 렌더링할 수 있는 기술들이 가능해졌다. 이러한 가능성은 디자이너에서 모든 수준의 렌더링 스펙드럼을 제공했다. 덧붙어 컴퓨터의 GPU가 더 빠르게 작동하도록 압박하기 시작했고 어떠한 경우, 실시간으로 이미지를 렌더링하기를 요구했다. 이러한 시스템들은 형태를 창조하는 사용되는 선택적으로 활용 가능한 프로그램들이다. 실제로 렌더링은 그러한 플랫폼 혹은 단일한 어플리케이션만으로 가능하지 않는다.

플러그인 시스템

Application	Material System	Complex Lighting	Physically Accurate	Operating System	Price
VRay	X	X	X	OS X, Windows	**
Corona	X	X	X	OS X, Windows	**
Maxwell	X	X	X	OS X, Windows	**
Arnold	X	X	X	OS X, Windows	**
Thea	X	X	X	OS X, Windows	**
Octane	X	X	X	OS X, Windows	**
Unity	X	X	X	OS X, Windows	**

통합 시스템

Application	Material System	Complex Lighting	Physically Accurate	Operating System	Price
Cinema 4D	X	X	X	OS X, Windows	****
Revit		X	X	Windows	****
Form•Z	X	X		OS X, Windows	***

(더 많은 정보를 위해서는 리소스 챕터를 확인하고 소프트웨어 제공 홈페이지를 확인하라)

기초의 이해:
데보라 베르케 DEBORAH BERKE

데보라 베르케, 당신과 당신의 작업을 상세히 설명해 줄 수 있는가?

20여년 이상 건축실무를 해오면서, 실무란 나의 스튜디오 한가운데 책상에 앉아 있는 것으로부터 시작된다. 마스터플랜, 도시 계획, 전통 건축, 인테리어 디자인, 심지어 장식에 이르는 서비스를 제공하는 35명의 사람들과 일하는 오피스에서 시작된다. 우리는 거의 모든 범위의 서비스를 제공한다. 어떤 우리의 클라이언트는 오직 한 분야만 계획하길 바라고 다른 이들은 더 많은 것을 계획하고 이용하기도 한다.

디자인에 관하여 당신을 가르치고 있는 멘토들은 누구인가?

유디스 볼린 Judith Wolin은 로드아일랜드 디자인 대학 Rhode Island School of Design의 교수로서 말 그대로 나의 멘토다. 나는 1970년대 그 대학을 다녔다. 그곳은 대단히 예술적인 환경을 가지고 있었다. 유디스는 내게 아이디어란 무엇인가를 이해시켜주었다. 아이디에어 지성이 더해질 수 있다면 훌륭한 것이었고 만약 아이디어에 다시 재고된 아이디어를 더하고 수정하고 다시 검토하면 아이디어는 더 훌륭해졌다. 다시 말하면 자기비판의 열정적인 형식이라고 할 것이다.

당시 나는 건축과 도시 연구소 Institute for Architecture and Urban Studies(IAUS)에서 강의 했고 5년간 피터 아이젠만 Peter Eisenman, 안토니 비들러 Anthony Vidler, 케네스 프램프톤 Kenneth Frampton, 마리오 겐델소나스 Mario Gandelsonas, 줄리아 브룸스필드 Julia Bloomfield의 사무실에서 일했다. 지성과 의문들을 가치있게 만드는 환경이었다. 그 5년은 나의 멘토링의 다음 시기였다. 그 이후, 나는 진부한 교육방식으로부터 급진적인 출발을 시도했다. 과거의 환경에서 배웠던 것을 수용하는 과정이 되었다. 그리고 직관적으로 항상 내가 관심 가져 왔었던 것에 집중하였다. 그것은 내가 발견한 것이지만 의식적으로 창조한 것은 아니었다. 현재 나는 오래된 특이성들을 발견할 수 있는 도시의 숨겨진 부분들에 관심을 가지고 있다. 나는 멘토링이란 단어를 잘 받아들였고 그것을 나의 영감으로 만들어 냈다.

당신의 사무실을 시작한 것에 자신감을 얻게 된 것은 어느 순간인가?

내가 학교를 떠났을 때, 건축가를 위한 어떠한 일도 없었다. 그래서 나의 첫 번째 직업은 뉴욕에 본사가 있는 거대한 국제 엔지니어링 회사의 그래픽디자인 부분에서 일하는 것이었다. 이 일은 지성적으로 도전이라곤 없는 일이었다. 그리고 나는 IAUS에서 코스를 밟으며 많은 시간을 보냈다. 결국에 나는 마리오 겐델소너스 아래에서 교육프로그램의 책임자로서 일을 시작했다. 그리고 그곳의 강사가 되었다. 당시 봉급이 풍족하지 않아 공립학교 두 곳에 강의를 나갔다. 당시에 민간교육단체 NEA는 예술가와 건축가를 공립하교에 채용했다. 그들은 하루 100달러를 제공했는데 적지 않은 돈이었다. 내가 나의 사무실을 오픈하고자하는 용기는 내 최종적인 직장을 얻고 싶고 새로운 시작을 할 수 있다는 생각에서 시작된 것이 아니다. 나는 다른 종류의 일을 얻고 싶었다. 나는 명함을 만늘고 나의 커피 테이블에 수평자를 달았다. 그리고 나는 실무를 한다고 말했다. 그것이 어떻게 나를 위해 일했는가에 대한 답이다.
내 생각에 그것은 계속 순환한다. 자기 확신, 경험 그리고 기회라는 측면에서 준비되어 있는 때와 일치한다는 점에서 순환한다. 그리고 그러한 여건을 유지할 수 있다고 생각하게 만드는 경제적 상황의 자연적인 순환과도 일치한다. 사촌의 옆집 이웃을 위해 차고를 증축하는 것은 당신의 일 그리고 무언가를 디자인하는 유일한 기회는 아니다. 그 일이 지나면 하나의 직업을 얻게 될 것이다. 그러한 두 사실은 동시에 일어난다. 그리고 나면 당신은 준비가 된 것이다.

디자인 프로젝트의 어떠한 단계에서 가장 만족스럽다고 생각하는가? 혹은 어떠한 단계가 가장 교육적이거나 가장 도전적이라고 생각하는가?

나는 그 시작하는 순간을 너무나 사랑한다. 대지가 어떠한 곳일지라도, 나는 대지를 맨 처음 살펴보는 것을 사랑한다. 나는 그 처음에 사람들과 이야기 하는 것을 사랑한다. 그리고 첫 기획 설계 단계를 좋아한다. 스터디 모델을 사랑하고 스케치 하는 것을 사랑한다. 깊이 고민하는 것을 사랑하고 꾸벅꾸벅 졸면서 내 머리 앞에 형태를 떠올리면 천천히 잠드는 것을 사랑한다.

나는 잘 정리된 디테일 혹은 거대한 설계도서 전체의 정교한 도면들이 무척 흥미롭다. 그러나 그것이 내 일은 아니다. 나의 사무실에는 그러한 작업에 뛰어난 많은 직원들이 있다. 그리고 나는 그들과 함께 작업하면서 프로젝트에 대한 통일성과 전체성을 공유한다고 느낀다. 나는 전체 비평가로서 더 많은 것을 한다. 그와 동시에 나는 프로젝트의 초기 단계에서 전체를 창조한다. 그것이 가장 교육적이지 않을까요? 그렇다. 그 단계에서 가장 도전적이고 나를 골몰하도록 만든다.

프로젝트를 시작하는데 있어 당신의 접근방식은 어떠한 것인가?

나는 어떠한 선입견을 가지고 프로젝트를 시작하지 않는다. 나는 클라이언트에게 나와 나의 직원들이 어떠한 선입견도 가지고 있지 않다는 사실을 알려주고자 한다. 만약 누군가가 당신에게 와서 주택을 원하고 있다고 한다면, 분명히 음식을 저장하고 제공할 수 있는 장소, 사람들이 잠들고자 하는 장소를 만들고자 하는 것이 분명하다. 그러나 프로그램을 파악하기 시작하면서 그리고 사람들이 자동적으로 프로그램과 연관시키는 형태를 실험하기 시작하면서는 그러한 단순한 정보를 넘어서 함께 공유해야 할 많은 개념들이 많다.

내게 있어 모든 디자인프로세스는 반복되는 프로세스다. 내가 어떻게 일하는가를 묻는 것이라면, 나는 클라이언트도 프로세스에 참여해야 할 필요가 있고 생각한다. 나는 흔히 말하듯이, 현장에 나타나서 디자인을 마치고 떠나는 그런 디자이너가 아니다. 반복적인 디자인 프로세스에서 내가 되고 싶은 사람은 내가 보고자 하는 결과물을 보증하는 세일즈맨이다. 그 결과물은 모두가 동의할 수 있는 그러한 결과이다. 분명한 사실이 있다. 어떤 단계에서 클라이언트가 개념을 공유하고 모두가 공감할 수 있는 형태를 공유해야만 한다.

당신의 작업에서 기술이 갖는 역할은 무엇인가? 그것은 디자인을 위한 도구인가? 소프트웨어는 디자인 프로세스의 더욱 창조적인 작업을 가능하게 하는가?

나의 부모님은 아이슬란드에 살고 있다. 나의 아버지는 한 달에 한 주는 뉴욕에서 보낸다. 그리고 나머지는 그의 사무실에서 우리 서버에 접속해 작업한다. 그것은 환상적인 것으로 드러났다. 엄청나게 생산적이다. 우리의 클라이언트는 그가 대화할 때 어디에 있는지 알지 못한다.

그가 가진 그러한 독립성은 사실상 우리가 일상적으로 보여주는 생산성과는 아주 다른 종류의 생산성을 가능하게 한다. 우리 사무실의 10명의 직원이 6개의 다른 작업에 집중하면서, 인테리어 입면을 체크하면서 반시간, 다른 작업의 창조적 디테일을 살펴보면서 반시간을 소모하는 것과는 완전히 다른 일이다. 그는 혼자서 완전히 집중해서 시간을 사용할 수 있다. 그가 하나의 극단적인 결론에 동의서를 쓰는지, 시공도면 전체를 살펴보든지, 모든 도면들이 제작되었는지, 그리고 우리가 그것에 만족하는지를 확신하든지, 혹은 디자인을 발전시키든지 하면서.

당신은 BIM(Building Information Modeling) 작업에 참여하는가?

우리는 얼마 전 새로운 프로젝트를 시작했다. 그리고 프로젝트 개발자의 주장과 우리도 호기심이 있었기에, BIM을 프로젝트에 받아들이기로 했다. 우리는 의미가 있는 프로젝트가 필요했고 BIM을 배울 수 있는 누군가와 협력해야 했다. 그래서 그 다음 프로젝트에서는 주도적인 역할을 할 수 있을 것이다. 이번 첫 프로젝트는 학생으로서 참여해야 한다.

당신은 주거 프로젝트를 어떻게 프로그램 하는가? 당신의 다른 교육시설 프로젝트와는 다르게 프로그램 하는가?

프로그램 하는 것, 그것이 거대한 교육시설물이든 혹은 단지 4개의 벽만 있고 누군가 살 수 있는 빈 공간만 있는 주거 공간이든지. 우리는 동일한 작업 방식 그리고 동일한 질문들과 해석을 가지고 접근한다. 우리는 그것을 데이터와 같이 처리할 필요가 있다. 어떤 면에서 클라이언트에게 그들의 정보를 받아들일 수 있도록 확인할 필요가 있다. 주거의 경우라면, 여섯 개의 수직의 기둥이 내려져 있다든지, 교육시설이라면, 36명의 학생이 각 학급에 앉아야 한다든지. 클라이언트가 속해있고 들어야 하고 이해해야만 하는 데이터를 확인한다. 그러한 정보는 어떠한 선입견 없이 스스로 비판적으로 받아들여야 하고 정보들 사이에서 특정한 정보들을 종합하여 하나의 전체로 만들어질 수 있는 디자인으로 발전시켜야 한다.

당신의 클라이언트에게 하는 그러한 질의 과정을 이야기해줄 수 있는가?

항상 그런 것은 아니다. 그들을 믿지 못한다고 생각하도록 만드는 때 혹은 그들을 신뢰하지 못한다고 느끼게 하거나 그와 비슷한 감정을 느끼게 하는 때는 그렇지 않다. 그러한 질의 과정을 사용하는 것은 정보를 서로 이해하도록 돕는데 활용하거나 클라이언트가 배제되어 있다고 느껴지지 않도록 계획을 조정하는데 활용한다.

서로 다른 두 가지 상황이 있다. 당신에게 프로그래밍 하도록 제공된 프로젝트가 있다. 이 프로젝트가 규모가 충분히 크다거나 혹은 광범위하거나 충분히 훈련된 클라이언트이던지 한다면, 서로 다른 사업 시기를 가지거나, 다른 이유들로 프로그램은 서로 다른 관련 업체들에 의하여 분리되어 진행될 것이다. 그리고 이런 경우는 서로 질의 과정을 가질 필요가 있다. 그러한 덕분에 우리는 그러한 프로그램을 부분적으로 이끌어갈 수 있다. 그리고 전체가 모여서 더 거대하고 나은 결과를 얻는다. 이러한 프로그래밍이 주어졌을 경우, 당신은 비평적인 거리를 유지해야만 한다. 그리고 전혀 다른 시각으로 조사하고 어떠한 선입견도 없이 작업해야한다. 당신 스스로 프로그램하고 혼자서 작업을 진행하여 공간을 만드는 때와는 완전히 다른 일이다. 당신은 매우 조심스럽게 당신 자신의 기존 지식과 이해를 억제해야만 한다. 사실, 디자이너가 클라이언트에게 그의 집에 관하여 질문할 경우, 이미 디자이너는 그러한 집이 어떻게 보여질 것인지 이미 머리에 그리고 있다. 그러므로 질의과정을 거치는 내내 솔직하지 못할 수 있다. 결국, 이러한 과정은 자기변호의 과정이라고 생각한다. 디자이너가 자신의 디자인 프로세스를 진행하는데 더욱 비판적일 수 있다면, 더 훌륭한 결과를 얻을 것이다.

디자인 비즈니스를 이해하는 일은 얼마나 중요한 일인가? 어떠한 방식으로 당신은 비즈니스를 디자인 하는가?

나의 디자인 교육은 모든 비즈니스를 준비할 만큼 충분한 것은 아니다. 내 생각에, 회사가 성장하면서 '예스 Yes' 라고 이야기할 만큼 확신을 가진 업무 내용에 대하여 비즈니스를 시작한다. 그리고 스스로에게 기지를 발휘할 수 있다면, 확신할 수 없는 다른 업무에 대하여 '노 No' 라고 이야기 할 것이다. 클라이언트는 프로젝트에 자유로운 선택의 사치를 누릴 수 없을 것이다. 사실, 당신의 비즈니스를 어떻게 디자인하고 있는가에 따라 다르다. 예를 들어, 당신이 무엇에 동의하는지에 따라서 그리고 그 프로젝트를 어느 정도 가격에 수임하는가에 따라서 다를 것이다.

최근에 감동 받았거나 당신에게 영향을 미친 주변의 두세 공간을 이야기할 수 있는지 그리고 이유는 무엇인가?

오브제로서 뉴욕에 있는, 노만 포스터 Norman Foster의 허스트 타워. 다른 모든 솟아 있는 건물 중, 어떠한 우아함과 단순성을 느낀다. 그리고 구조적인 노출을 확인한다. 리처드 로저스 Richard Roger의 마드리드 바라하스 국제공항 Madrid Barajas Airport에 나는 충격을 받았다. 그것은 매우 특별하다고 생각했다. 최근에 내가 가본 건물 중 정말 놀랍다고 느낀 몇이 되지 않는 공간이다. 그러나 나는 내게 왜 놀라운 것인가를 질문했다. 그것은 단지 가볍게 느끼고 마는 감정인지 매우 작은 어떤 공간에 걸어들어 가면서 얻는 비슷한 경험을 가질 수 있는지. 그리고 그 질문으로부터 무엇이 나를 감동시키는가를 분석한다.

최근에 인디애나 주, 콜럼버스에서 프로젝트를 진행했다. 마지막 단계 즈음에 시간을 내서 처음으로 엘리엘 사리넨 Eliel Saarinen의 교회에 방문한 적이 있다. 그곳에 성소로 걸어 들어가면서 놀라움을 경험했다. 이곳은 진정으로 놀라운 공간이다. 내게 충격을 준 부분은 바로 그 대칭성이다. 그것은 매우 미묘하며 특정한 장식들의 변화에 의하여 그리고 표피의 변화에 의하여 유도된다. 그러나 그곳은 거장다운 건축물이며 공간이다.

Overleaf Left 21c Museum Hotel Oklahoma City, Oklahoma. Photos by XXX.
Right 21c Museum Hotel Lexington, Kentucky. Photo by XXX.

2.

공간

특정한 구조를 갖는 실 room의 공간 space을 구축하는 것은 인테리어 디자이너의 가장 중요한 예술작업이다. 많은 이슈들이 실의 비례에 영향을 미치고 평면에서의 실의 위치를 결정한다. 그것은 각 실의 의도된 기능들도 포함된다. 가구와 액세서리를 공간에 채우는 방법, 접근성과 건축법에 의하여 생겨나는 한계들도 있다. 훌륭한 디자이너는 공간과 개실의 특성을 부여하기 위한 지배적인 개념을 발전시키는 동안 이러한 많은 문제들을 능숙하게 다룰 수 있다. 더 깊이 있게 살펴보자면, 공간과 각 실의 발견을 고무시키고 놀라움을 자극하는 공간들의 연속으로서 통합하여 네트워크를 만들 수 있다.

Chapter 5: 공간의 비례

예술과 디자인을 공부하는데 있어, 비례는 형태의 근본적인 특성 중 하나로 중시된다. 폭과 길이의 상대적인 비례. 중요하게도, 형태의 비례가 가진 특성은 그 자체로 치수와 연관된 것은 아니다. 디자이너들이 형태의 비례를 이야기 할 때, 사각형의 폭과 길이의 상대적인 크기를 이야기한다. 그러나 또한 타원 형태, 혹은 복잡하고 부정형의 형태의 비례에 관하여 언급할 수도 있는데, 예를 들자면 콩팥 모양을 한 수영장의 비례와 같이. 대부분은 전형적으로 일련의 연관된 요소들에 관하여 중요한 결정을 내릴 때, 비례를 고려하곤 한다. 예를 들어 디자이너는 내부 입면을 디자인하는 경우, 창문들 자체의 비례는 물론 창문들 사이의 벽체로 둘러싸인 공간의 비례를 고려해야만 한다. 벽체의 형태가 가진 상대적인 비례 그리고 창문의 비례는 더욱 복잡한 비례관계로 이해해야 한다. 비례는 일반적으로 드로잉과 채색 혹은 평면과 입면을 구성함에 있어서 2차원적인 요소로 여겨진다.

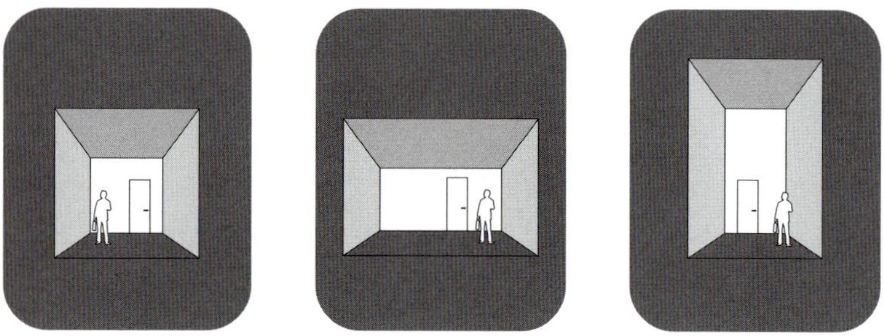

정사각형　　　직사각형　　　높은 직사각형

비례의 영향

서로 다른 형태의 공간

인테리어 디자인에 있어서, 오브제 혹은 공간의 비례는 세 가지 변수, 폭, 높이, 깊이의 상대적인 길이에 의하여 구성된다. 각 실의 특성과 활용은 공간의 비례에 의하여 강하게 영향 받는다. 상대적으로 길고 좁고 높은 공간은 낮은 천장을 갖는 평탄한 정사각형의 공간보다 특수한 성격과 개성을 갖는다. 각 실 room의 상대적인 비례는 그러한 공간을 통로로 여겨질지 혹은 장소로 여겨질지를 결정한다. 정방형의 실은 기하학적으로 가장 안정적이다. 그러나 마감하기에는 어렵다. 그리고 거대한 공간일 경우 행사를 위해 사용될 수 있고 작은 공간의 경우는 출입 공간으로 사용될 수 있다. 직사각형의 공간은 1:2의 상대적 비례보다 작은 경우 가장 일반적인 형태의 장소를 만들어내는 공간이 된다. 다양한 가구와 기구를 배치할 수 있고 쉽게 외벽 주변 동선을 따라 사람들이 모일 수 있기 때문이다. 기능적으로 복도 혹은 의식적이거나 종교적인 전용 공간으로 사용되는 좁고 긴 방은 전형적으로 이동 동선을 위한 공간으로 여겨진다.

정사각형 공간의 순수한 기하학은 대칭적인 배열의 마감을 필요로 한다.

M + M Creative Studio, Edmunds
Photo by Benny Chan

직사각형의 공간은 명확한 좌석 공간을 수용하는 다른 여러 개의 영역으로 구분될 수 있다.

Architecture + Information, Canvas Worldwide
Photo by Michael Wells

높고 긴 공간의 형태는 작업 혹은 놀이를 위한 공간에 이상적이다.

MVRDV, The Groos Store
Photo by Ossip van Duivenbode

연속된 공간의 안무

하나의 실은 비례적으로 연관되는 공간의 연속으로 배열될 수 있다. 다양한 실들의 연속은 서로 다른 비례를 갖는 작은 실들을 대조시키고 시각적인 다양성을 강조하며 공간 마다 발견의 기쁨을 자극한다. 여러 실들의 대조적인 비례를 고려한 디자인 전략은 동시에 빛을 극적으로 제시하고 공간의 일상을 살아있게 만든다.

Tusen Takk, Leland, Michigan.
Photo by Matthew Millman.

비례의 결정

비례는 두 가지 방법 중 하나로 결정되고 인식된다. 디자이너의 잘 훈련된 직관을 통해서거나 혹은 디자이너가 만든 비례의 시스템에 의해서다. 디자이너가 특정 법칙에 근거한 비례 시스템을 사용할 때, 비례는 대체로 우발적으로 만들어진다. 비례 시스템이 유용할 경우 시스템에 따르기도 하지만, 디자인 원칙이 더 중요하다고 생각되면 비례 시스템을 무시하기도 한다.

비례의 직관적 감각

재능이 뛰어난 디자이너는 타고난 비례의 감각을 가지고 있다. 사실 이러한 감각은 모든 예술가와 디자이너가 발전시키고자 하는 필수적인 기술이다. 비례가 직관적으로 인식될 때, 중력, 밸런스 그리고 사이공간의 디자인과 같은 표현은 디자인 과정에서 시각적인 선택과 종합을 통해 가능해진다. 비례를 감각하는 것은 또한 비평가의 일이이도 하다. 아름답게 비례 잡힌 파사드를 이야기하는 것은 창문의 비례, 창문 사이 공간의 비례, 벽체의 비례 가운데 통합적인 균형을 인식한다는 것을 의미한다. 비례를 디자인하고 직관적으로 감각할 때, 창조자이자 관찰자로서 시각적 취향은 중요한 역할을 한다. 어떠한 디자이너들은 강력하게 대비된 비례를 갖는 역동적인 비례를 선호한다. 반대로 다른 디자이너들은 정적이고 안정적인 비례를 찾기도 한다. 시각적 스타일의 역사는 부분적으로 비례와 구성방식의 전략에 대한 변화하는 취향의 역사이다.

정수 비례

법칙에 근거해 비례를 정하는 전략은 오브제의 다양한 길이를 연관시키거나 수학적 비례를 갖는 공간과 연관된 기하학적 시스템으로부터 시작된다. 이러한 시스템의 가장 일반적은 것은 정수비례를 갖는 각 실의 깊이, 폭, 높이의 관계이다. 예를 들어 직각 형태의 실을 그 실의 폭의 크기와 천장까지의 높이를 갖게 하고 깊이를 폭의 크기에 2배를 갖도록 조정할 수 있다. 그러한 공간은 아주 단순한 정수 비례를 갖도록 한정된다. 깊이 : 폭 : 높이 = 2 : 1 : 1 가 된다.

안드레아 팔라디오 Andrea Palladio는 16세기 빌라와 궁의 실들을 디자인하고 구성하는데 정수비례 시스템을 사용한 것으로 유명하다. 팔라디오의 건축물에 여러 실들의 계획은 1:1 정사각형, 1:2, 2:3, 3:5의 직사각형의 정수비로 구성된다. 중요한 사실은 그는 3:4, 4:5와 같은 비례는 피하였다는 것이다. 왜냐하면 그러한 비를 갖는 형태가 결과적으로 안정적인 사각형과 직사각형의 방향성 사이에서 조화롭게 위치할 수 없기 때문이다.

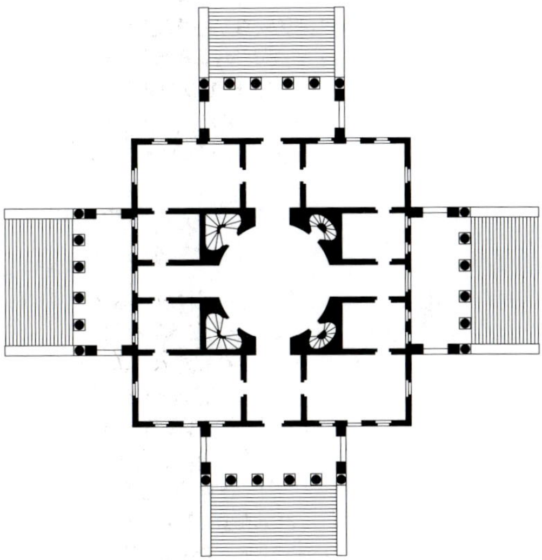

평면과 단면. 안드레아 팔라디오

황금 사각형

더 복잡한 법칙에 근거한 시스템은 사각형의 기하학적 비례로부터 시작된 일련의 직사각형들 사이에 관계를 이용한다. 가장 놀라운 예는 황금사각형이다. 이것은 흔히 황금분할, 황금비 등으로 알려져 있다. 황금 사각형을 그리기 위하여 사각형은 먼저 각각 1:2의 비례를 갖는 두 개의 직사각형으로 나눠야 한다. 직사각형 중 하나의 빗변을 그려내고 빗변의 한 끝을 회전축인 중심점으로 삼고 원을 그리기위하여 이 빗변을 회전시킨다면, 황금 사각형이 그려진다. 황금 사각형의 비례는 1 : 1.618을 갖는다.

연속되어 유추되는 기하학적 특성과 생성되는 과정 때문에 이 사각형은 황금비 그리고 마법적이다. 이것은 사각형과 그로부터 생성되는 다른 연속적인 직사각형을 하나로 통합하는 유일한 직사각형이다. 일한 특성의 논리적 과정은 황금 사각형이 끊임없이 분할되고 생성된다는 것을 의미한다. 그 직사각형은 그 자신의 사각형과 더 작은 황금사각형을 지속적으로 발생시킨다.

황금 사각형은 인테리어 디자인에서 벽체와 공간의 비대칭적인 분할에 사용할 수 있는 유용한 도구이자 비례가 될 수 있다. 황금 사각형이 전체적인 공간의 비례에 적용되는 경우에, 직사각형으로 이루어진 사각형이 나타난다. 더 큰 방향성을 갖는 공간의 천장 높이 혹은 어떤 안정적인 요소들의 집합으로 나타난다. 쥐세페 테라니 Guiseppe Terragni, 이탈리안 현대 작가로서 1920~30년대에 활동했던 그는 많은 프로젝트에서 황금 사각형을 평면과 입면을 구성하는데 사용했다. 가장 뛰어난 작품은 단테움 Danteum인데 시인 단체를 기리는 지어지지 않은 기념비로서 1938년에 디자인된 것이다.

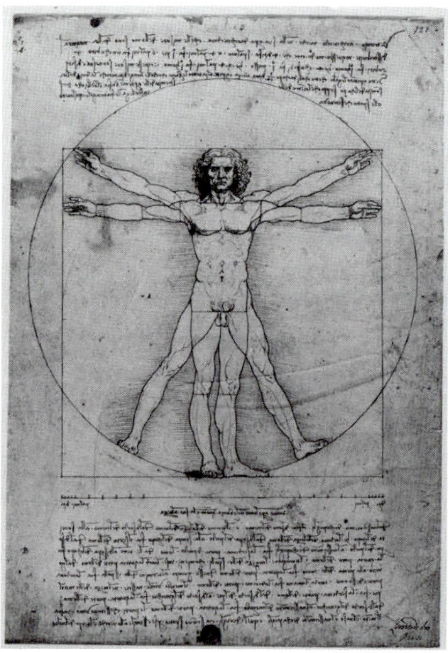

Photo by Alinari, Art Resource, New York.

레오나르도 다빈치 Leonardo de Vinci, 인간 신체의 이상적인 비례, 1492

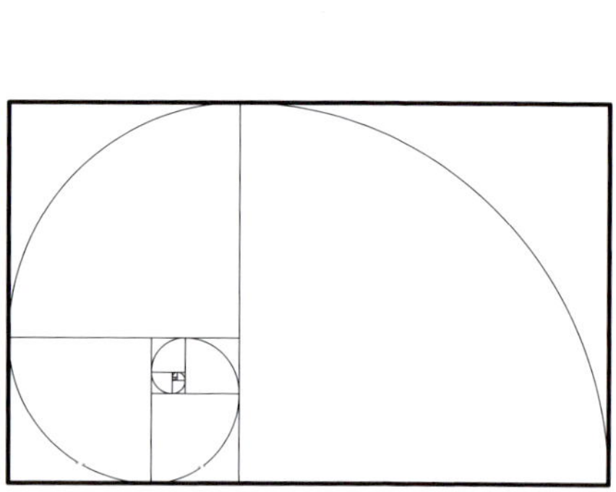

황금 사각형 : 비례는 1 : 1.618

제곱근 직사각형

비례 시스템에서 일반적으로 사용되는 직사각형은 제곱근 직사각형이다. 그 기하학적 구성은 황금비와 매우 유사하다. 이 경우에 생산된 사각형의 전체 빗변을 그린 후 회전한다. 결과적인 비례는 황금 사각형보다는 다소간 약한 비례를 갖는다. 제곱근 사각형이 갖는 비례는 1 : 1.414이다. 앙리 라브로스테 Henry Labrouste는 이 제곱근 사각형을 사용하여 파리 생뜨즈느비에브 도서관 the Bbliothèque Ste. Geneviève의 평면 단면 그리고 입면을 구성하였다.

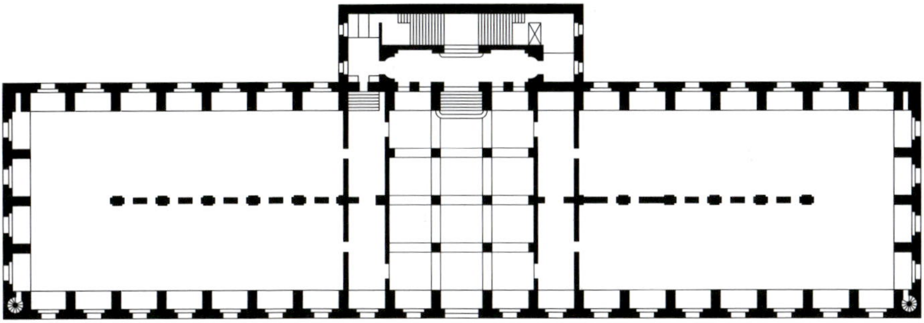

라브로스테의 생뜨즈느비에브 도서관의 평면, 1843

1940년대 프랑스 건축가 르 꼬르뷔제 Le Corbusier는 황금 사각형, 제곱근 사각형의 생성 원칙을 사용하여 복합적인 비례와 치수의 시스템, 모듈러 modular를 만들었다. 르 꼬르뷔제는 이 모듈러 시스템을 1963년 죽을 때까지 일련의 작품들의 치수와 구성에 활용했다.

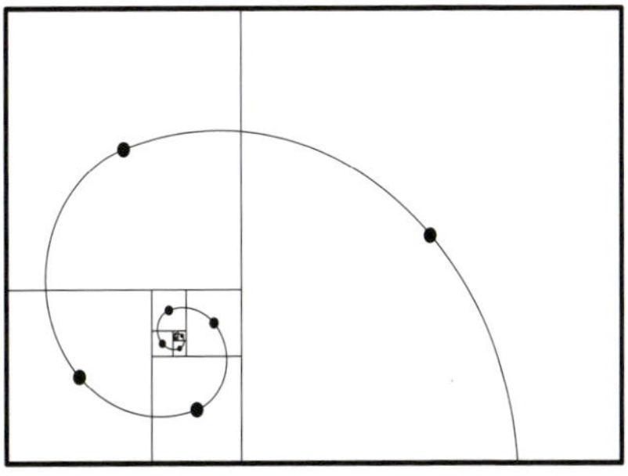

르 꼬르뷔제의 앵무조개

Photo by Erich Lessing, Art Resource, New York.

르 꼬르뷔제의 모듈러

Chapter 6: 공간의 연계

평면을 구성하는 수법들은 건축가의 역량으로 여겨지지만, 인테리어 디자이너는 연속적인 공간을 연출하는데 관여한다. 프로젝트는 단일한 디자인 접근방식을 반영한다. 건축가와 인테리어 디자이너의 필수적으로 협업이 이루어진다. 공간의 관계를 구성하기 위하여 두 개의 기본적인 도구를 사용하는 것이 중요하다. 그것은 평면과 단면이다.

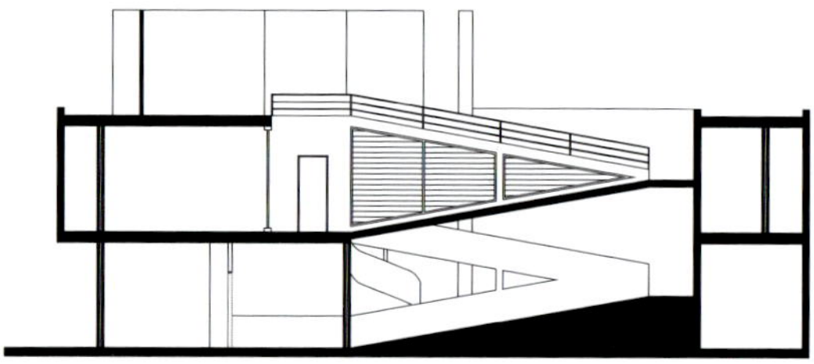
단면

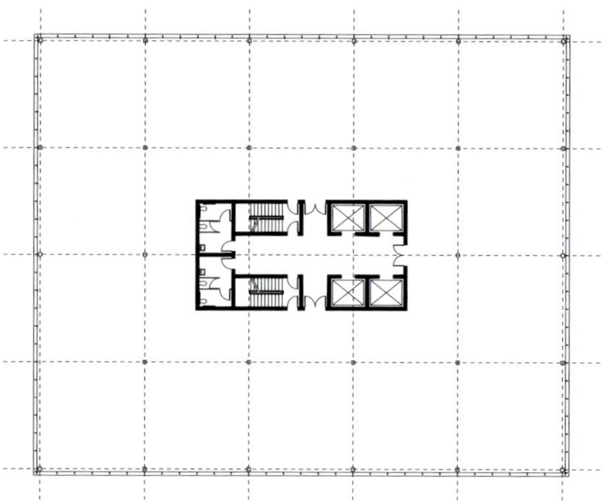
평면

평면에서의 주거의 구성

통과 공간 Through Room과 독립적인 동선체계

인테리어 디자인은 일반적으로 평면을 통해 시작된다. 평면 구성의 근본적인 원리는 공간과 공간의 분할이다. 이 공간들은 특정한 장소로 기능하고 통과 동선으로 사용되는 복도가 되기도 한다. 거실이나, 다이닝룸, 주방과 같이 활동될 수도 있다. 이들 개별적인 실들은 프라이버시의 문제로, 독립적인 접근이 필요한 공간이 되거나 서로 접근하기 공용의 네트워크적 공간으로 사용되기도 한다. 그 예로 독립적인 침실과 공용의 화장실을 들 수 있다.

서비스 제공 공간

공간의 세 번째 유형은 벽장, 창고, 세탁실, 벽난로, 파우더룸 등으로 구성된다. 이러한 공간들의 유형은 하나의 시스템적인 벽체 공간 영역으로 통합함으로써 큰 공간들 사이에서 잘 조화된 독립성을 확보할 수 있다. 이러한 공간은 주택의 배관설비, 환기, 기계설비 시스템, 구조 시스템을 위한 원칙을 통해 배치한다. 평면을 구성하는 경우, 중심 공간을 오픈스페이스로 열려두는 것과는 대조적으로, 여러 목적의 소규모 공간들을 하나로 묶어 단일한 매스로 디자인하는 것이 유용하다. 1950년대 후반, 미국 건축가 루이 칸 Louis Kahn은 이러한 방식을 사용하여 주요 공간과 부수적 공간들을 대조시켰다. 1980년대 부수적 공간들의 영역을 하나로 합쳐 흔히 포쉐 poche라고 부르는 영역으로 만들었다. 이 용어는 19세기 파리 에꼴 드 보자르 École des Beaux Aarts에서 사용한 드로잉 테크닉으로부터 유래한다. 프랑스어 포쉐 pocher로부터 시작되었는데 하나로 묶어 그린다는 뜻이다.

로비 하우스의 평면은 공적인 공간과 사적인 공간 두 개로 구분된 날개로 구성된다.

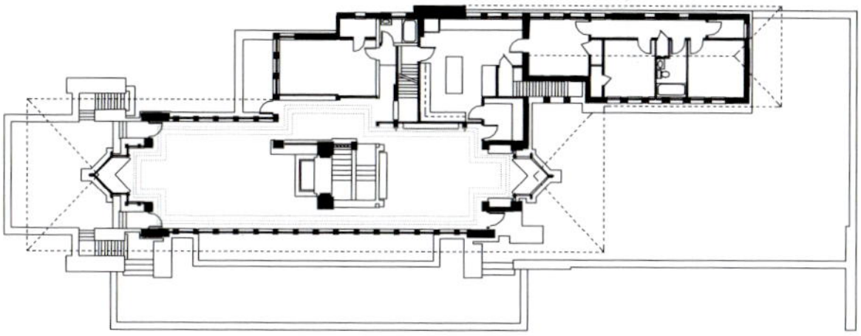

프랭크 로이드 라이트 Frank Lloyd Wright,
로비 하우스 Robie House

공간들 사이의 연계성

공간의 네트워크는 공간들을 통합함으로써 확인된다. 진입 공간과 포쉐 영역으로 기능하는 공간들 사이에는 간격이 존재한다. 공간들은 포쉐의 기능을 갖는 한 덩어리의 공간으로 분할됨으로써 생성된다. 다음의 판스워스 하우스 Farnsworth House는 그 실례를 보여준다.

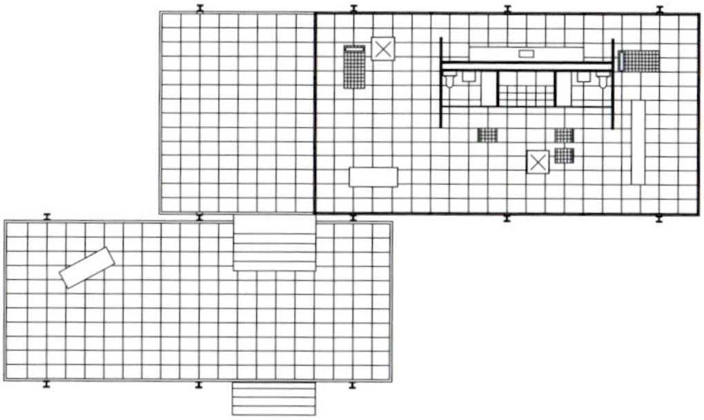

판스워스 하우스의 평면은 포쉐의 현대적인 사례를 보여준다. 주방, 욕실, 창고 영역이 하나의 단일한 볼륨으로 열린 공간 안에서 통합되어 계획되었다.

미스 반 데 로 Mies van der Rohe,
판스워스 하우스 Farnsworth House

미국 주거 건축의 평면 유형

토속적인 주거 유형들 사이에 나타나는 차이는 기본적으로 지역적인 요구, 시공 재료, 전통의 반영에 의하여 디자인된 것이며 환경적인 다양성의 결과다. 지역마다의 냉난방, 환기, 기후적 요건의 통제가 필요하며 안전의 확보, 개발 밀도 등의 요구를 만족해야하기 때문이다. 미국의 1가구 주택은 일반적으로 5개로 구분된다.

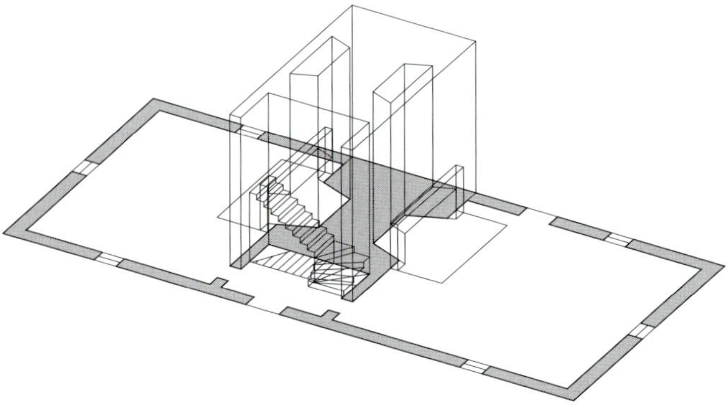

가운데 벽난로 중심으로 주거공간이 자유로이
서 있는 단독주택 유형

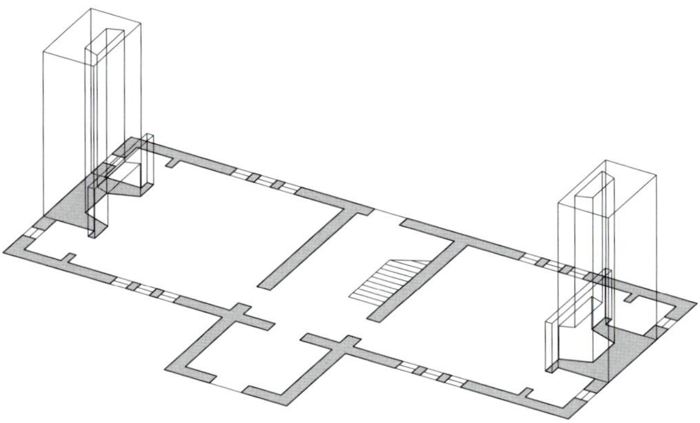

건물의 맨 끝 벽에 벽난로를 설치하고 가운데는
건물을 관통하는 계단을 가진 단독주택 유형

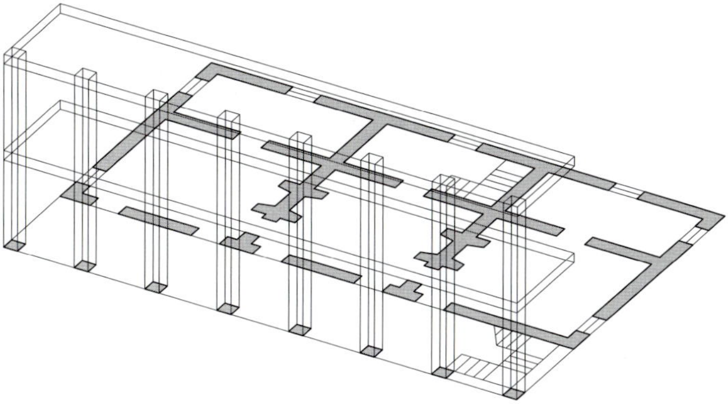

남쪽을 면한 2층 높이의 포티코 portico를 따라서 각 실이 배치된 단독주택 유형

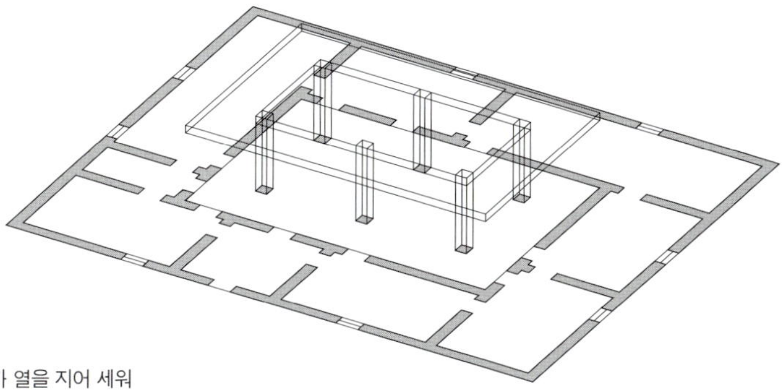

중정이 있는 형태로 여러 채가 열을 지어 세워지거나 혹은 단독주택 유형

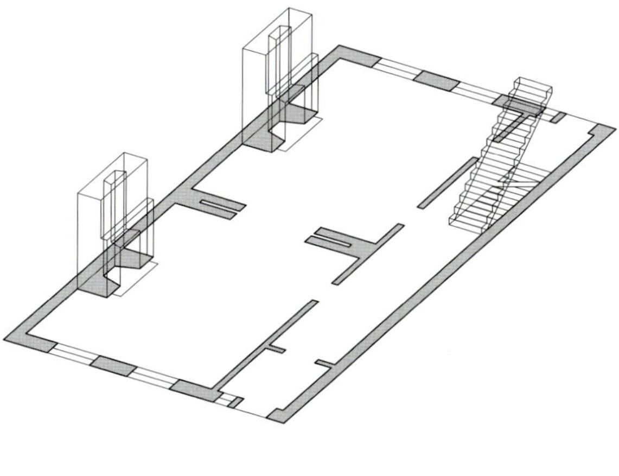

계단 혹은 복도를 공유하고 외부에 면하는 실들이 양쪽으로 배치되며 벽체를 서로 공유하는 집합주거의 형태

단면에서 주거 공간의 구성

주거가 일련의 독립적인 평면 레벨의 통합이라고 생각한다면, 평면위의 모든 공간은 동일한 천장 높이를 가지게 된다. 이상적으로 주거는 각각의 공간의 크기에 적절한 비례로 서로 다른 천장 높이를 가지는 공간들을 가져야만 한다. 거실의 높이는 파우더 룸이나 옷방 보다 높은 천장을 가져야 한다. 그러한 공간의 상호 얽힘을 갖는 주거를 가질 수 있는 기회는 단면에서 가장 잘 구현될 수 있다.

천장 높이를 서로 다르게 구성하는 단순한 방법은 하나 혹은 여러 개의 공간을 기존 천장높이의 두 배 이상 높이의 공간으로 만드는 것이다. 이 공간의 위층에서 높은 천정 높이를 갖는 공간을 조망할 수 있도록 만든다. 르 꼬르뷔제는 두 배 높이의 천장 높이를 갖는 거실 주변으로 주거공간을 구성하였다. 1916년 빌라 슈바프 Villa Schwab 그리고 1949년 유니떼 다비따시옹 The Unité d'Habitation 은 두 개의 그러한 사례이다.

주거계획에서 다양한 공간적 높이를 위한 다양한 전략은 짧은 계단을 통해 한층 반 높이의 층의 공간을 연결하는 것이다. 관습적으로 사용되는 주거 디자인에서 한층 높이의 계단을 설치하여 각 층을 연결하기 보다는 부분적인 계단을 활용하여 주거공간에서 단면을 분리하는 것은 매우 다양하고 여러 심리적이고 기능적인 잇점을 제공한다.

1920년대 이러한 전략의 다양성을 제공한 아돌프 루스 Adolf Loos는 일련의 주거계획에서 중심이 되는 거실 공간의 높이를 일반적인 천장 평면으로 구성하고 다양한 천장 높이를 가진 공간을 창조함으로써 실들의 높이를 변화시키고 공간의 흐름을 가능하게 만들었다. 결과적으로 루스의 주거가 갖는 내부공간은 테라스를 가진 정원들의 형태를 가지게 되었다. 이러한 복합적인 단면적 관계를 갖는 주거공간에서, 서로 결합되는 계단들은 조심스럽게 디자인되어야할 필요가 있다. 이러한 계획을 통해 더 큰 공간을 조망하고 외부공간에까지 시야를 확장할 수 있다.

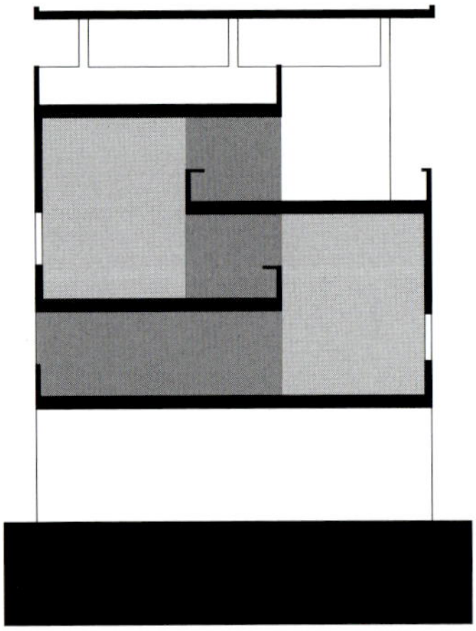

르 꼬르뷔제의 빌라 바이쥬

빌라 바이쥬의 단면은 2층 높이의 공간으로 서로 상호 관입되어 있다. 서로 관입됨으로써 단일한 층 높이의 공간으로 변화한다.

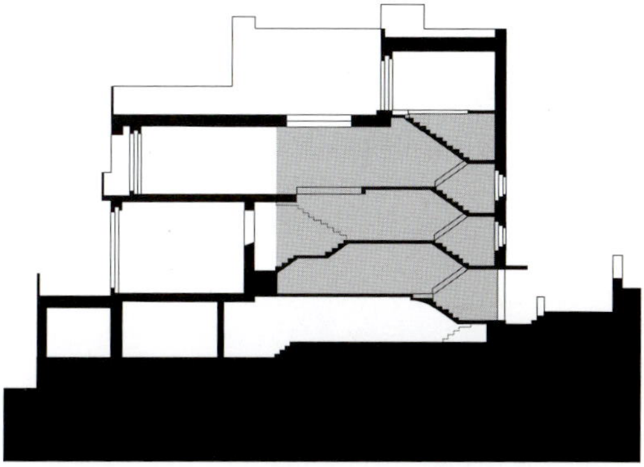

뮬러 하우스 Müller House에서는 3배의 천장 높이를 갖는 공간 측면을 따라 직접적으로 연결되고 테라스 형태를 갖는 공간들이 디자인되었다. 이러한 전략은 다양한 공간적인 높이를 표현하기 위한 방법이다..

아돌프 루스 Adolf Loos, 뮬러 하우스 Müller House

오피스 공간의 정리

일상적인 오피스 공간의 대부분은 과거에 있었던 단일 층의 오피스 빌딩의 논리에 따라 디자인되었다. 그러나 최근에, 중앙 코어와 주변 열린 사무공간과 닫힌 개별적인 사무공간의 개념은 통합적인 열린 공간 환경과 팀작업 공간, 공유 작업 공간, 자유로운 공동 미팅 공간으로 대체되고 있다. 작업공간이 진화함에 따라서, 작업과 휴식 공간 사이의 경계 그리고 작업을 위한 창조적 공간의 위치는 변화하기 시작했다. 더 나아가, 많은 거주와 복지공간의 디자인의 요소들이 사무공간의 공용공간처럼 되어가고 있다. 더 유연한 마감 요소들이 나타나고 더 많은 모임과 공동의 대화 공간을 가능하게 하고 자유로운 식사 공간, 사회적 공간의 가능성이 공간적 효용성을 강조하는 전통적인 방식을 대체하고 있다.

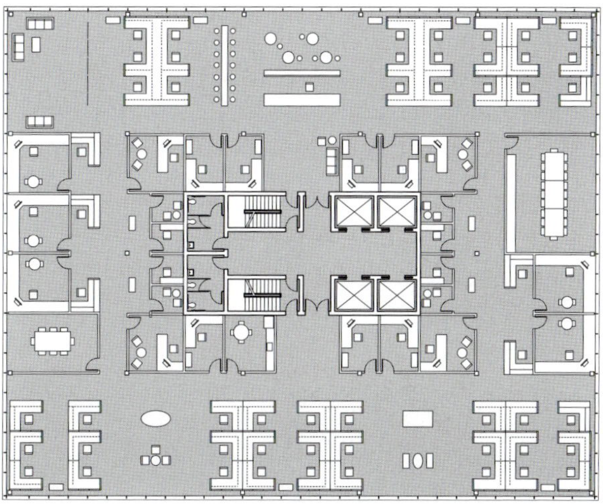

전형적인 오피스 레이아웃

유리 벽(커튼월)을 갖는 개별 사무공간

이러한 레이아웃은 전형적으로 3가지 기능적 레이어로 구조화된다. 우선, 유리 벽을 갖는 개별 사무공간의 여역으로 시작하여 동선의 영역으로 연결되며 나머지는 부속공간을 위한 연속된 파티클의 공간이 생성된다. 두 번째 영역은 건축물의 코어부분을 따라서 생성되는 수직 동선 영역이다.

자연 채광은 일반적으로 유리 벽을 통해서 내부로 유입된다. 또 개별적인 사무공간은 벽체로 둘러싸여 있고 다른 사무공간과 분리된다. 이러한 레이아웃은 일반적으로 빌딩 코어와 벽체의 창문 사이에 사용 가능한 사무 공간으로 13.7 미터의 간격을 만든다. 이 거리는 미국의 오피스 빌딩의 최소한의 이상적인 공간 기준이 되었다.

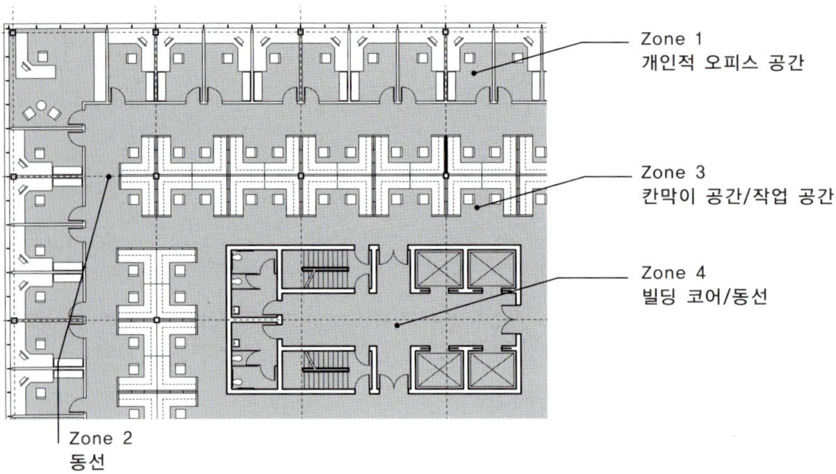

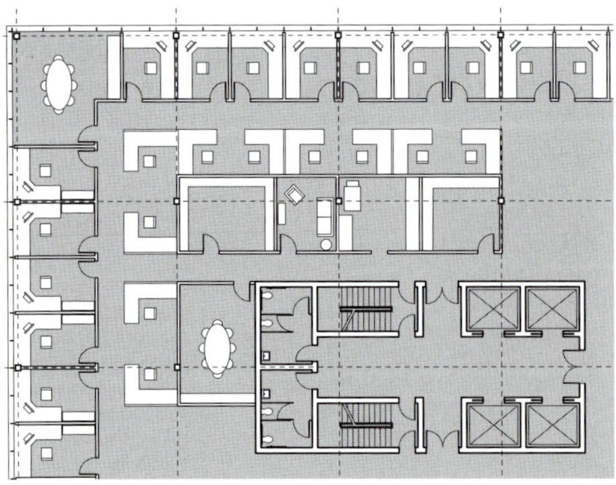

유리 벽(커튼월)의 열린 작업 공간과 내부의 개별 사무실

위의 열린 공간과 연관된 또 다른 공간의 레이아웃으로, 코어를 중심으로 평면의 내부 공간을 둘러싸는 열린 공간들이 배치된다. 이 평면 구성의 개인적인 공간은 대체로 유리 벽을 따라서 배치되고 내부로 자연채광을 받아들이는데 유리하다.

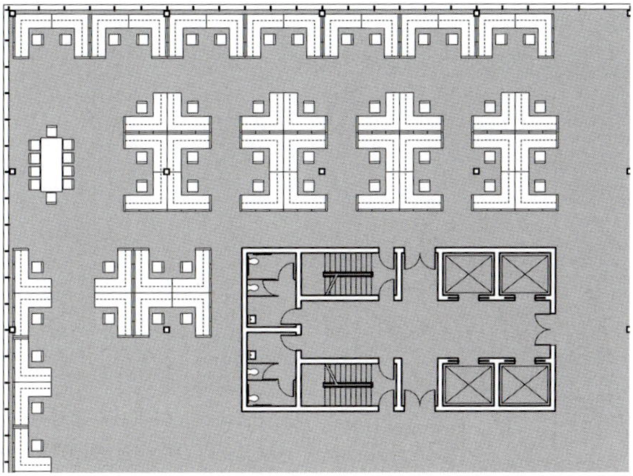

발전된 평면

일상적인 작업공간의 역동성은 사무 인력의 연구, 기술, 복수의 작업 스타일의 빠른 변화의 연관이 있다. 결과적으로 다중의 공동작업 모델들로 집중적으로 업무를 결합한다. 이상적인 작업공간을 만드는데 있어 전통적인 효율성을 포기함으로써, 발전된 평면 레이아웃은 잘 조정되고 집중된 작업을 가능하게 하고 사회적인 영역과 분리된 집단 영역의 모임을 위한 공간을 생산하는 거주와 복지 산업으로부터의 아이디어를 결합했다.

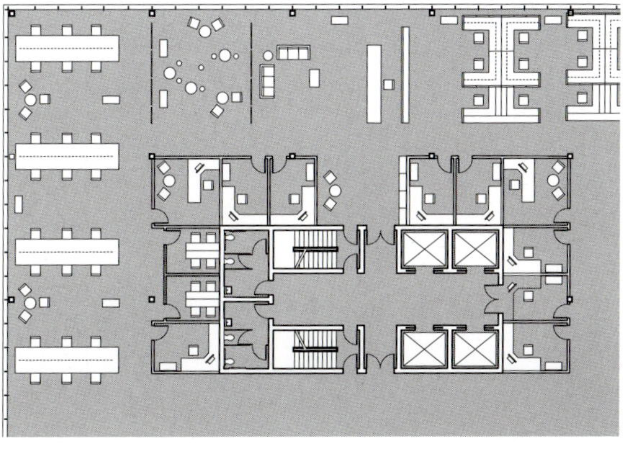

Chapter 7: 공간의 유형

주거 공간, 사무 공간, 상업 공간의 환경에는 광범위한 공간의 유형이 존재한다. 각각의 공간 환경은 특별한 디자인 전략을 요구한다. 인테리어 디자이너는 최소한 디자인 이슈에 열려 있어야 하고 다음과 같은 문제들에 대하여 가증한 해결방법을 가지고 있어야 한다. 특정한 공간을 위한 최선의 구성은 그 공간을 통해서 가능한 동선 체계와 거주 방식이 어떻게 작동할 수 있는가에 따라 판단된다. 훌륭한 인테리어 디자인은 다음과 같은 실질적인 고려사항과 함께 편안함, 조화로움과 같은 문제들의 균형을 유지 할 수 있어야 한다.

주방

주방은 주거공간에서 디자인하기 가장 어려운 공간이다. 이 공간은 여러 가전제품, 설비, 작업 공간, 저장 공간이 조심스럽게 구성되어야 하며 시각적으로 연계되고 기능적으로 통합되기 때문이다. 적어도 한명 이상의 거주자가 아무 문제없이 기능하는 주방을 사용하고 이를 확인하기 위하여 광범위한 작업과 동선의 시나리오를 종합할 필요가 있다. 주방 계획의 기본은 세 가지 요소, 냉장고, 싱크대, 조리대의 배치다. 이러한 요소들은 준비 공간, 세척 공간, 조리 공간을 한정한다. 안전하고 효율적인 작업 삼각형을 구성하는 것에 덧붙여, 인테리어 디자이너는 창고의 설비요소들을 고려하여야만 한다. 왜냐하면 주방에는 셀 수 없이 많은 기구, 접시, 다른 액세서리 등이 필요하고 편리하게 사용되어야하기 때문이다.

작업 삼각형

작업 삼각형을 구성하는 부분들의 이상적인 전체 길이는 3.5미터에서 6.5미터이다. 주방의 레이아웃은 작업 삼각형이 어떻게 가장 잘 배치되고 특별한 공간의 형태와 크기를 구성하는가를 결정한다.

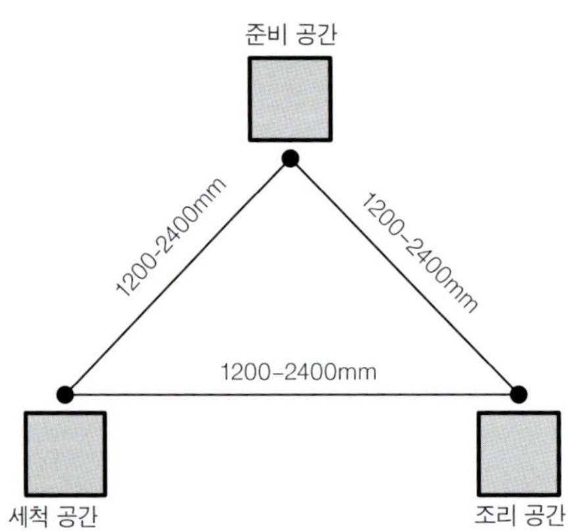

주방의 레이아웃

일렬형(직선형) 주방

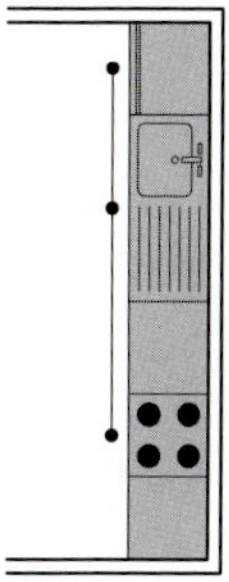

가장 간단한 주방 구성은 일렬로 주방기구를 설치하고 벽체를 마주보고 작업공간을 설치하는 형식이다. 이 레이아웃은 길고 좁은 공간이나 원룸 형식의 아파트의 한쪽 벽에 이상적이다. 이러한 형식은 공간의 중심에 시선을 집중시키거나 칸막이로 차단하여 가릴 수 있다. 가장 실용적인 계획은 중요한 조리기구 양쪽으로 작업공간을 가질 수 있다. 냉장고는 한쪽 끝 편에 배치하고 냉장고 문이 열리는 방향을 고려하고 문을 연 후 문 열리는 방향에 방해되지 않고 작업대로 저장물품을 옮길 수 있도록 한다.

갤러리형 주방

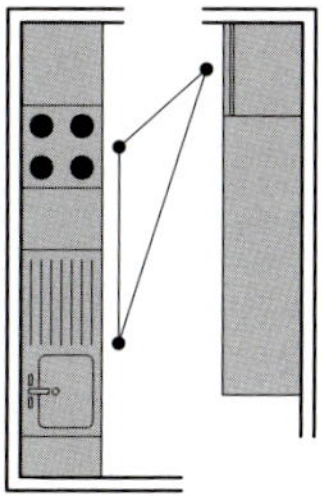

갤러리형 주방은 두 개의 평행한 작업대를 갖는다. 싱크대, 식기 세척기, 조리기구는 주방의 한쪽으로 모아서 배치한다.(조리공간과 세척공간) 그리고 냉장고(준비공간)는 반대편에 배치한다. 작업대는 한명 이상 요리하기 위해서는 적어도 1.2미터는 떨어져 있어야 한다. 주방이 오직 한 사람을 위해 디자인된다면, 두 작업대 사이의 공간은 0.9미터 이상은 되어야 한다. 이 레이아웃은 주방을 통해 다른 공간으로 접근해야 한다면 그리 좋은 계획은 아니다.

L-형 혹은 U-형 주방

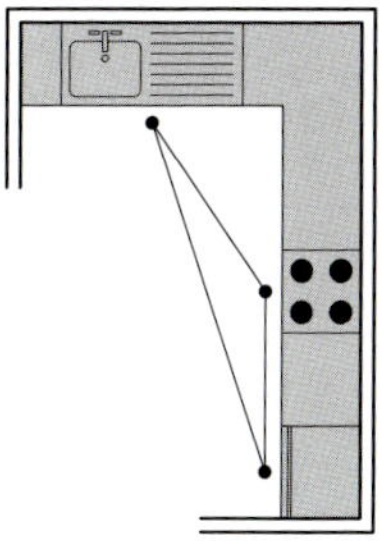

이러한 유형의 레이아웃에서, 작업대와 조리 기구는 두셋의 벽 주변으로 배치된다. 이 배치는 아주 작거나 혹은 매우 큰 공간에 모두 유용하다. 그러나 큰 공간에서 작업 삼각형은 적어도 3.5미터에서 6.5미터 정도의 적절한 거리 내에서 지켜져야 한다. 이러한 배치에서 L-형 혹은 U-형의 작업대는 간단한 요리에는 이상적인 공간이 된다. 이러한 시나리오에서, 요리 공간과 식사 공간을 구분하기 위하여 더 높은 작업대로 디자인하는 것이 훌륭하다.

아일랜드형 주방

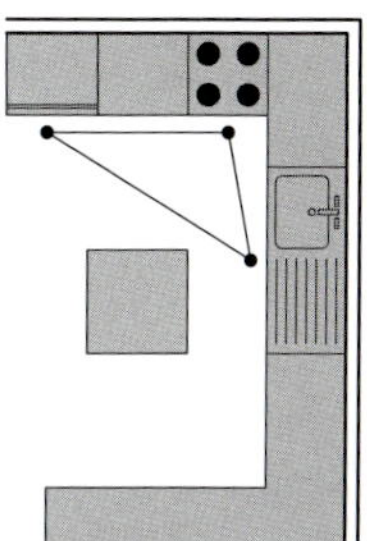

중심의 작업공간은 다양한 요리 작업을 가능하게 하는 부수적인 공간으로 사용된다. 조리 작업의 성격에 따라서 아일랜드형 주방을 음식을 준비하거나 조리하는 공간으로 만들 수 있다. 모든 레이아웃 가운데 이러한 배치는 가장 개방적이고 상호작용 가능한 주방 공간을 만든다. 거대한 공간에서 주로 사용되며 작업대와 아일랜드 사이에는 충분한 공간이 확보되어야 한다.

주방의 조닝

세척 공간

세척 공간은 주로 싱크와 식기 세척기로 이루어진다. 이상적으로 싱크는 물 세척과 세제 세척이 함께 가능해야 한다. 식기 세척기는 싱크에 적합하게 배치되어야 하지만, 싱크에서 접시를 세척하고 식기 세척기의 문을 열어 작업하는데 필요한 충분한 공간이 확보되도록 배치한다. 만약 주방에 식기세척기가 없다면, 작업대 위에 건조대를 두어야 하지만 주방 작업에 불편한 공간은 만들지 않는다.

또한 식기를 세척하기에 앞서 쓰레기를 처리하기 위한 쓰레기통을 가까이 두는 것이 중요하다. 쓰레기를 처리하는 용기는 종종 싱크대 아래 도어 뒤편에 위치시키고 잡동사니로 어지러워 보이지 않도록 숨겨둔다. 쓰레기통을 위한 레이아웃은 씽크대 아래 문을 열었을 때 식기 세척기 문이 열리는 것을 방해하지 않도록 한다. 도어를 열 때 이렇게 방해받지 않도록, 쓰레기 캐비닛은 식기 세척기 반대쪽 싱크대에 배치하도록 한다.

준비 공간

준비 공간은 냉장고과 음식을 준비하는 적절한 높이의 작업 공간으로 구성된다. 냉장고는 식품 저장고와 근접하여 배치해야 한다. 잘 상하거나 상하지 않는 음식 모두 준비를 위한 공간으로 쉽게 가져올 수 있고 쉽게 접근할 수 있도록 한다. 많은 종류의 냉장고, 냉동고의 조합과 배치에 특별한 공간이 필요하다. 냉장고의 크기는 주방 공간의 크기에 비례하여 선택한다.

작업의 유형에 따라서 서로 다른 표면의 처리가 필요하다 예를 들어 대리석 바닥은 정하고 바닥에 매우 적절하다. 백색의 목재 싱크 혹은 작업대는 음식물을 썰기에 좋다. 이러한 표면의 재료는 작업대와 싱크 상부에 일체시켜 제작할 수 있다. 그러한 재료의 선택은 주방의 크기, 조리 작업의 특성, 예산 등에 따라 결정된다. 일반적으로 사용할 수 있는 다른 재료로는 화강석, 물성을 처리한 석영, 콘크리트, 스테인리스 스틸, 목재, 타일, 아크릴, 플라스틱 판재를 사용한다.

표준 치수(mm)

	W	D	H
더블 싱크	720–1350	350–540	180–200
싱크	360-820	360-540	180-200
식기 세척기	600	600-640	840-890
냉동고	780-920	630-840	1680-2140
아일랜드 작업대	760-920	740-840	1630-760

조리 공간

조리 공간은 스토브 혹은 가스레인지, 조리기구, 오븐 등으로 구성된다. 작은 주방의 경우, 스토브는 가장 효율적인 선택이다. 큰 주방의 경우, 분리된 조리기구와 오븐이 더 바람직하다. 이러한 조리기구의 주변 벽체와 작업대에는 불연재료를 사용하여 마감한다. 냄비와 팬은 요리하는 동안 쉽게 사용할 수 있도록 조리공간 가까운 속에 정리해 둔다. 최소한의 이동 통로의 폭은 0.9미터이며 조리 공간 주변에 배치한다.

조리 공간의 상부에는 환기 시스템을 설치하여야 한다. 공기를 순환시키고 흡입하고 배출하는 시스템을 갖추며 목탄 필터를 갖추고 덕트를 사용하여 연기를 뽑아 외부로 배출하도록 한다. 이러한 환기시스템은 직접 외부로 배출하도록 설치하고 다세대 혹은 아파트 등에서는 다른 시스템을 활용한다.

표준 치수(mm)

	W	D	H
조리대	610–940	540–680	80–200
레인지	520-1020	610-720	900-1200
벽식 오븐	560-760	560-610	700-1200

수직 배치의 고려사항

기본적인 주방의 가전제품들은 90cm 높이를 갖는다. 가전제품은 일반적으로 적절한 작업대 혹은 싱크대와 하나로 연결할 수 있도록 동일한 높이로 제작된다. 대부분의 가전제품은 바닥에서부터 5에서 10cm 정도의 틈을 만들어 가전제품의 뒤편을 확인하거나 수리를 위해 들어낼 수 있도록 만든다. 가까운 선반의 크기는 기본적인 치수를 고려하여 디자인한다.

상부 수납장과 싱크대 사이에 최소한 40cm의 수직 높이 공간을 확보하여 작업공간으로 활용한다. 상부의 수납장에 개폐문은 180도 회전이 가능한 힌지를 사용하여 문을 열었을 때 머리에 부딪치지 않도록 한다. 또한 들어 올리는 문을 달아 이 문제를 해결할 수도 있다.

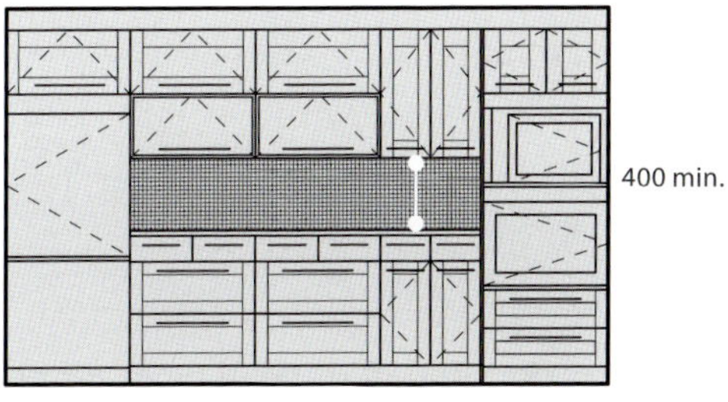

식사 공간

식사 공간의 구성은 식사 테이블의 크기와 형태에 따라 결정된다. 식사 공간은 매우 큰 디자인 가능성을 갖는다. 과거 격식을 차린 공간은 주로 특별한 이벤트에 사용되었다. 최근의 식사 공간은 그 자체로 폭넓은 용도와 활동에 사용되며 다양한 삶의 방식에 적용될 수 있다. 식사 공간은 주방의 확장으로 볼 수 있고 더 큰 거실 공간 안에 한 부분으로 포함될 수 있으며 식사를 즐기기 위한 특별한 의식을 따라 독립된 공간으로 구성할 수도 있다. 이러한 구성과 무관하게 식사공간은 직접적으로 주방과 인접하여 배치되어야 하며, 쉽게 음식을 나르고 청소할 수 있도록 한다.

치수의 기준

개인별 식기 수저 세트

식사 테이블의 치수는 직접적으로 식기수저 세트의 세팅에 필요한 면적과 연관이 있다. 식기수저세트를 위한 적절한 면적은 60cm 폭에 40cm 깊이의 면적이다. 세팅을 위한 매트는 앞자리 매트와 45cm를 띄워서 배치한다. 이 부가적인 공간은 서빙을 위한 요리접시, 와인 병을 위해 사용한다.

식사 테이블

평균적인 테이블 제작자들은 보통 1인당 60cm 공간을 할당한다. 그러나 다른 요소들도 고려해야 한다. 적절한 테이블의 형태와 크기 그리고 방문 손님의 인원수도 고려한다. 식사 테이블의 의자는 팔걸이를 가진 것으로 하면 60cm 폭에 10cm 정도 더 넓은 공간을 필요로 한다. 테이블의 다리의 위치와 형태는 편안하게 의자에 앉을 수 있는 인원수를 결정한다. 테이블의 다양한 종류는 다음과 같다.

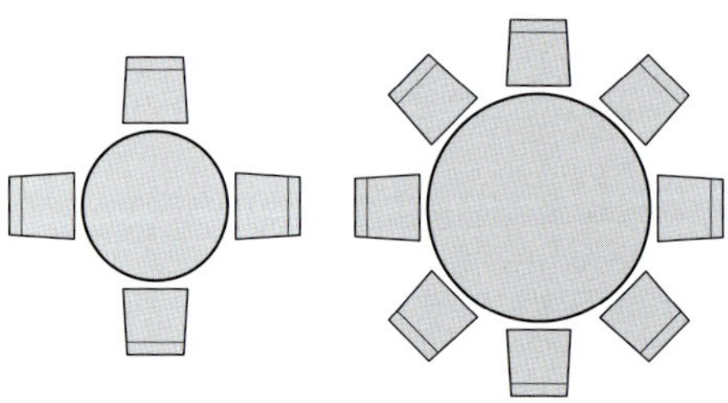

원형 테이블의 크기를 결정하는 것은 의자의 개수를 기준으로 한다. 1인당 66cm 전후로 식기수저세트를 세팅한다.

사각형의 4인용 테이블은 옆으로 확장하여 연결시킬 수 있고 60cm 단위로 개인 좌석을 배치할 수 있다.

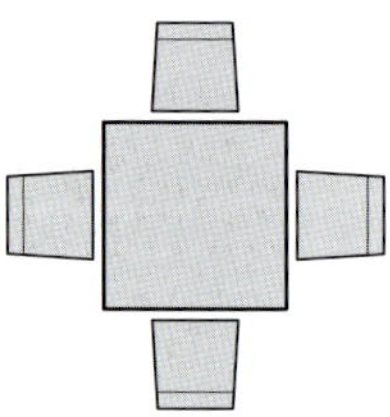

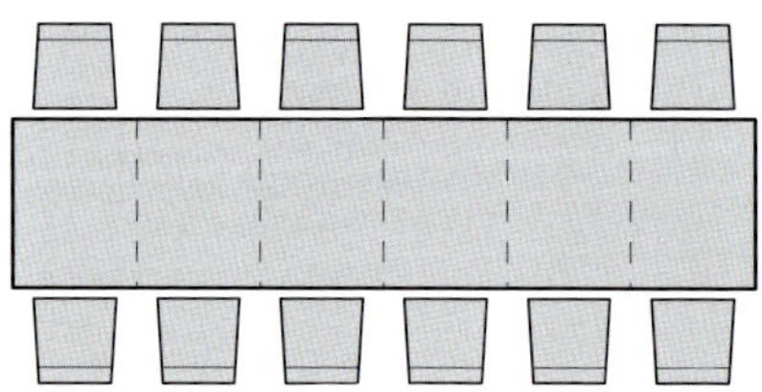

식사 공간의 레이아웃

식사 공간의 크기와 형태는 특별한 위치에 테이블을 가장 적절히 배치하는 기준이 된다. 식사 공간에 대한 아래 다이어그램은 거실공간과 결합된 최소한의 치수를 갖는 식사 공간의 사례를 보여준다. 테이블과 부수적인 가구들을 포함하여 인테리어 디자이너는 테이블위의 적절한 조명, 서비스 공간을 함께 고려하는 등 식사 공간의 분위기를 고려해야만 한다.

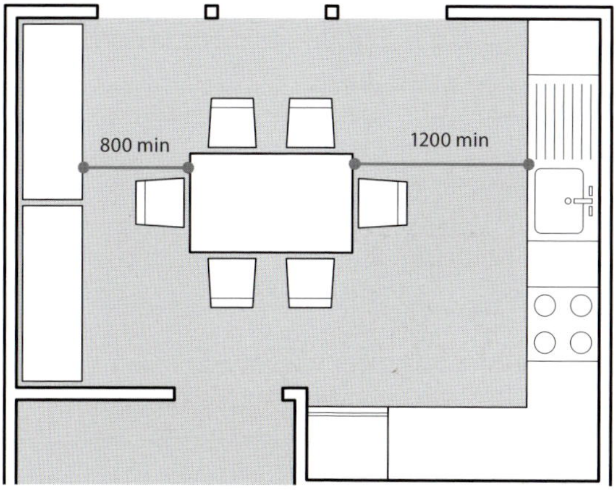

결합된 식사 공간과 주방

식사를 위한 테이블을 포함한 주방은 작업 영역에 인접한 부가적인 공간을 필요로 한다.

결합된 식사 공간과 주거 공간

공간이 더 고급스러운 환경을 가질 경우, 식사 공간과 거실 공간을 결합하는 것은 각각 분리하여 작은 공간으로 활용하는 것보다 나은 선택일 수 있다.

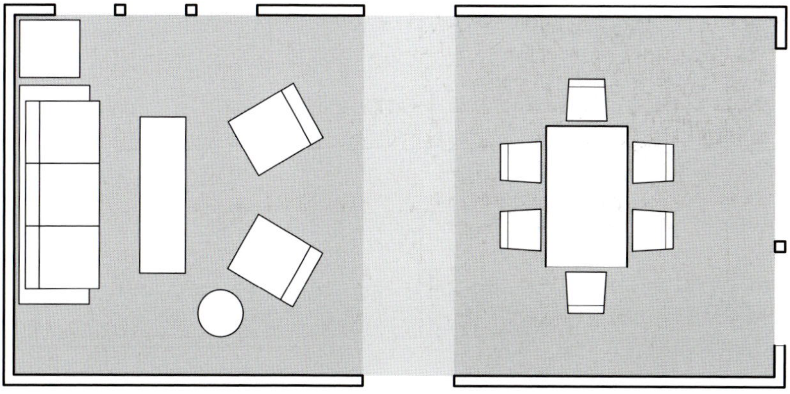

최소한의 식사 공간 : 직사각형의 테이블

식사 공간의 최소한의 크기는 직사각형의 테이블의 크기에 따라 결정된다. 각 테이블 면과 벽체는 최소 90cm 정도의 여유 공간을 갖도록 한다.

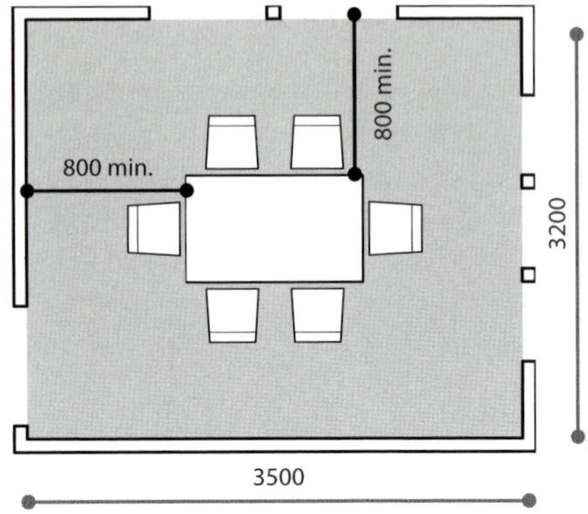

최소한의 식사 공간 : 원형 테이블

사각형의 공간 안의 원형 테이블은 각 코너에 빌트인 캐비닛을 혹은 선반을 설치할 수 있다.

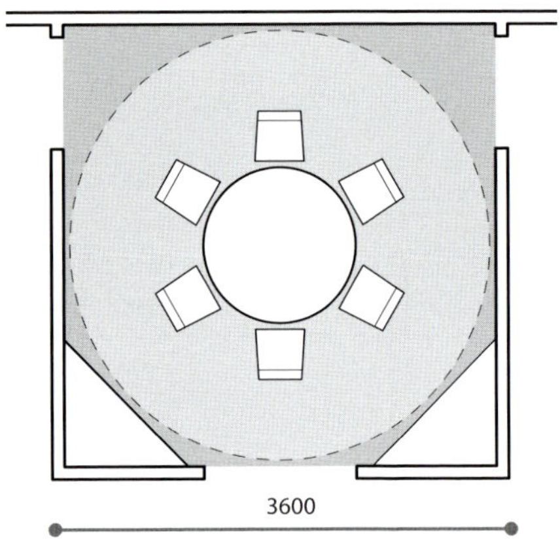

부가적인 가구를 갖는 식사 공간

이상적인 식사 공간은 두 개의 부가적인 의자, 뷔페 테이블을 설치할 수 있도록 더 큰 여유 공간이 필요하다.

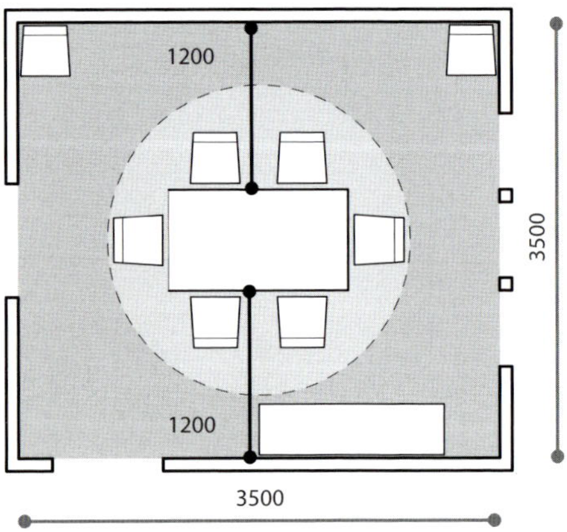

거실

주택의 모든 실들 가운데 거실은 가전제품, 설비, 저장시설, 가구 등을 사용하지 않는다면 거의 제약 없이 구성할 수 있다. 결과적으로 인테리어 디자이너는 공간의 특성을 부여하고 구조화한다는 측면에서 매우 큰 선택권을 가진다. 거실은 가족의 특별한 라이프스타일을 반영할 수 있도록 디자인되어야 한다.

전형적인 가구의 치수

거실 공간의 특별한 기능적인 요구와 크기, 형태는 가장 적합한 가구를 선택하고 배치하는데 필요한 기준을 설정하는 배경이 된다. 아래의 가구 형태는 전형적인 거실 가구의 치수들이다. 이러한 사례들로부터 다양한 형태와 크기의 가구가 제작되지만 기본적인 치수 밖의 가구들은 불편하거나 비실용적일 수도 있다.

원형 테이블
450-610 dia.

사각 테이블
610-760

커피 테이블
1200 dia.

직사각형의 커피 테이블
610
1350

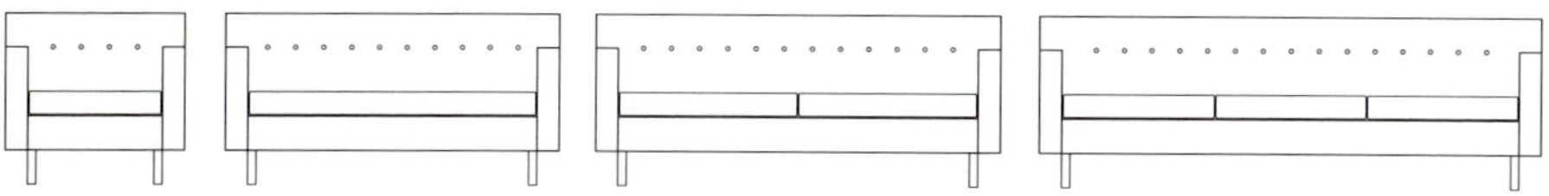

900
클럽 체어

1500
러브 씨트

1800
소파

2300
소파

의자와 소파 사이의 거리는 그 공간을 점유하고 있는 사용자의 행위에 영향을 미친다. 두 사람이 서로 마주 보고 있다면, 대화를 편하게 진행하기 위하여 특별한 시각적 거리 범위 안에서 앉도록 해야 한다. 주변 혹은 커피 테이블을 가로질러 앉아있는 더 큰 집단의 행동은 가구배치에 의한 상대적 친밀감에 영향을 받는다.

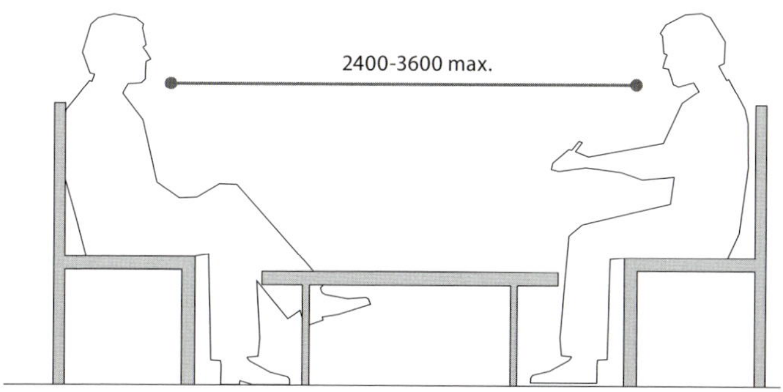

거실의 레이아웃

전형적인 거실 공간은 다양한 선택적인 원칙에 따라서 배치될 때 매우 잘 기능할 수 있다.

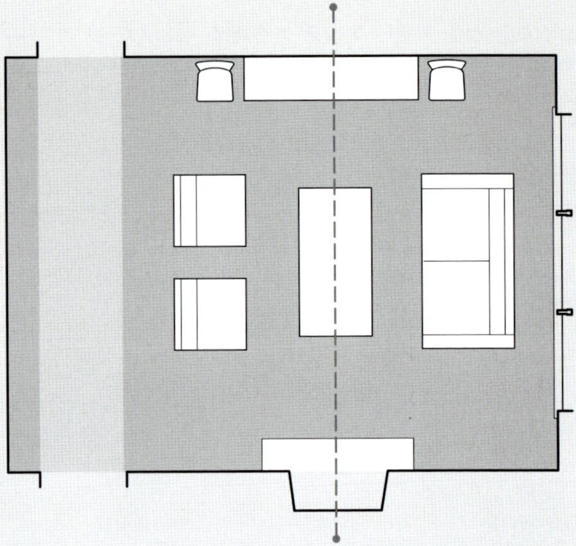

대칭적인

공간의 자연스러운 중심을 활용하여, 가구는 동이란 축 주변으로 배치할 수 있다.

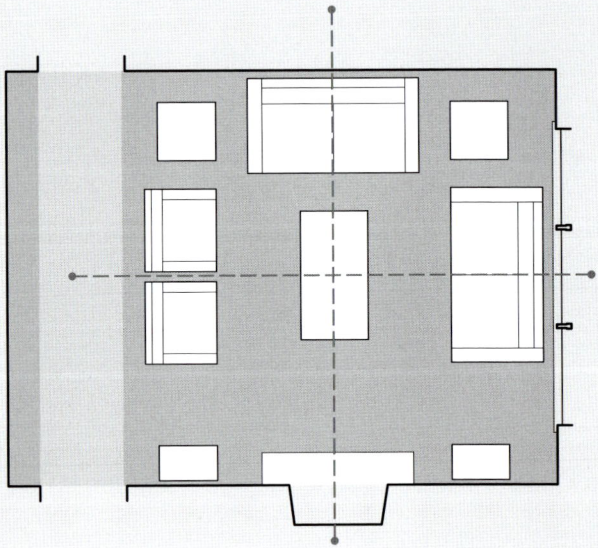

두개의 축

교차하는 축은 공간의 중심으로 관심을 집중시킨다. 대신 다른 특성들은 주변의 배경이 된다.

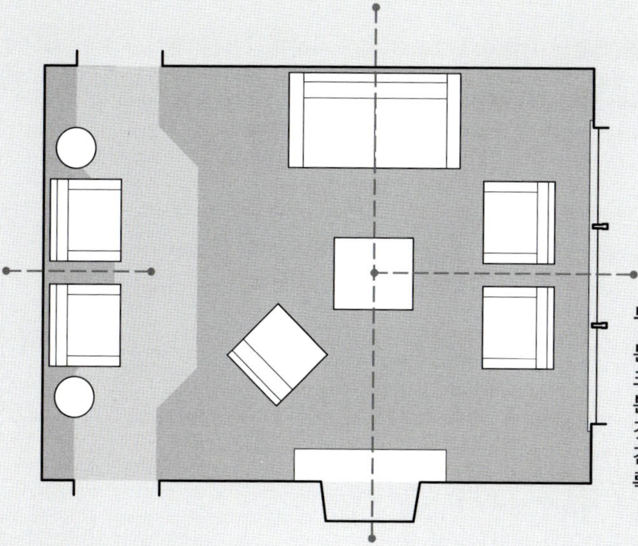

부분 대칭

분리된 좌석 공간들은 더 크게 느껴질 수 있다. 부분적으로 대칭을 사용하는 것은 조화를 유지하고 공간 내의 균형을 유지하도록 한다.

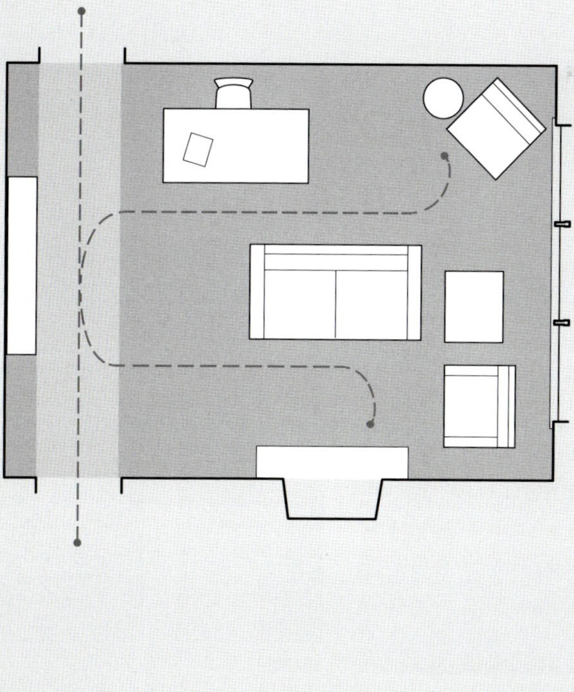

비대칭

비연관적인 그룹을 만들어 가구를 배치하는 것은 공간 내에 경쾌한 분위기를 만들어 낼 수 있다.

침실

침실 디자인에서 가장 중요한 목표는 사용자와 그들의 침대 사이에, 대체로 침대와 공간 사이에 편안한 관계를 만들어 내는 것이다. 거주자들은 침실에서 평균 6시간에서 8시간을 머무른다. 때문에 침실 공간은 여유와 안전 모두 가능한 감정을 생산한다. 침실의 디자인은 또한 독서, 휴식, 저장, 개인적인 물품의 보관 등 다양한 행위에 적합하도록 해야 한다.

가구

침대

침대는 침실에서 필수적인 요소다. 많은 다른 기능적인 요구들은 빌트인 가구에 의하여 적절하게 조절할 수 있다. 사례들은 빌트인 가구와 붙박이장을 포함한다. 아래표의 침대의 기본적인 치수는 특정한 공간에 필요한 정확한 침대의 크기를 선택하는데 도움이 된다.

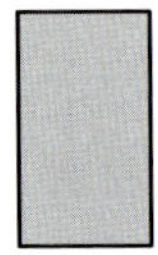

아이 침대

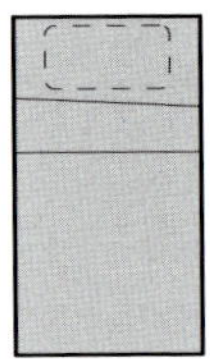

트윈 침대

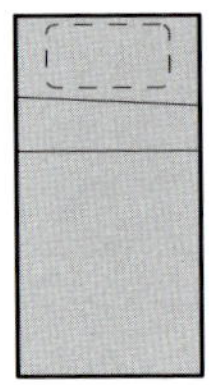

대형 트윈 침대

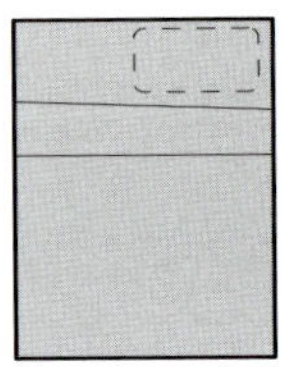

풀 침대

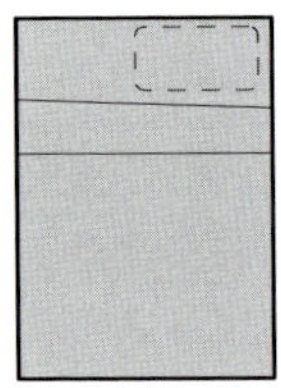

대형 풀 침대

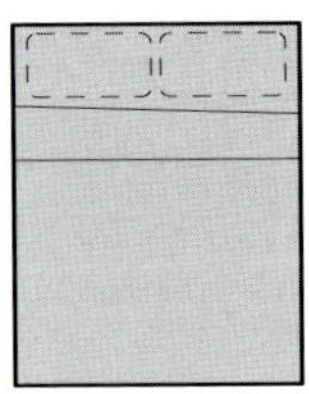

퀸사이즈

킹사이즈

기준 치수

Type	Inche	Millimeter
아이 침대	24 × 54	610 × 1 372
트윈 침대	39 × 75	990 × 1 905
대형트윈침대	39 × 75	990 × 2 134
풀 침대	54 × 75	1 372 × 1 905
대형 풀 침대	54 × 84	1 372 × 2 134
퀸사이즈	60 × 84	1 524 × 2 134
킹사이즈	76 × 84	1 930 × 2 134

기타 가구

공간의 크기에 따라서, 사이드 테이블, 라운지체어, 침대 테이블, 책상 등을 침대에 덧붙여 설치할 수 있고 수면 시간 동안 조용한 행위들을 가능하게 할 수 있다. 붙박이장, 드레서 dressers, 장식장, 드레스 테이블은 좀 큰 침실의 다른 수납 형식이 될 수 있다.

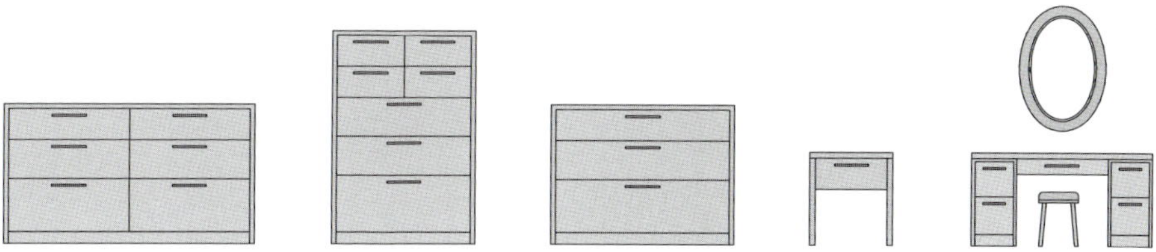

침실 레이아웃

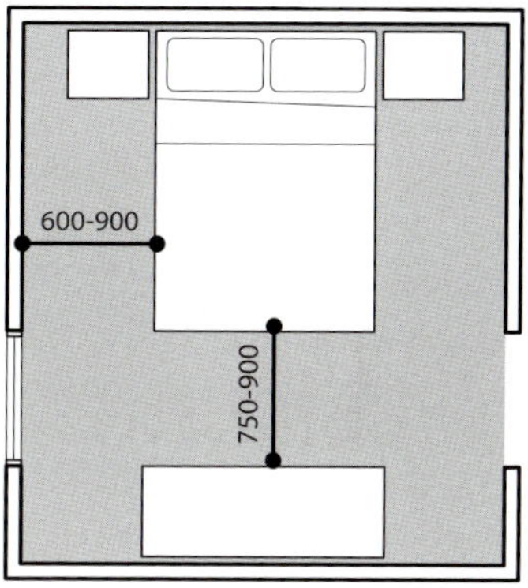

침대를 실 한가운데 배치는 경우

침실의 가장 전형적이고 실용적인 구성은 침대를 실의 한가운데 벽들과 이격시켜 배치하는 것이다. 독립된 공간을 제공하기 위하여 두 사람이 사용하는 공간은 침대에 들어가거나 나오는데 편리하도록 적절한 치수를 확보한다.

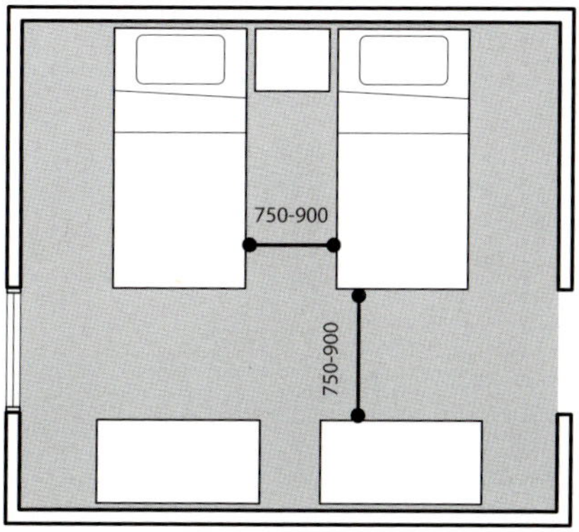

한 실에 두 개의 베드를 두는 경우

침대 사이에 적어도 75cm 이상의 간격을 갖도록 떨어뜨려 배치한다. 이러한 배치는 침실 테이블을 함께 공유하고 침대에 들어나고 나올 때 유리하다.

욕실

욕실 구성의 여러 방향은 2개의 위생도기를 고정 사용한 파우더 룸에서부터 5개의 위생도기를 고정한 주욕실 공간까지 구성 방식은 다양하다. 아래 다이어그램은 설치된 위생 설비의 수와 위치에 따라 다른 크기를 갖는 욕실들의 사례이다.

욕실의 레이아웃

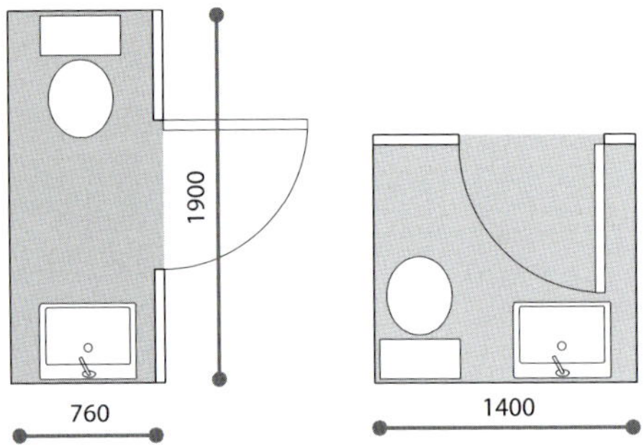

파우더 룸

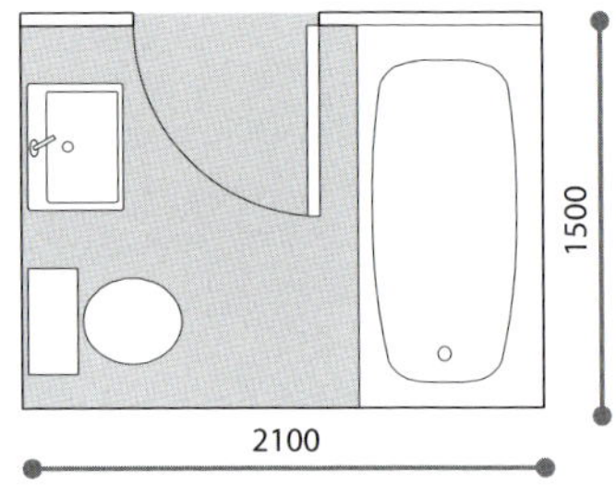

전형적인 욕실

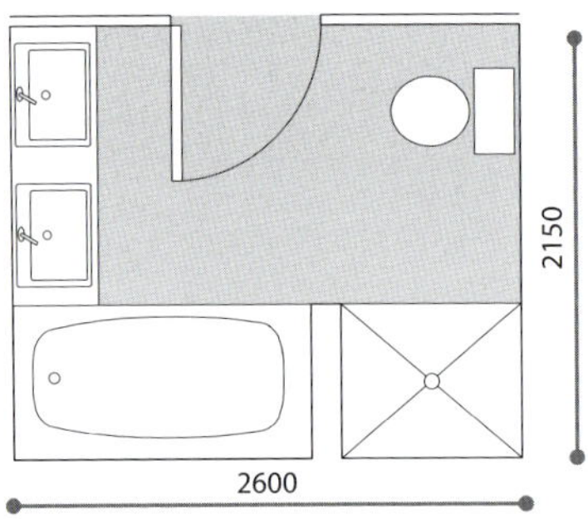

4개의 위생도기를
설치한 욕실

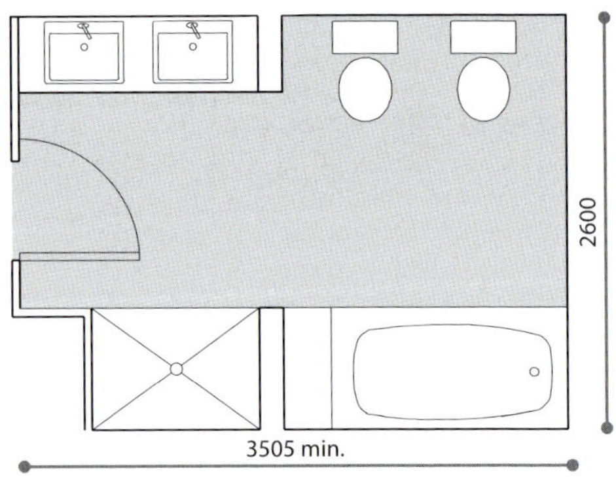

5개의 위생도기를
설치한 욕실

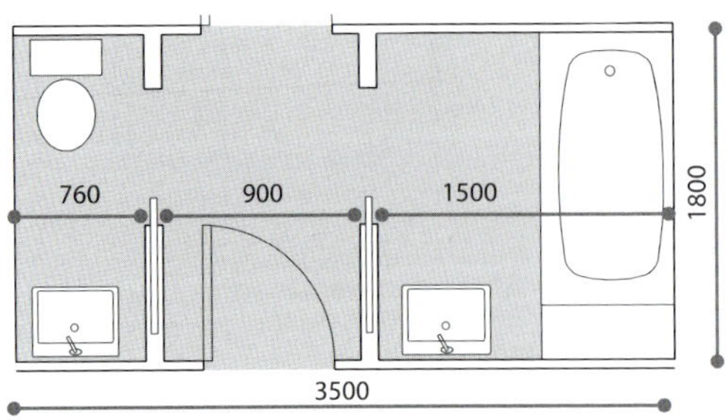

이상적인 2인 욕실

디자인 고려사항

2인 활용

하나의 공간에 위생도기, 욕조, 변기를 설치하는 것은 욕실을 함께 사용할 경우 그리 이상적이지 않다. 두 사람이 함께 욕실의 설비를 사용하는 경우, 따로 변기를 설치하기 위하여 벽을 둘러치거나 혹은 분리된 화장실이 필요하다.

벽체와 바닥의 마감

욕실에 사용하는 바닥과 벽체의 마감에는 여러 가지 재료를 선택할 수 있다. 세라믹 타일에서부터 유기질 타일 그리고 석재로 마감할 수도 있다. 벽체의 마감에는 방수가 가능한 재료로 바닥부터 180cm 높이까지 마감하며 바닥은 미끄러지지 않도록 마감한다.

조명

욕실은 일반적인 실 조명과 거울 혹은 샤워 부스에는 작업을 위한 조명을 부가적으로 설치한다. 가장 훌륭한 거울 조명은 대략 170cm 정도 높이에 월 스콘스 Wall Sconces 형태로 설치한다. 이 조명은 얼굴에 음영이 생기지 않고 거울을 볼 수 있다.

샤워 컨트롤

최근 샤워실 디자인의 대단한 발전은 샤워 컨트롤을 선택하기 힘들만큼 다양하다. 기본적인 요소들을 정의하자면 다음과 같다.

스프레이 샤워헤드 샤워 공간에 사용되어 온 전통적인 사워헤드이며 부분적으로 욕조의 수전 세트에 부분으로 설치된다. 벽체에 매립하고 다양한 형태의 스프레이 패턴으로 조절이 가능하다. 부분적으로 수동으로 작업하는데 편리한 샤워기로 유연하게 활용할 수 있다.

샤워 디버터: 수돗물을 직수 혹은 샤워헤드 혹은 기타 작업을 위한 핸드 샤워헤드 등으로 바꿔줄 수 있는 밸브다. 2방향의 디버터는 샤워기 혹은 욕조로 방향을 바꾸어 주는데 사용된다. 이러한 디버터는 욕조 위로 직수가 가능하게 하고 다른 기능으로 물을 흘려보낼 수 있는 손쉬운 작동 장치를 달고 있다. 3방향의 디버터는 욕조, 고정 샤워헤드, 핸드 샤워헤드의 3방향으로 물을 바꾸어 보낼 수 있도록 만든 것이며 각자 독립된 조절 장치가 있고 벽체에 고정시켜 설치한다.

온도 조절 밸브: 수전으로 나오는 물의 온도를 조절 할 수 있도록 만든 밸브다. 수전 시스템을 통해 나오는 물의 양을 조절함으로써 대체로 정확하게 조절할 수 있다.

하이 플로우 벨브: 다양한 스프레이 헤드와 함께 주문 디자인된 밸브다. 이러한 유형의 제작 방식의 목적은 다양한 제작업체가 그들의 시스템에 맞는 독특한 특성과 기능을 가능하게 하는 설비를 제공하는 것이다.

사무공간 환경

요소

현대의 사무공간은 다수의 사무 가구 유형과 여러 요소들을 포함한다. 이러한 요소들은 작업과 상호작용의 새로운 방식들을 가능하게 한다. 새로운 사고는 결합과 시도를 촉진시키고 결과적으로 독창적인 디자인의 도전을 낳는다. 다음은 이러한 공간들에 대한 간략한 고찰이다.

가구시스템

코어 주변의 작업 공간을 갖는 전통적인 시스템은 독립적인 작업이 필요한 곳에서는 여전히 나타난다. 이러한 시스템의 디자인은 개별적으로 분산된 공간을 발전적으로 연결시키고 더욱 협력적인 작업 공간이 요구된다. 하나의 개인에게 점유되지 않고 특정한 유형의 작업에 결정되지 않는 공간은 다양한 수준의 개별성과 분화에 적절하게 사용된다. 동시에 그러한 공간은 여러 작업과 점유를 위한 효과적인 경계를 통해 유지된다. 그리고 앉아서 있든 서서 작업을 하든, 신체의 다양한 자세에 적절하게 적응된다.

공용 공간

반-사적인 미팅 룸 혹은 열린 공간으로 통합된 공간이든 상관없이, 공용 공간은 결정되지 않은 자유로운 공동작업에 적절한 유연성과 가능성을 제공한다. 다양한 유형의 공간, 돌출되거나, 높이 관람하거나, 움푹 들어간 공간이거나, 낮은 테이블, 좌석들은 다양한 만남과 사건의 가능성을 제공한다. 이러한 다양한 공간들은 비록 하나의 라운지의 감각을 제공할지는 모르지만, 생산성과 작업 연계성을 위해 필요한 요소들을 결합한다.

포커스 룸

포커스 룸은 면담, 전화, 클라이언트 미팅이 이루어지는 곳이다. 이 곳은 높은 수준의 소음과 시각적 차단이 가능하다.

음향시설

사무 공간이 점점 더 유연해지고 오픈되고 협력 작업에 유용해져야 함에 따라서, 음향 조정의 필요성이 증가한다. 대화, 전화 통화, 미팅은 종종 복수로 함께 일어나거나 서로간에 간섭이 일어나기도 한다.

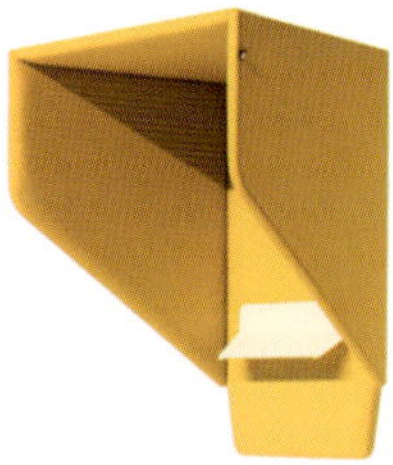

레스토랑의 환경

레스토랑의 유형은 실용적인 패스트푸드 점에서 잘 준비된 테마와 풀 서비스 레스토랑에 이르기까지 다양하다. 레스토랑 디자인은 매우 많은 문제들과 연관되며 작업의 편의와 인접성, 주방의 레이아웃, 조명, 음향 등을 고려해야 한다. 인테리어 디자이너는 과석의 배치 기준과 치수계획에 매우 익숙하고 특별한 감각을 가질 필요가 있다.

좌석의 레이아웃을 계획하기 이전에 디자이너는 레스토랑의 개념을 이해할 수 있어야 한다. 개념은 레스토랑에서 식사가 제공하는 경험의 유형을 정희하고 의도하는 고객층과 운영시간, 메뉴를 결정한다. 레스토랑의 아이디어가 쉐프의 작업을 시각적으로 표현하는 것이라면, 좌석의 배치는 모든 테이블에서 주방이 보일 수 있도록 구성해야 한다. 비슷하게, 테이블 사이의 공간의 확보는 레스토랑의 이미지에 근본적인 영향을 미친다. 매우 근접하게 배치한 테이블은 왁자지껄하고 활기찬 공간을 만들어 낸다. 고객들은 주변 이웃의 소음과 이야기를 신경써야할 것이다. 반대로 테이블이 멀찍이 떨어져 배치된 경우, 각 식사 공간은 분리되어 대화를 위해 더 조용한 포켓형 공간이 될 수 있다.

좌석 배치의 유형

레스토랑의 좌석은 일반적으로 세 가지 범주로 구분된다. 자유로운 좌석 배치 Loose Chairs, 긴 소파 Banquqettes와 같은 붙박이 좌석, 바 좌석 Bar Seating으로 구분한다. 테이블이나 낮은 카운터에서 좌석의 높이는 일반적으로 430mm에서 460mm정도이다. 바 좌석은 대체로 760mm에서 860mm정도 높이를 갖는다. 모든 좌석은 최소한 400㎠는 되어야 한다. 풀 서비스를 제공하는 식사공간에서는 좌석시 편의를 위하여 푹신한 좌석과 팔걸이 좌석을 사용하는 것을 고려한다.

테이블과 작업대

레스토랑 사업에서, 테이블은 보통 탑 top으로 불린다. 가장 일반적인 크기는 투탑 Two-Top으로 2명이 앉는 좌석의 테이블이고 포탑 Four-top은 4명이 앉는 크기를 말한다. 이러한 크기 이상으로 테이블은 결합되거나 확장될 수 있다. 어떤 테이블은 모서리를 접을 수 있는 구조로 만들기도 한다. 이러한 구조는 4명이 앉는 사각 테이블을 6명이 앉을 수 있는 원형 테이블로 바꿔준다. 테이블의 크기는 보통 대각선으로 90cm내외이면 4명이 앉는데 적합하다. 최소한 대각선 크기 60cm 정도의 사각 테이블은 두 명이 앉기에 적합하다. 그러나 보통 75cm는 되어야 편리하다. 더 작은 테이블은 음료 서비스만을 제공할 경우 가능하다. 카운터의 높이는 70cm에서 90cm정도로 한다. ADA(American with Disabilities Act)에 따르면 150cm의 길이 카운터는 86cm 보다 높아서는 휠체어 사용자에게는 좋지 않다.

최소한의 테이블 치수(mm)

모양	인원	폭	길이
사각 테이블	2	610, 750	610, 750
사각 테이블	4	900	900
원형 테이블	4	900-1050 dia.	
원형 테이블	6	1050-1220 dia.	
원형 테이블	8–10	1680 dia.	
직사각 테이블	4 (2 per side)	750	1070-1220
직사각 테이블	6 (3 per side)	750-900	1800-2130
직사각 테이블	8 (2 per side)	900	2280-2700

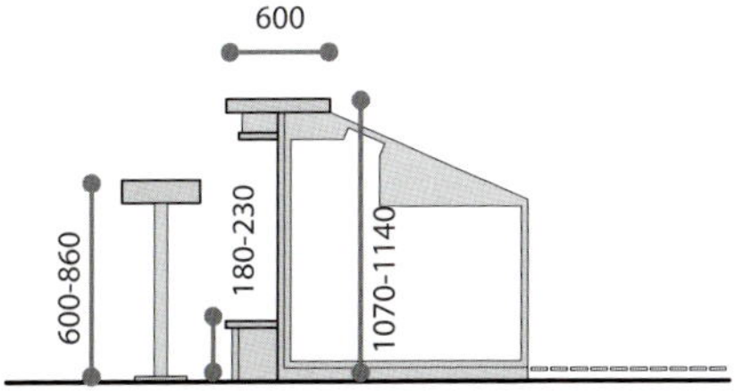

작업 카운터

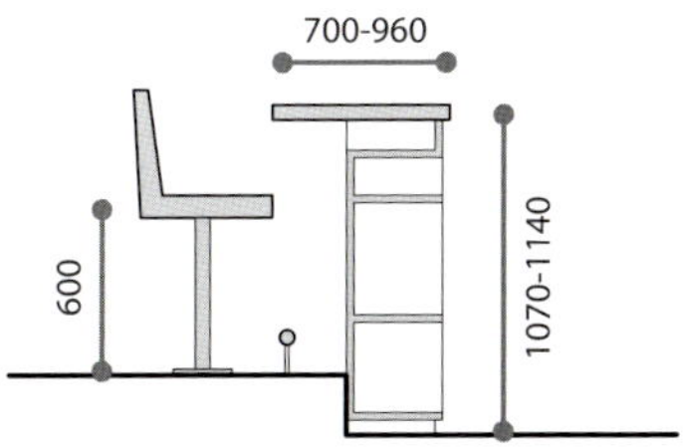

식사 카운터

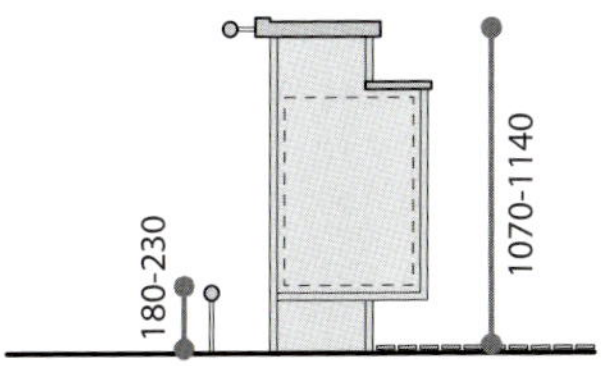

스탠딩 카운터

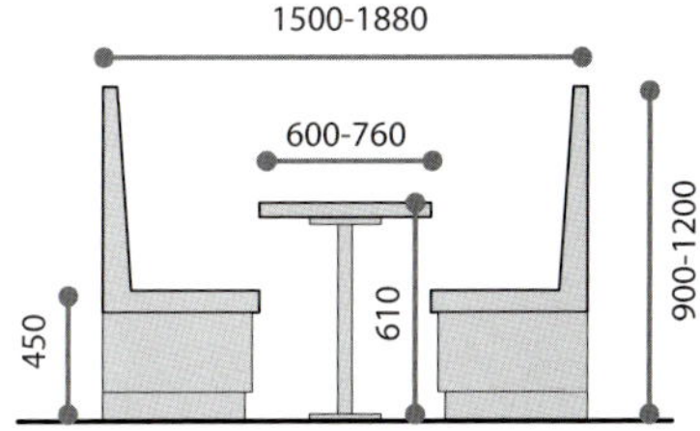

붙박이 소파

이러한 단면은 이상적인 수직 치수를 서술한 것이다. 모든 수직 치수들은 지역의 건축 법규에 적합해야 하고 관련 법령에 맞아야 한다.

전형적인 레스토랑 레이아웃

A 뱅켓(긴 소파 의자, Banquette)

B 테이블 세팅

C 바 시팅

D 월 시팅

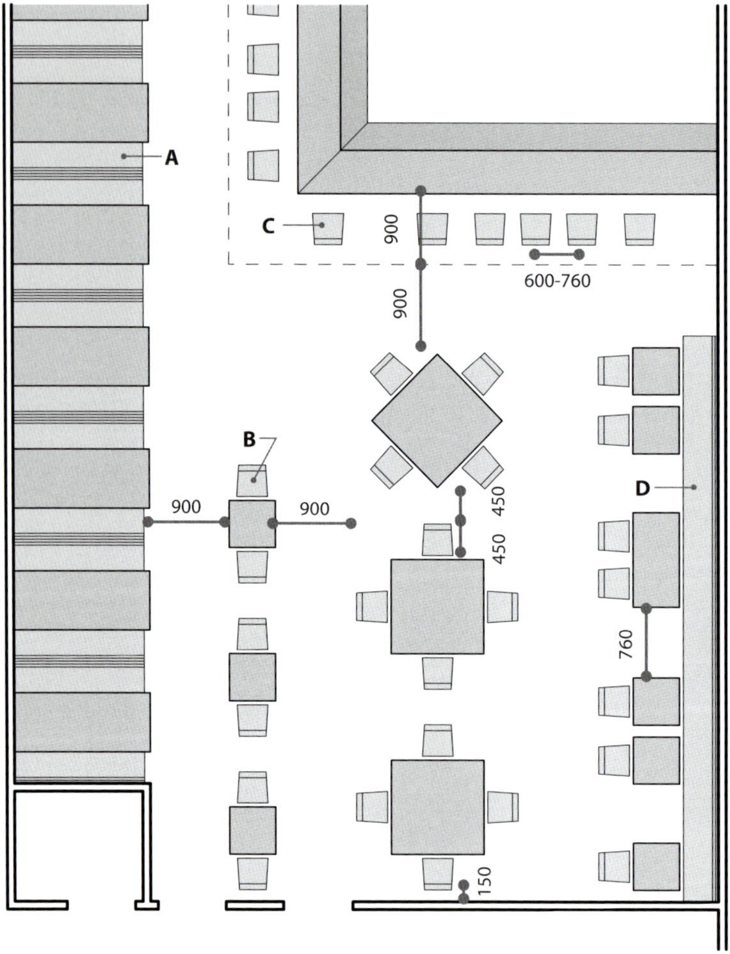

계획은 주로 접근하는 통로, 제한된 통로, 접근 불가능한 통로를 보여주는 최소한의 치수를 제시한다. 휠체어가 접근할 수 있는 통로는 레스토랑의 출입구에서부터 접근 가능한 좌석과 화장실에까지 이어지도록 만든다.

디자인 고려사항

테이블 사이의 공간

테이블 사이의 거리에 있어서 최소한의 치수는 접근 가능한 통로를 충족시켜야 한다. 테이블 간격은 대체로 레스토랑의 콘셉트에 따라서 배치된다. 풀 서비스 레스토랑은 식사를 하는 공간이 매우 편안할 수 있도록 더 많은 공간을 제공하고 패스트푸드 레스토랑의 경우는 최대한 많은 좌석을 배치한다. 접근 통로의 치수는 건축법과 ADA 항목에 따른다. 이 항목에 따르면 최소한 90cm의 폭을 갖도록 하며 모든 접근 가능한 테이블들은 인접한 접근 통로를 가져야 한다.

인테리어 마감

인테리어 마감은 디자이너가 레스토랑의 디자인 유형과 수준을 표현할 수 있는 가장 실질적이고 직접적인 요소다. 공적 영역에 적합한 재료들은 분명히 주방에 적합한 재료와는 다른 것이다. 두 장소 모두 불연 혹은 난연재료를 사용하여야 한다. 특별하게 선택된 재료의 질적 특성과 함께, 레스토랑의 유형에 따라 재료와 공간의 적합성을 보장할 수 있는 기준을 유지할 수 있는 것이 중요하다.

조명

레스토랑의 분위기는 조명 디자인에 의하여 제시될 수 있다. 낮은 위치의 무드 조명은 훌륭한 식사 공간의 전형적인 유형이다. 반면 밝은 조명은 더 경쾌한 공간의 분위기를 연출한다. 하루 전체 시간을 따라서, 레스토랑은 서로 다른 분위기를 제시할 수 있도록 조명의 밝기와 형식을 바꿀 수 있어야 한다. 대부분의 레스토랑 조명은 백열등을 사용하는데 그 이유는 전기 램프가 드러내는 따뜻한 톤의 색채 때문이다. 그러나 형광등은 에너지 활용에 효율적이며 주방 공간에는 훨씬 유리할 수 있다.

음향

레스토랑의 음향 계획은 디자인 개념과 맞물려 있다. 어떤 레스토랑에서 단단한 표면의 소리의 잔향은 식사 과정에서 의도된 효과를 내기도 한다. 레스토랑 환경에서 원하는 효과를 얻기 위한 음향을 통제한 방법은 다양하다. 가장 단순한 방식의 음향 제어 방식은 음향을 흡수하는 재질을 사용하는 것이다. 이러한 방식은 마루에 카펫이나 패브릭의 패널을 벽체에 사용하거나 천정에 흡음 타일을 붙이는 것 등 다양하다. 고려해야하는 다른 전략적 방식은 레스토랑을 각각의 손님들을 다양한 부류로 나누고 소음 수준에 따라서 서로 다른 유형의 개별적인 실들을 사용하도록 구분하는 것이다.

Chapter 8: 건축법과 접근성

건축법과 ADA(American with Disabilities Act)는 인테리어 디자이너가 지켜야하는 두 개의 기본적인 기준이다. 건축법은 프로젝트가 시작되면 법적 제한으로 규정된다. 이러한 규정은 우리나라의 경우 국가, 도, 시, 군, 구의 자치 단체에 의하여 필요에 따라 유형적으로 제한된다. 미국의 경우 National Building Code(BOCA), International Building Code(IBC), International Residential Code(IRC), Uniform Building Code(UBC) 등이 있고 우리나라의 경우, 40여개에 달하는 법령체계가 있다. 그 중, 건축법, 건축법 시행령, 건축법시행규칙, 국토의 계획 및 이용에 관한 법률, 시·군·구 지방자체단체 건축조례와 규칙, 그리고 지역지구단위계획을 참고해야 한다. 이를 비롯해서 주요시설기준을 따를 필요가 있다. 건축물의 구조기준, 설비기준, 피난·방화구조에 관한 기준과 친환경, 녹색건축물 조성 등에 관한 기준도 있다. 이러한 법령의 가장 중요한 목적은 공공생활의 안전이다. 일반적으로 이러한 법령은 자주 변경된다. 디자이너는 이러한 법적으로 특수한 프로젝트에 일정한 기한동안 허용되는 규정임을 알아야 한다.

미국의 경우 ADA, 국내의 경우 건축물의 설비 기준과 장애인·노인·임산부 등의 편의증진 보장에 관한 법률에서 정하는 바에 따라서 사회적 장애인을 위한 시설 및 보호를 규정하고 있다. 이러한 법령은 디자인 가이드와 규정, 요구 등을 장애를 가진 사람들을 위한 적절한 원칙을 토대로 규정한다. 건축법과 이러한 법령이 상충된다는 것은 아니다. 상위법의 기준에서 다양한 법령은 지역과 건축물, 프로젝트의 상황에 따라서 적절한 해석과 적용이 필요한 것이다. 이러한 대부분의 법령 혹은 시설기준과 지침은 사적인 공간에 적용하기 보다는 공적인 용도의 시설을 위하여 제시된 것이다.

주요 용어의 정의

1층 혹은 기준층: 건축물이 외부의 바닥면과 만나는 내부의 바닥면. 그리고 외부의 어떠한 바닥면과 높이 900mm이내의 거리에 있는 내부의 바닥면 혹은 하나의 바닥면 이상을 가질 수 있는 경사진 대지에서 건축물의 주변으로 외부 바닥면과 만나는 내부의 바닥면.

거주 유닛: 한명 혹은 그 이상의 인원을 위하여 거주의 편의시설을 제공하는 유닛

공간: 한정할 수 있는 영역으로서 개실, 화장실, 홀, 연회장, 출입구, 창고, 알코브, 중정 등.

공용: 제한된 그룹의 사람들이 활용하는데 일상적으로 용이하게 만들어진 내부와 외부의 실, 공간, 요소들을 언급한다.

구조 대피 구역: 출입구로 직접 접근할 수 있는 영역으로서 사람들이 계단을 이용하지 않고 피난하는 동안 방향 지시와 협조를 제공하는 등의 안전하게 일시적으로 머무를 수 있는 영역.

구조 변경: 벽체 혹은 파티션 혹은 내력벽의 위치 변경 등의 중요한 재구축을 의미한다. 벽체의 단면에 개구부를 포함시키거나 최소한의

변경, 그리고 설비 혹은 장치의 재설치 등은 구조적 변경으로 인정하지 않는다.

도움이 필요 없는 접근: 장애를 가진 개인이 누구의 도움을 받지 않고 이동의 통로에 관한 정보를 얻고 이동할 수 있는 여건. 그러한 장소 혹은 그러한 조건 아래에서 장애를 가지지 않은 개인들은 장애를 가진 사람들을 도와줄 필요가 있다. 이러한 정의가 장애를 가진 그리고 도움이 필요하고 요청하는 개인의 권리를 제한하는 것은 아니다.

램프: 보행 바닥면으로서 경사면을 오르는 크기가 1:20보다 크고 1:12보다 작은 기울기를 갖는다.

로프트: 모든 층의 바닥면과 천장사이에 위치한 중간층으로 하나의 실 내부 혹은 여러 실들에 가로질러 위치한다.

리모델링: 인테리어 장식 혹은 어떠한 구조적인 변형을 포함하거나 공공의 건축물을 치장하는 이상으로 수선하는 것으로서 재생하거나 최신의 것으로 새롭게 하거나 재치장하거나 하는 작업의 비용이 건축물 전체의 평가 금액의 5%를 넘지 않는 수리.

메자닌 혹은 메자닌 플로어: 모든 층의 바닥과 천장사이에 위치한 중간 높이의 바닥으로, 중간층의 전체 면적이 설치된 층의 바닥면적의 33%를 넘지 않는다.

무장애 공간: ADA 규정에 부합하는 공간으로서 장애인에 의하여 활용이 가능한 공간

무장애 바닥 공간: 하나의 휠체어와 그 사용자가 최소한의 방해도 받지 않고 사용할 수 있는 바닥 혹은 지면 공간. 그리고 최소한 그 공간은 760mm x 1220mm의 면적을 갖는다.

무장애 채택 가능한: 구조적인 변화 없이 장애를 가진 사람들에 의하여 안전하게 효율적으로 사용 접근 가능하도록 만들어 질 준비가 되어 있는.

무장애 채택성: 장애가 있거나 장애 등급을 갖는 혹은 노약자의 필요에 따라서 특정 건축물, 공간 그리고 공간 요소 예를 들어 주방, 싱크, 바, 작업대 등이 부가되거나 선택되어 질 수 있는 가능성.

무장애 통로: 모든 접근 가능한 요소와 공간과 연계된 연속적이고 방해받지 않는 통로 혹은 건축물 사이의 통로 혹은 시설 사이의 통로. 내부의 접근가능 통로는 복도, 마루, 램프, 엘리베이터, 리프트, 기타 바닥으로 사용되는 공간이다.

무장애적: 대지, 건축물, 편의시설, 부분 영역들은 ADA 기준에 맞도록 통합되며 장애인과 노약자에 대한 접근과 출입, 사용 등을 허용한다.

보행로: 보행자가 사용하기를 의도하여 만들어진 내부 혹은 외부의 통로로서 플라자, 중정, 십자로 등의 보행자 영역을 포함한다.

수선: 건축물의 유지관리를 위하여 기존의 건축물의 어떠한 부분을 재건축하거나 구축하는 것.

숙박시설: 사람들이 숙박하기 위한 공간으로서 기숙사, 호텔, 모델, 게스트 룸 등.

욕실: 변기, 싱크, 욕조, 샤워시설 등을 갖는 공간 혹은 그러한 공간과 연계된 곳

용도: 건축물이 디자인되고 사용되기를 의도하는 목적

용도변경: 개인적인 건축물에서부터 공공시설까지 용도를 다양하게 하는 것.

일반수선: 구조, 출입구, 방화시스템, 에너지 공급시스템, 배관설비, 위생시설, 가스, 전기, 기타 설비에 영향을 미치는 모든 관리유지 행위

자동문: 기계적으로 작동하는 시설을 갖는 출입구로서 자동으로 개폐된다. 전기적으로 작

동하는 장치, 바닥판, 스위치 등으로 이루어져 있다.

자동문: 전원의 점등 그리고 출입구 자체에 지속적인 힘을 가하거나, 출입문을 개폐하기 위하여, 도어의 개폐에 저항을 감소시키기 위하여 기계적 설비가 설치되어 있는 문

장애 표시: 동선을 따라서 위험 경고를 전달할 수 있도록 이동 경로의 바닥 혹은 요소들에 규정된 표식을 하거나 건축하는 것.

접근 통로: 주차 공간, 좌석, 데스크 등의 교소들 사이에 접근 가능한 보행자의 공간으로서 ADA 기준에 적절한 공간을 제시한다.

주거가능공간: 개개인이 유흥, 교육 혹은 비슷한 목적으로 모일 수 있도록 혹은 거주자가 노동을 할 수 있도록 하거나 혹은 출구, 조명, 환기 등의 설비를 준비하여 사람들이 점유하는 것을 가능하게 디자인된 실 혹은 닫힌 공간.

촉각적: 접촉의 감각을 통하여 지각될 수 있는 대상을 묘사하는 것.

촉각적 경고: 이동의 통로에서 보행로 표면에 적용하거나 각인하는 표면의 질감 혹은 다른 요소들을 이용하여 위험에 직면할 수 있는 시각 장애인에게 경고하는 것,

출입구: 건축물이나 혹은 건물의 부분, 시설 등에 접근하여 내부로 들어가는 목적으로 사용되는 지점. 출입구는 접근로, 계단, 리프트, 램프, 혹은 다른 수직적 이동로와 바닥면을 포함한다. 출입을 위한 바닥면은 출입문 혹은 대문, 출입문의 하드웨어로 구성된다.

층: 아래쪽 슬래브의 상부 표면과 지붕 아래 혹은 위쪽 슬래브의 하부 표면 사이에 위치하는 부분. 건축물의 이 부분은 점유 가능한 공간으로서 하나의 층으로 여겨진다. 메자닌 층의 경우와 마찬가지로 층 내의 한 하나 혹은 그 이상의 층을 설치할 수도 있다.

클리어: 방해받지 않는

탈출로: 건축물 내에서 어떠한 지점으로부터 공공의 통로로 이동하는 연속적이고 제한받지 않는 경로. 세 가지 분리되고 거리를 갖는 부분들로 이루어진다. 출구 접근로, 출구, 출구 탈출로이다. 탈출의 의미는 수직적 수평적인 이동의 방법이 있고 실들의 연속, 출입구, 복도, 통로, 홀, 계단, 발코니, 램프, 로비, 마당, 중정 등으로 이루어질 수 있다.

하프 배스룸: 위생도기와 싱크만 설치되어 있는 공간

합리적 수선: 장애를 가진 사람 혹은 그들의 대리인에 의하여 요구되는 복수의 거주공간을 물리적으로 변화시키는 것으로서 전체를 효율적으로 사용하거나 즐거움을 얻을 수 있도록 하는 것.

출입문

출입문의 개폐

최소한의 출입문 폭은 80cm 넓이를 가져야하며 90도로 열릴 수 있어야 한다. 출입문의 정면으로부터 측정하여 문설주 혹은 이면 벽 앞 정지선까지 열었을 때 넓이와 각을 측정한다. 접이문, 아코디언, 포켓도어의 경우, 완전히 문을 열었을 경우의 넓이를 측정한다. 공간에서 도어를 완전히 열기 위하여 특수한 경우를 제외하고는 프로젝션 도어는 사용하지 않는다.

양여닫이문의 경우 한쪽 문은 최소한 완전히 개폐되어야 한다. 깊이 60cm 이내의 좁은 벽장은 예외적으로 최소한만 열려도 좋다. 출입문은 15cm 이상 벽체로부터 이격시켜야만 밀거나 당겨서 완전히 열수 있다.

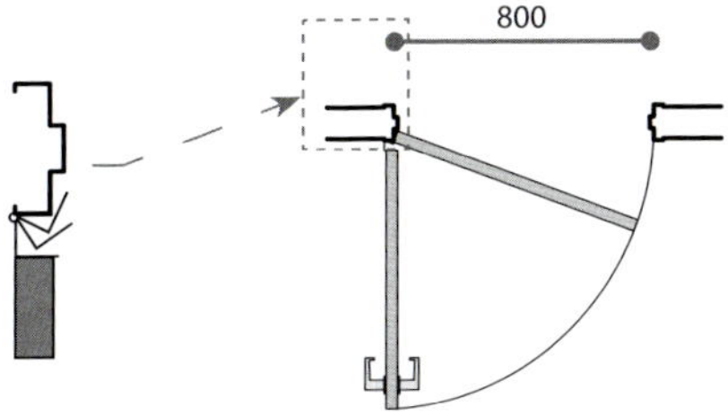

옵셋 피봇 Offset Pivot은 출입문이 도어프레임으로부터 완전히 회전하여 열리도록 한다.

옵셋 힌지드 도어

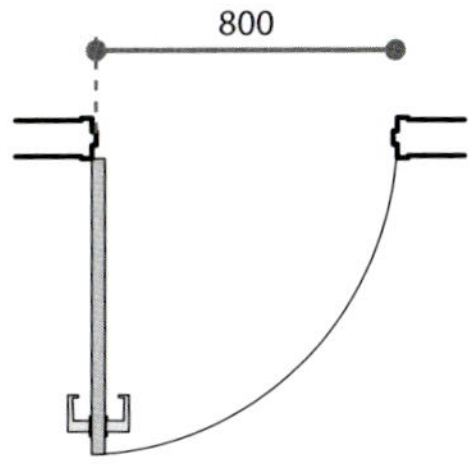

힌지드 도어

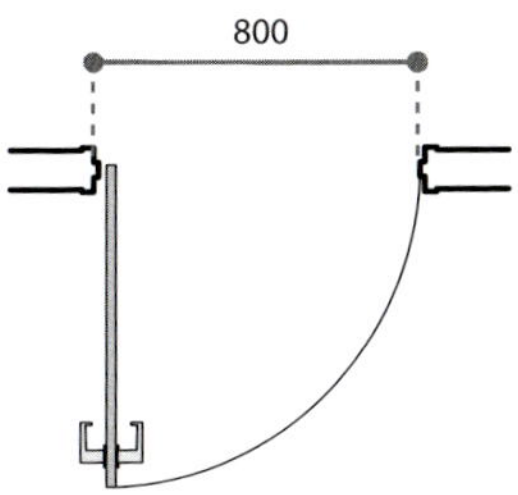

피봇 도어

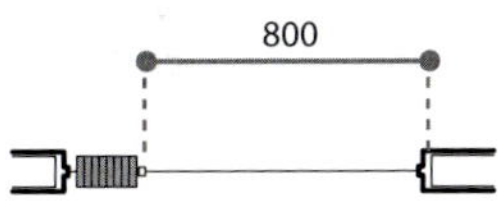

포켓 도어

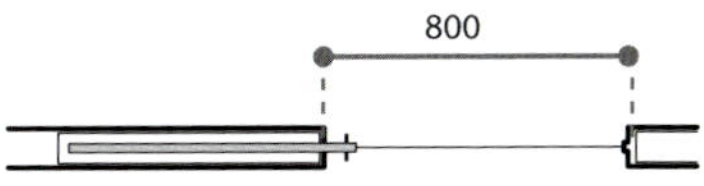

슬라이딩 도어

문턱

문턱의 최대 높이는 13밀리미터 이내로 경사지도록 한다. 이 높이는 파일 카펫 Pile Carpet의 최대 허용 높이와 같다.

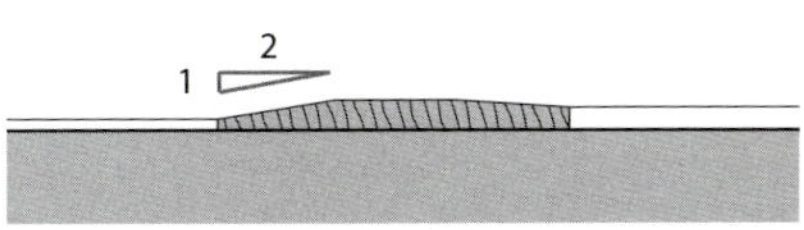

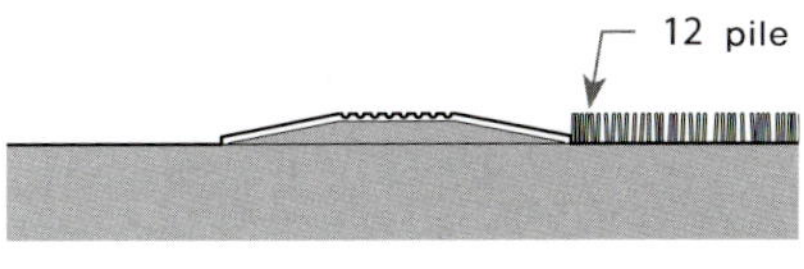

도어 하드웨어

핸들, 손잡이, 자물쇠, 도어락 등은 한손으로 잡고 사용하기 편해야 한다. 도어 하드웨어는 한손에 잡히거나 편안하게 조작할 수 있어야 한다. 모든 작동 하드웨어는 마감된 바닥면으로부터 85cm에서 120cm 사이에 부착한다.

도어를 여는 힘

힌지로 되어 있거나 슬라이딩 도어이거나 혹은 접이문의 경우에 출입문을 여는 힘은 2.3Kg의 무게를 넘지 않게 한다. 이 도어 손잡이는 자물쇠를 열거나 혹은 작동장치 등의 힘은 고려하지 않는다. 오히려 연속적으로 문을 여는데 필요한 힘의 크기이다.

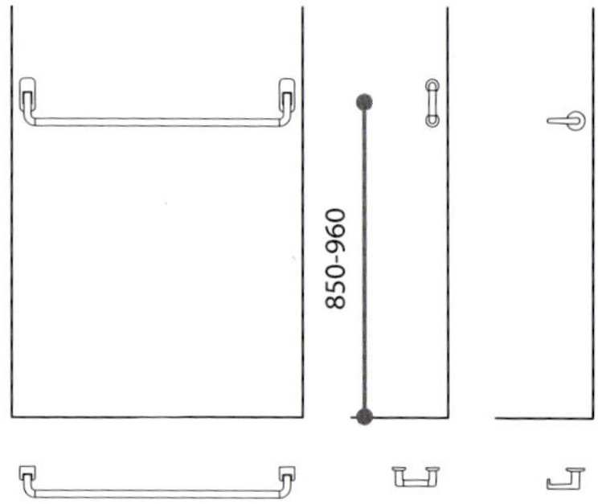

문을 당기는 방향으로의 필요 공간

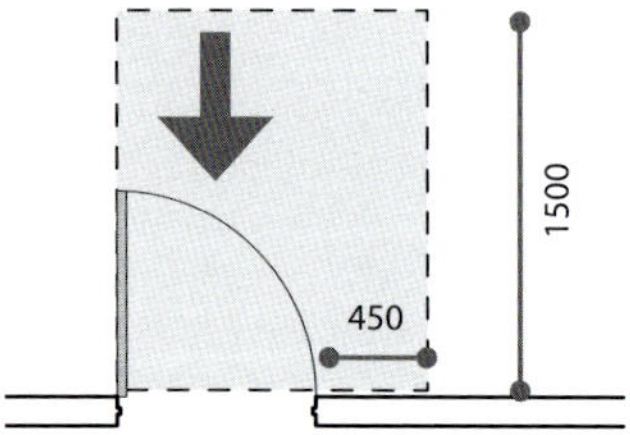

정면으로의 접근

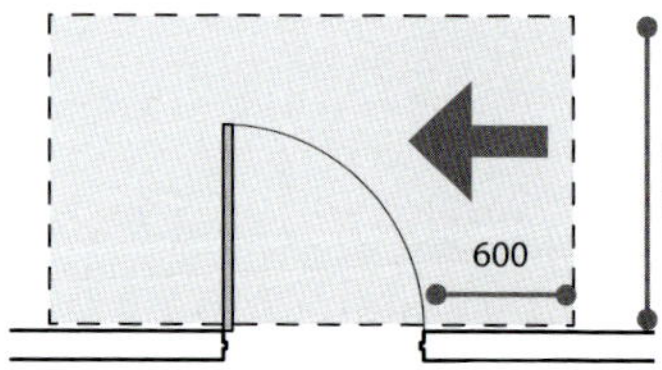

손잡이 방향으로의 접근

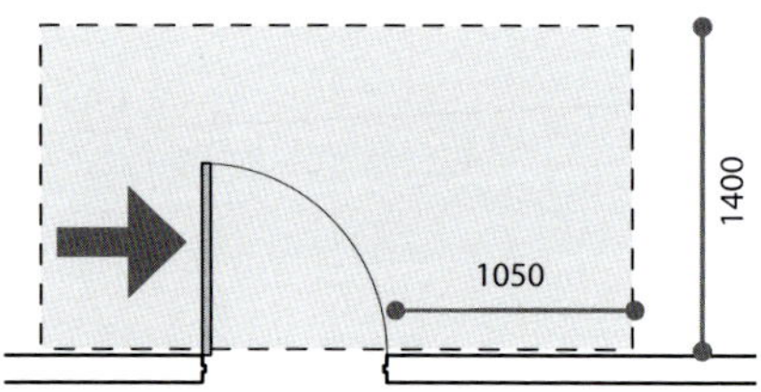

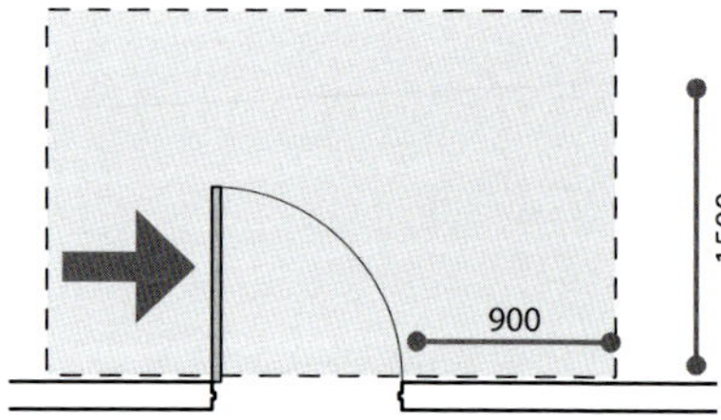

힌지 방향으로의 접근

출입문의 소요 공간

접근 방향	출입문/현관문 방식	출입문과 수직거리	출입문과 수평거리
전면	당김	1500	450
힌지쪽	당김	1500	900
힌지쪽	당김	1350	1050
손잡이쪽	당김	1200[1]	600
전면	밈	1200	0[3]
힌지쪽	밈	1050[2]	560[4]
손잡이쪽	밈	1050[1]	600

1 만약 도어 클로저 Door Closer가 달려있는 경우 15cm를 더 한다.
2 만약 도어 클로저 Door Closer와 잠금장치가 달려 있는 경우 15cm를 더 한다.
3 만약 도어 클로저 Door Closer와 잠금장치가 달려 있는 경우 30cm를 더 한다.
4 힌지가 달린 쪽 너머

문을 밀어서 여는 방향으로의 필요 공간

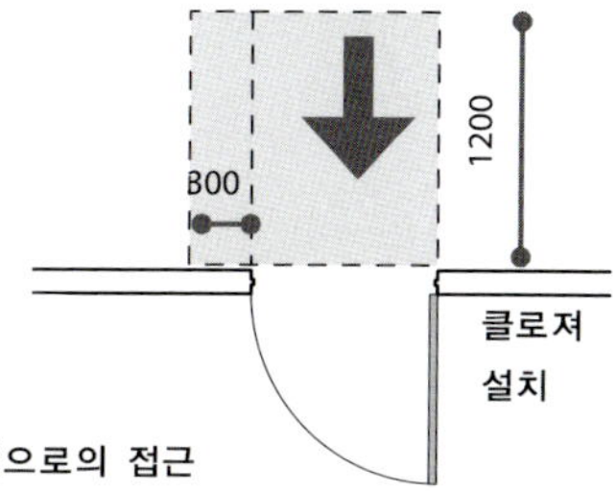

정면으로의 접근

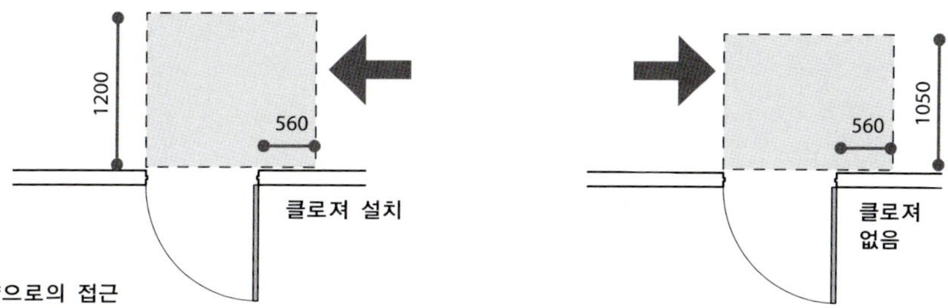

힌지 방향으로의 접근

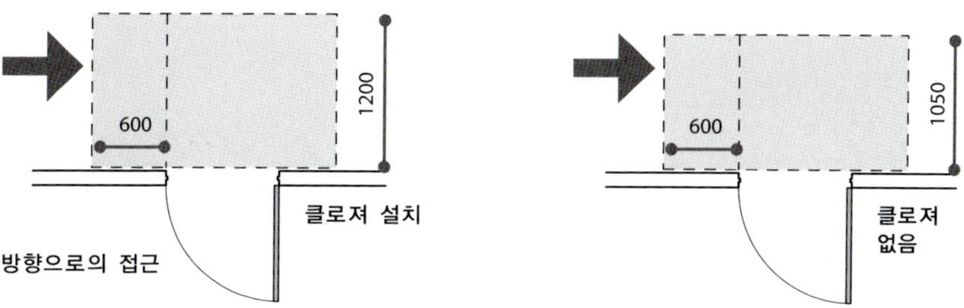

손잡이 방향으로의 접근

수직 동선

계단

모든 계단의 깊이와 높이의 치수는 일정해야만 한다. 노약자를 고려한 계단의 최소 높이는 10cm이며 최대 높이는 15cm이다. 계단의 최소 깊이는 280cm이다. 그러나 이러한 치수는 건축물의 용도와 지역에 따라 다양하게 적용될 수 있다. 그러나 계단에는 안전장치가 필요하고 난간과 논슬립 등을 설치한다. ADA는 난간 없는 계단을 허용하지 않는다.

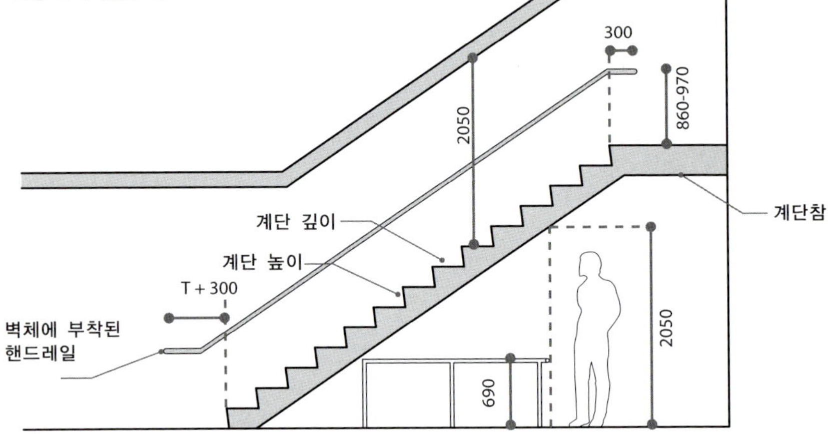

잘 계획되고 비례가 잘 잡힌 계단은 높이갑의 두 배와 깊이의 합이 60cm~65cm정도가 되어야 한다. 예를 들어 높이 15cm이고 깊이가 33cm이면 15 x 2 + 33 = 63으로 적절한 비례가 된다.

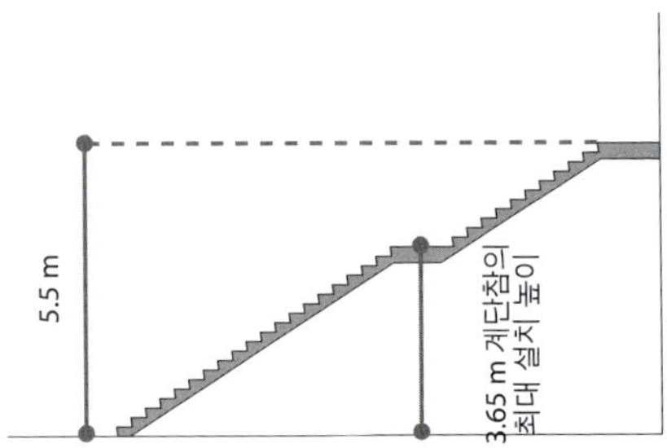

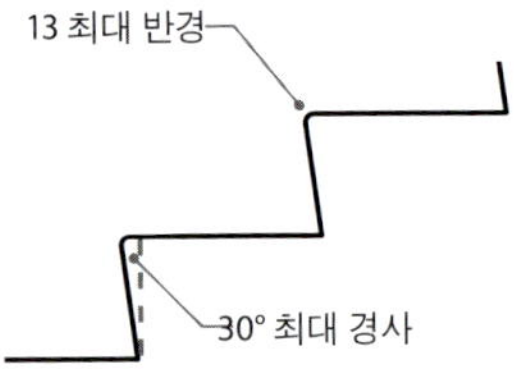

앞으로 내민 계단

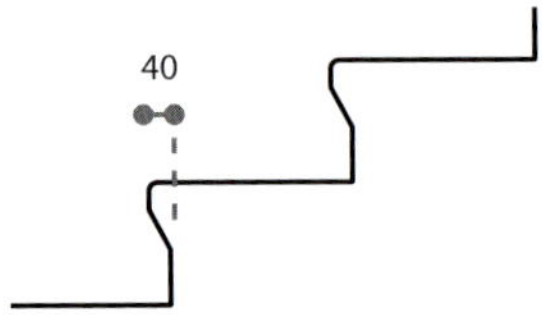

빗각으로 경사진 계단

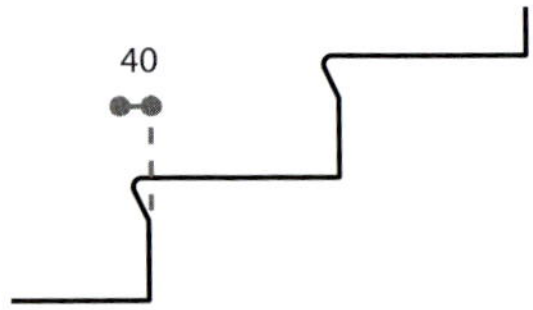

곡선으로 다듬은 계단

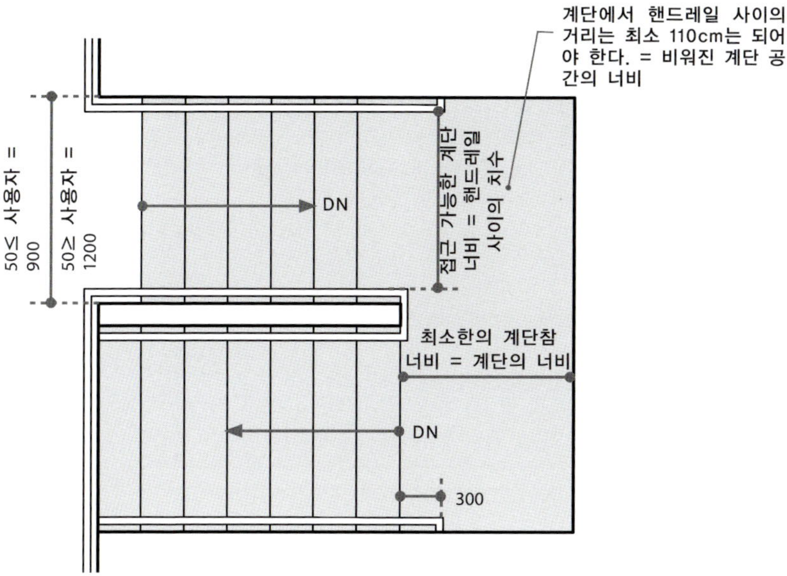

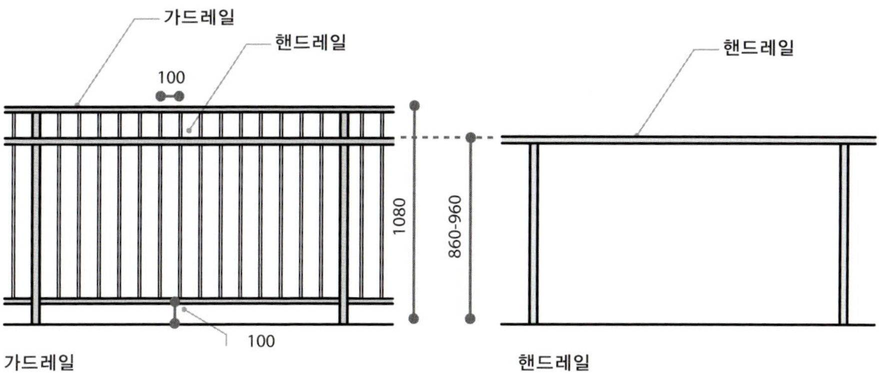

가드레일

핸드레일

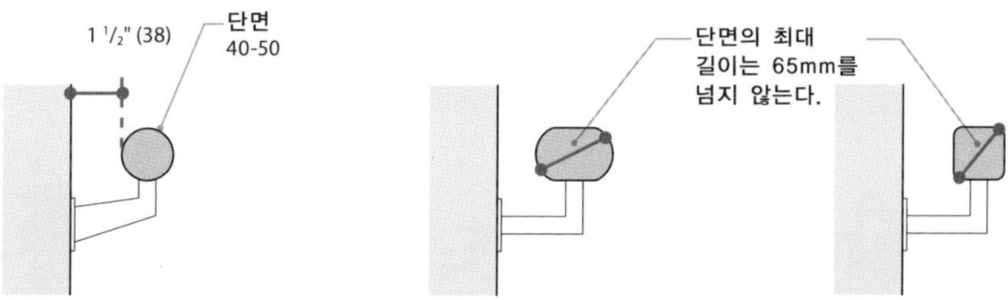

핸드레일의 단면

램프

램프의 최대 높이는 참이 없이 최대 75cm를 넘을 수 없다. 램프는 반드시 시작과 끝에 참을 두어야 한다. 램프의 최대 경사는 1:12이며 1:20 혹은 그보다 적은 경사는 램프가 아니며 핸드레일을 요구하지 않는다. 램프는 적어도 수직적으로 15cm이상 오를 경우 핸드레일을 필요로 하며 핸드레일 넘어 수직의 단부 보호대 혹은 30cm 높이의 수직방향의 난간을 설치한다. 램프의 최소 너비는 90cm이다.

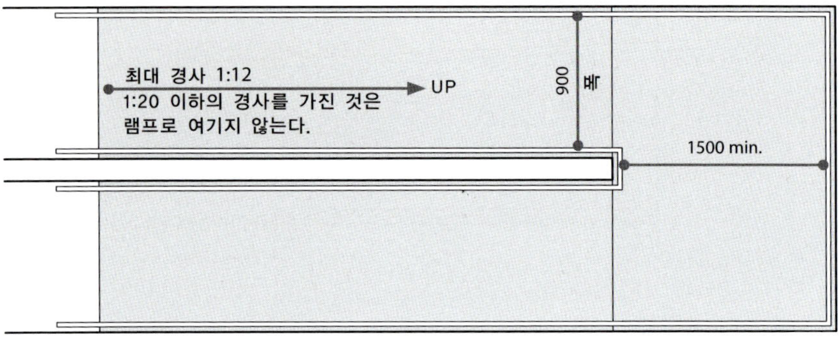

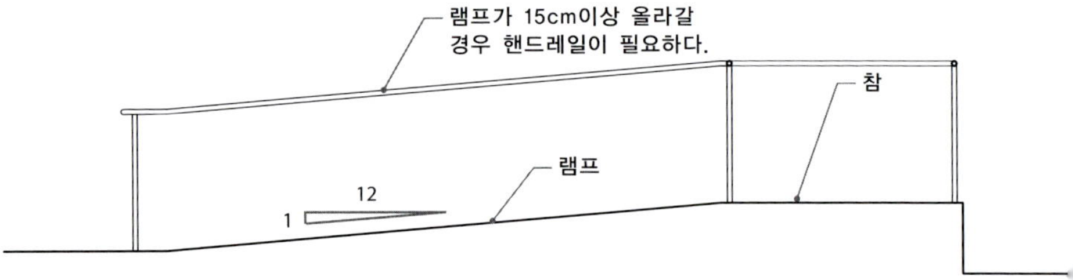

직선방향의 램프

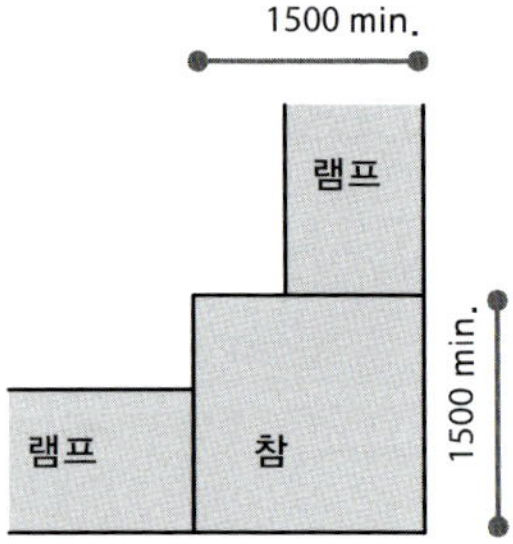

방향의 전환

엘리베이터

시각, 청각, 촉각을 통해 장애를 가진 사용자가 엘리베이터를 사용할 수 있도록 엘리베이터 주변에 직접 제시하여야 한다. 엘리베이터 홀의 신호는 각 엘리베이터 마다 조착과 출발을 시각적으로 청각적으로 제시해야 한다. 청각 신호음은 엘리베이터가 도착하고 출발할 때, 아래로 내려갈 때와 올라갈 때 모두 지시한다. 또한 각 엘리베이터는 탑승시 도착 층을 알려주어야 한다. 촉각적 표시는 바닥 마감면으로부터 1.5m높이에 부착하며 엘리베이터 출입구 개폐키, 엘리베이터 콜 버튼은 바닥 마감면으로부터 90cm에서 120cm 높이에 설치한다. 그리고 16층 이상의 빌딩을 제외하고 내부의 조작 버튼은 외부와 동일 높이에 설치한다.

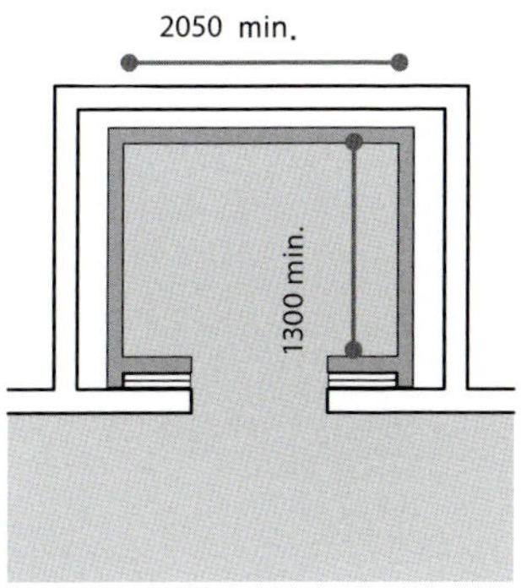

중앙 개폐

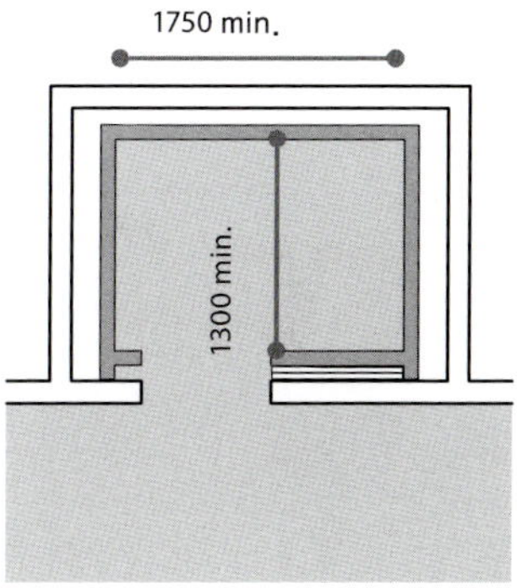

편측 개폐

엘리베이터 컨트롤 패널

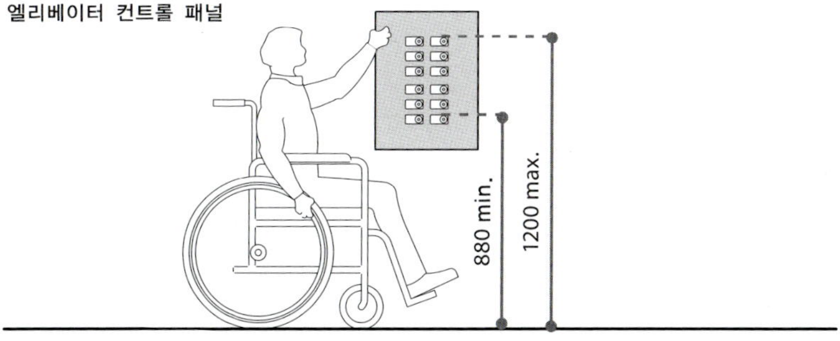

욕실

위생도기의 배치

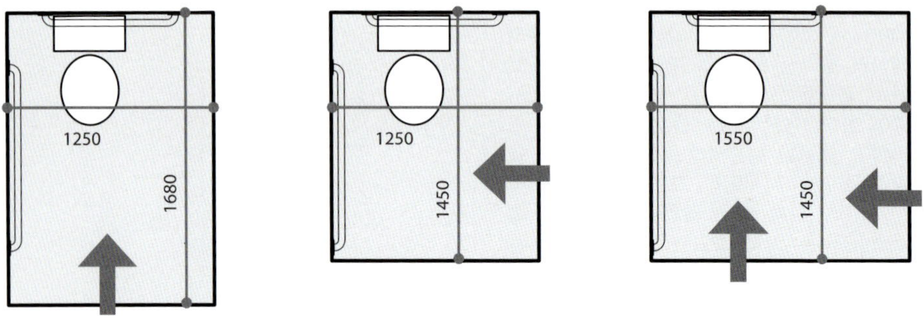

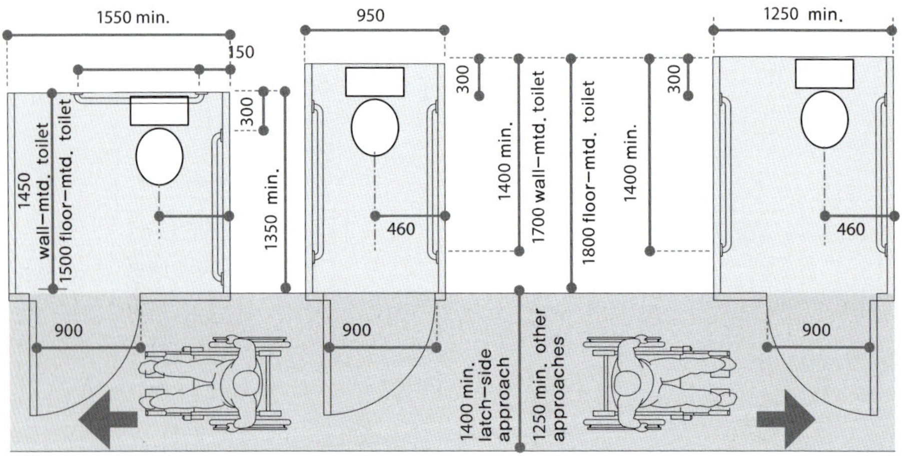

기본 배치 보행 접근 배치 중간 배치

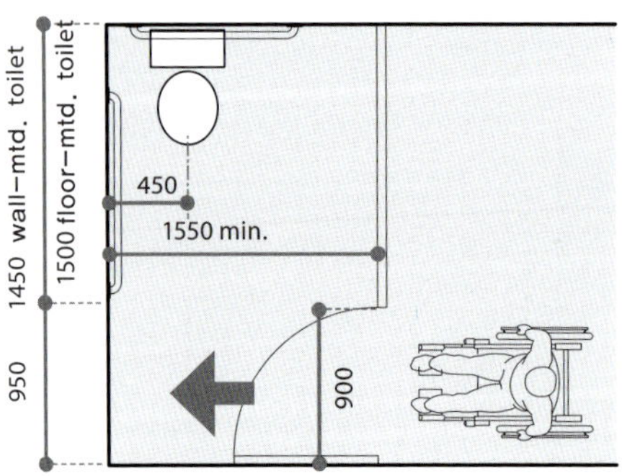

끝단 배치

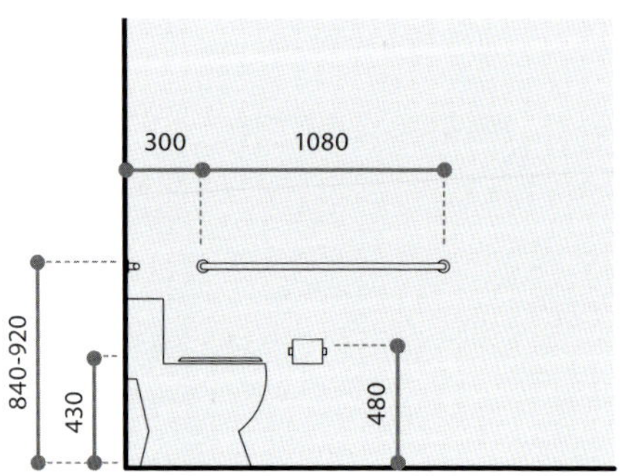

측벽의 입면

세면대

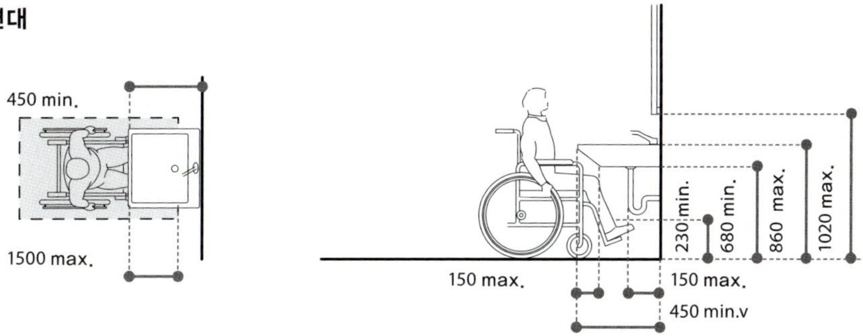
450 min.
1500 max.
230 min.
680 min.
860 max.
1020 max.
150 max.
150 max.
450 min.v

샤워실

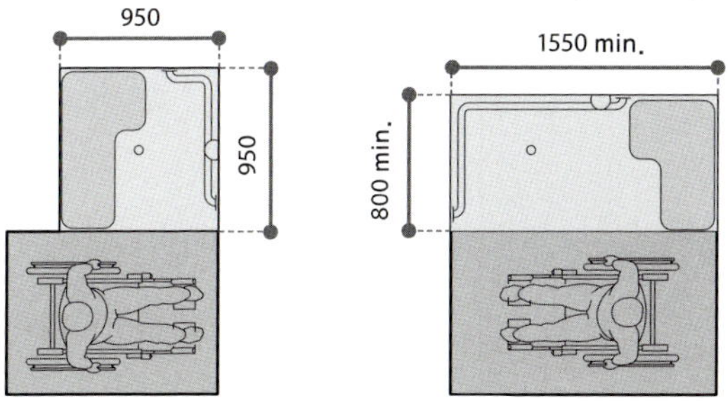
950
950
1550 min.
800 min.

욕조

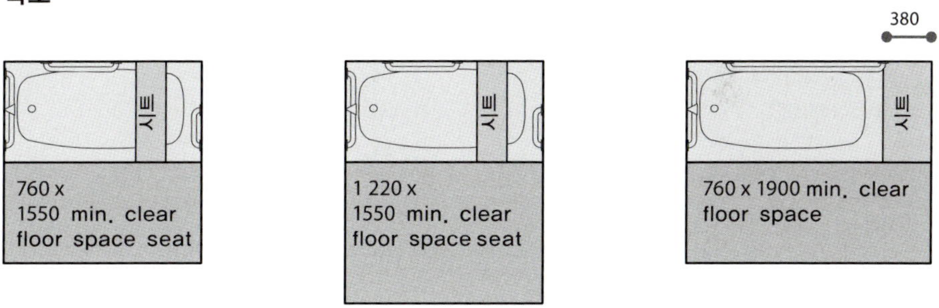
380
시트
760 x
1550 min. clear
floor space seat
시트
1 220 x
1550 min. clear
floor space seat
시트
760 x 1900 min. clear
floor space

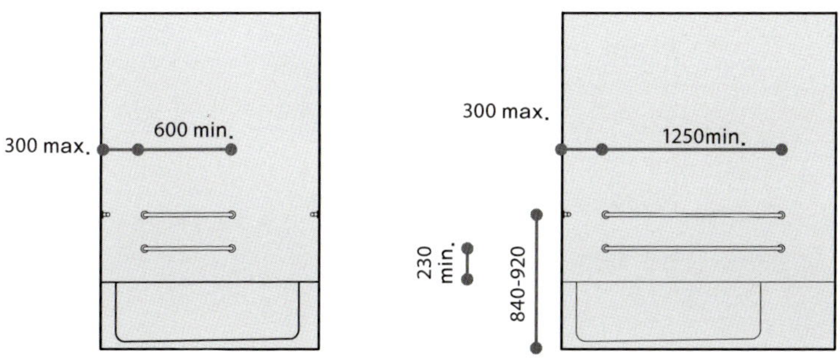
300 max.
600 min.
300 max.
1250min.
230
min.
840-920

주방

여러 가구가 함께 거주하는 경우 주방을 디자인할 때, 인테리어 디자이너는 특별한 프로젝트에서 필요로 하는 법적인 요구사항을 만족해야 한다. 프로젝트 유형에 따라서 다양한 디자인 방향과 여러 주방 유닛의 배치 가능성이 결정된다. 접근성이 뛰어난 주방을 위한 레이아웃은 기본적인 주방의 레이아웃에 적용되는 원칙과 다르지 않으나 이동가능성과 추가적인 기준들을 고려한다. 일반적으로 명쾌한 주방 평면은 주방기구와 가전제품에 적절하게 디자인하고 주방 공간의 크기와 형태는 수평 수직의 접근성에 따라 결정된다.

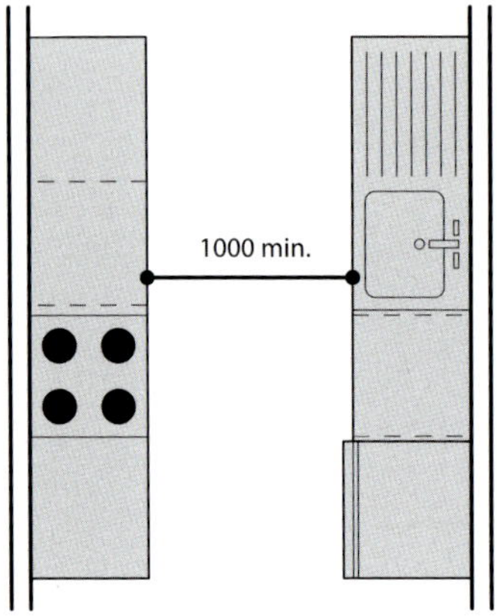

갤러리 주방

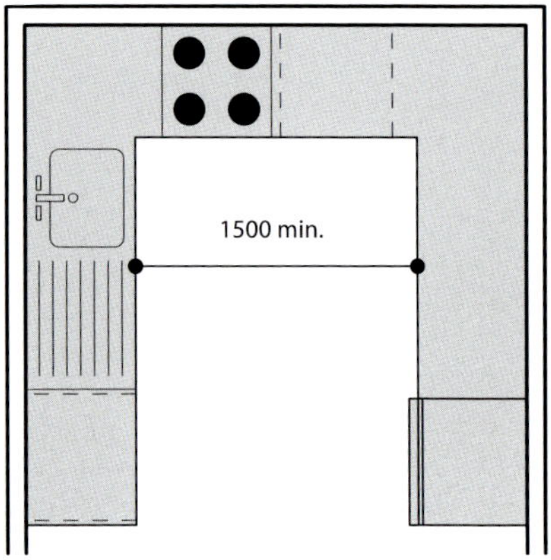

U형 주방

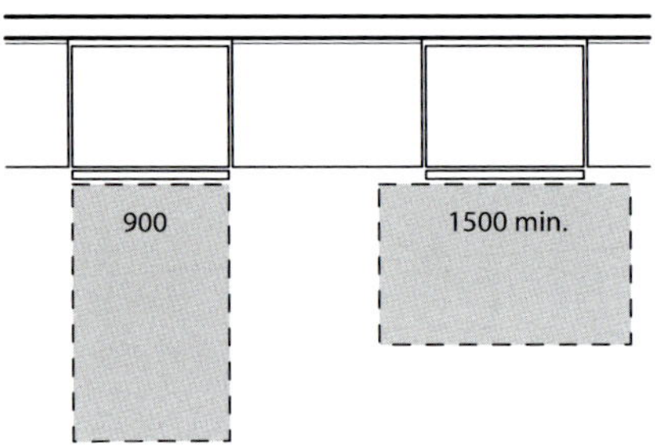

전면 접근

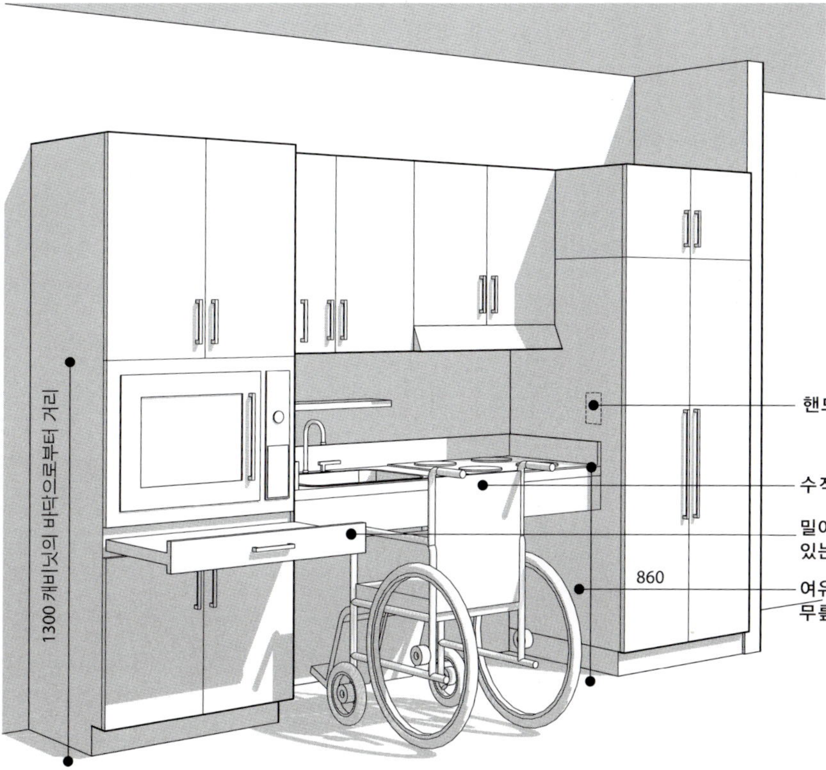

순응적 주방 디자인

특별한 프로젝트에 따라서, 주방은 순응적일 필요가 있다. 여기서 순응적이란 사용자에게 혹은 장애를 갖는 누군가의 특성에 적용될 수 있어야 한다는 것이다. 순응적인 특성을 갖는 공간의 사례는 무릎 공간을 위하여 캐비닛의 하부를 이동간능하게 하거나 작업대의 높이를 변경 할 수 있는 것 등이다.

좌석

최소한의 통로 폭은 좌석, 바, 휴게실, 출구 등 앉거나 머무를 수 있는 모든 공간을 연결해야 한다. 접근이 용이한 좌석은 식사 공간 주변에 잘 분산시켜 배치하고 모든 크기의 공간에 적절하게 연결되어야 한다. 장애를 가진 고객도 썬큰 sunken 공간이나 혹은 높은 기단에도 오를 수 있도록 해야 한다. 그러나 특별한 법적 규정으로 인정되는 예외는 있다.

접근이 용이한 좌석을 위한 전형적인 레이아웃

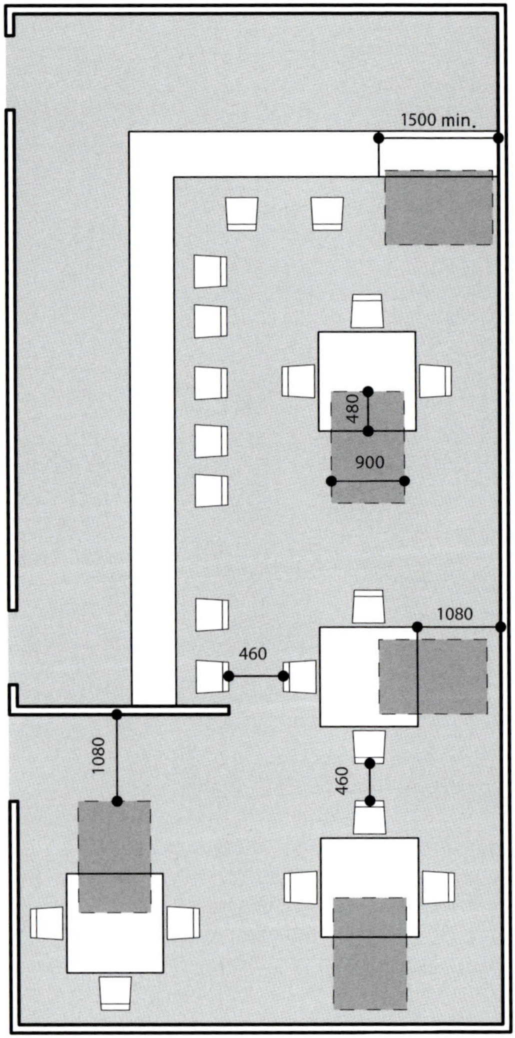

가구

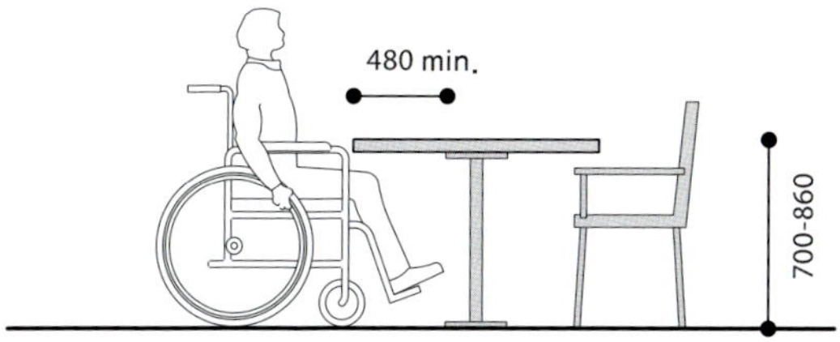

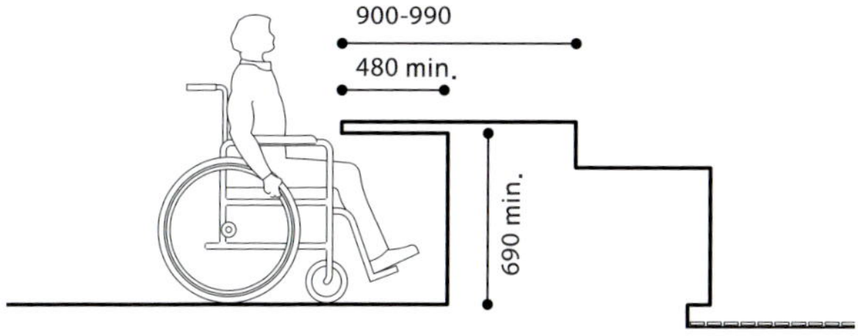

테이블의 상판과 카운터는 장애를 가진 고객에게도 적합하도록 70cm에서 86cm 사이 높이를 가진다. 여유 있는 무릎 공간은 70cm 상판 하부 전체를 사용하고 테이블과 카운터 아래 폭은 75cm, 깊이 50cm는 되어야 한다.

카운터

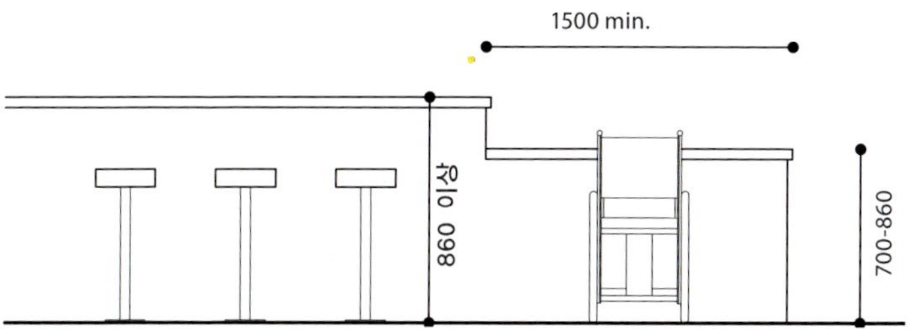

다이닝 카운터는 높이 850cm내외일 때, 적어도 길이는 1.5m이상 되어야 하며 높이 70cm이상 되어야 휠체어를 비롯한 장애인 의자가 사용하기에 용이하다.

미쉘 가베리니, 자신과 자신의 작업을 소개해주시지요.

내가 운영하는 회사는 건축과 인테리어 모두 넘나들면 작업하는 복합적인 디자인 스튜디오다. 우리는 개념을 생산하고 디자이너와 예술가들의 팀을 조직하고 서로의 작을 발전시키는 매우 활발한 디자인 숍을 운영한다. 사무실은 내가 잠시 이태리에 머물고 돌아온 후 1990년에 일을 시작했다. 그곳에서 나의 작업을 시작할 수 있는 매우 중요한 토대를 얻을 수 있었다.

당신에게 디자인을 가르쳐준 멘토는 누구였는가? 당신의 삶에서 어떠한 순간에 당신의 디자인에 대하여 확신과 자부심을 느낄 수 있었는가?

나의 아버지는 예술가이자 인테리어 디자이너였다. 그가 자란 펜실베이니아는 자라서 풍부한 예술과 산업 전통이 있는 지역에서 살았지만 세상을 보는 방식이라 할 수 있는 디자인은 그리 주목받지 못한 곳이었다. 이러한 배경은 공간적 기하학과 더 나은 조명, 가구, 환경에 이르기까지 일상생활을 나아지게 할 수 있는 디자인에 관한 호기심을 유발시켰다.

내가 RISD((Rhode Island School of Design)에 갈 때까지만 해도 나는 내가 조각가라고 생각했다. 그곳에서 이러한 조형적 감각은 건축 스터디에 녹아들었고 내 작업에 있어 흥미로운 이정표를 만들어 주었다. 프로그램은 매우 열정적이고 개념적인 방향으로 진행되었으며 상당히 도움이 되었다. 이러한 시점에서 다양한 영향과 관심이 디자이너가 되어야겠다는 희망으로 자리 잡았다.

내가 Architectural Association in London에서 공부하는 동안은 혼란스러웠다. 렘 쿨하스 Rem Koolhaas, 버나드 츄미 Bernard Tschumi, 자하 하디드 Zaha Hadid와 같은 멘토들에 의하여 약간 중독되어가는 시기였다.

영감을 얻기 위해 누구 혹은 무엇을 찾아보는가?

순수한 건축이라는 측면에서 미스 Mies, 뉴트라 Neutra, 바라간 Barragán과 같은 모던 마스터를 관찰했다. 또한 초기 모던의 프랑스 디자이너 폴 두프레 라폰 Paul Dupre-Lafon과 장 미셸 프랑크 Jean-Michel Franc를 사랑했다. 그러나 내게 중요한 것은 동시대 예술가와 특별한 예술적 감성을 가진 작품들이었다. 캘리포니아 조명 예술가 아르테 포베라 arte povera와 미국의 대지 예술가인 로버트 스미드슨 Robert Smithson의 대지 예술 프로젝트가 그러하다.

어떻게 당신의 창조성을 재충전하는가?

예술과 여행 그리고 가끔은 드물게 고독을 통해서 내 창의성을 생산한다. 나는 매우 자극적이고 감각과 심상에 화려한 열정을 가진 예술가들과 시각적인 대화를 발견한다. 당신이 당신 자신을 온전히 다른 문화와 장소와 하나가 됨으로써 얻게 되는 신선한 시각과 안목을 얻을만한 다른 대안은 없다. 그것은 각각 공적인 공간과 사적인 공간에서 갖게 되는 각각의 언어도 마찬가지다.

당신의 많은 프로젝트들은 천장, 벽체, 바닥이 상호 교차하는 곳에 조명을 통한 분위기를 생산하고 통합된 표현을 통해 공간의 모서리를 강조한다. 이러한 표현은 볼륨보다는 바닥면을 더 강조하는 것이 아닌가? 당신의 의도를 이야기해 주시오.

아마도 떠있는 바닥면의 감각을 생산하는 것에 대한 이야기일 텐데. 빛과 공간의 유혹적인 상호작용을 만들기 위하여 볼륨을 형상화하는데 영향을 미친다. 또한 내부와 외부 사이에 분명한 경계의 구분을 흩트리기 위하여 무게의 감각 그리고 가벼움의 감각을 전달한다. 결론적으로 나는 지각의 근본적인 행위를 고양하고 공간의 지각과 그 공간을 통해 신체의 움직임을 깊이 있게 하고 싶다.

조명은 당신의 작업에서 매우 중요한 것으로 여겨진다. 어떻게 당신의 조명계획 전략을 발전시키는가? 조명은 어떻게 당신의 공간을 이해하는데 영향을 미치는가? 당신과 함께 작업하는 조명 디자이너가 있는가?

우리는 조명을 공간에 생동감을 주는 중요한 작동인자도 생각하지만, 맨 처음 그렇게 디자인한 것은 아니다. 그러나 우리는 태양광과 달빛에까지 빛의 사이클을 고려해야하고 각각의 클라이언트의 삶에 어떻게 연결되는가를 고려해야 한다. 우리는 자연광과 인공조명의 균형을 찾아 공간을 구성하며 예술작품을 감각하거나, 쇼핑, 기다림, 목욕, 혹은 다른 기능적이고 유혹적인 틀을 창조한다. 몇 년이 지나서 우리는 윌리엄 암스트롱 William Armstrong과 로스 뮤어 Ross Muir와 같은 뛰어난 조명 디자이너를 만나서 함께 작업하게 되었다.

당신이 디자인한 이스트 햄프턴 East Hampton 주거는 당신의 다른 프로젝트와는 달리, 기존의 주택의 미니멀한 기둥 기단 위에 외부공간을 만들어냈다. 당신의 다른 작업들을 문맥적으로 보자면, 이 작업은 랜드스케이프 프로젝트로 여겨질 수 있을 것 같다. 당신은 인테리어 디자인, 건축, 랜드스케이프 아키텍처의 차이와 동일성이 무엇이라고 생각합니까?

벨포트 하우스 Bellport House는 실질적으로 특별한 프로젝트였다. 사실, 나는 내부와 외부에 이르는 공간적으로 서로 교차하는 곳에 매우 관심이 있었다. 질 샌더 Jil Sander를 위한 나의 첫 번째 프로젝트, 파리 프래그쉽 하우스는 보자르식 맨션 Beaux-Art mansion 내부의 마당으로 여겨졌다. 더 최근에, 우리는 햇살이 비치는 오후 무엇인가 감각을 자극하는 15층에 있는 베르그도르프 굿맨 Bergdorf Goodman의 집 천장과 조명 디자인을 했다.

'외부 공간' 을 인식한 것은 록펠러 센터 Rockefeller Center의 전망데크에서 즐겁게 다루어졌다. 그곳에서 우리는 가장 순수한 관람의 경험을 제공하기 위하여 광학적인 유리 스크린으로 테라스를 디자인했다. 우리는 도시의 광장 혹은 가구 유닛을 디자인하기도 했다. 우리는 디자인을 훈련하면서 스케일과 활용의 제시할 수 있는 전문가가 되었다.

당신의 색채 팔레트는 대부분 백색이다. 마이어 Richard Meier**와 스탁** Philippe Starck**과 같은 건축가는 다양한 백색을 사용하기도 했다. 당신은 어떻게 당신의 작업에서 백색을 다르게 활용한다고 분명히 이야기 할 수 있는가?**

차이의 특별한 점은 우리가 사용하는 다양한 백색의 종류와 깊이라고 할 것이다. 우리의 더 순수한 환경 어디에서나 대지를 가리지 않고 공간을 조명하거나 깊이를 부여하기 위하여 대체로 5에서 8가지의 백색의 형상을 사용한다. 마치 여성이 자연적인 모습을 강조하거나 약화시키기 위하여 화장하는 것과 같은 방식이다.

샌프란시스코의 울티모 부티끄 Ultimo Boutique**는 매우 대담한 컬러 배색을 가지고 있다. 무엇이 그러한 색상을 사용하도록 자극하였는가?**

울티모는 붉은 시누아즈리 Chinoiserie 박스로 인식되며 축소하여 조형화된 그래픽 세계로 들어가는 드라마틱한 기능적 공간으로 이해된다. 앨리스 à la Alice와 같이 만화경으로 떨어지는 곳 그리고 주문 제작된 여성 용품으로 가득 찬 세계를 발견하는 곳이다. 은은한 빛의 베일들로 가득 찬 형태들을 유혹하는 곳이다.

당신이 할 수 있는 것을 하고자 했으나 하지 못한 건축물 혹은 프로젝트 유형이 있는가?

우리는 수년간 예술을 관찰하기 위한 공간들, 예술에 대한 관념을 가꾸어 왔다. 그래서 우리들에게 미술관을 디자인하는 것은 매우 자연스러운 일이 될 것이다. 이러한 작업은 우리의 예술에 대한 열정을 배양시킬 것이다.

당신에게 영향을 미치거나 감동을 준 동시대의 공간들을 알려줄 수 있는가? 그리고 왜 그러한가?

제임스 터렐 James Turrell의 아리조나 로덴 크레터 프로젝트 Arizona Roden Crater Project. 대지와 대기사이에 천상의 결합, 그의 궁극적인 개념의 오브제.

월터 디 마리아 Walter De Maria의 뉴멕시코 라이트닝 필드 New Maxico Lightning Field. 대지 아래 묻힌 철광석 위로 떠도는 지각으로 고조된 대지. 개미들에게 특별한 영향을 미치는 장소.

로버트 스미드슨 Robert Smithson의 유타 스파이럴 제티 Utah Spiral Jetty. 끊임없는 제스처, 인간이 만들어 놓은 무엇인가도 의미가 있을 수 있다는 것을 보여주는 영원한 제스처.

Overleaf	Left	Top of the Rock.
	Right	Ultimo, San Francisco; Jill Sander, Paris. Photos by Paul Warchol.

3.

표피

인테리어 디자이너가 공간을 한정하는데 사용하는 모든 도구들 가운데, 표피는 가장 단순한 도구이며 동시에 가장 도발적인 것이다. 내부공간이 효과적으로 기능하도록 하는 시각적 전경 이면의 세심한 작품, 즉 디테일이 갖는 임팩트는 마감면이 잘 시공되어 전체 작품과 통합되지 않는다면 사라지고 만다.

표면이 분위기, 공간의 감각, 편이성에 어떻게 영향을 미치는가와 공간에 적용하는 기본적인 방식들에 대한 이론은 방대하다. 디자이너가 이러한 이론들에 접근하는 서로 다른 방식들은 인테리어가 무엇인지에 대하여 가장 도전적이고 사려 깊은 표현을 생산해왔다.

표면은 종종 깊이라는 측면에서 논의된다. 그 상대적인 두께감 그리고 특별한 표면이 기능하고 공간을 구축하고 내구성을 가질 수 있는 타당한 어울림을 논의한다. 디자이너가 어떻게 색채, 재료, 질감, 패턴을 발전시켜 왔는가 어떻게 마감을 선택하고 취향을 표현하였는가 그리고 어떻게 다양한 선택들이 공간에 영향을 미칠 수 있는가를 이해하면 할수록, 디자인 실무를 위한 기회는 더 커지고 풍부해진다.

Chapter 9: 색채

색채는 인테리어 디자인에 있어서 가장 도전적이고 논의가 필요한 측면들의 하나로 남겨져 있다. 화가이자 색채 이론가인 조셉 알버스 Josef Albers는 색채란 그 스스로 지속적으로 변화하고 끊임없이 변화하는 주변 환경과 이웃들과 연관되며 스스로를 표현한다고 보았다.

색채의 적용과 혼합은 과학자, 예술가, 디자이너에게 연구를 위한 중대한 영역이 되어왔다. 동시에, 색채는 매우 극단적으로 주관적인 문제가 될 수 있다. 모든 사람들은 나름 가장 선호하는 색채를 가지고 있다. 색채는 모든 이에게 특정한 장소, 특정한 시간을 연상시게 하며 특별한 감각적 특징을 부여한다. 인테리어 디자인에서 색채의 역할은 단순한 법칙과 사고의 결과물로 한정하는 것을 막는 것이다. 공간에서 색채를 사용하는 복잡함을 이해한다는 것은 성공적인 인테리어 공간을 창조하는 근본이 된다. 그러므로 인테리어 디자이너는 색채의 특성을 배워야하고 어떻게 색채가 대상을 강조하고 조직하는 대리인으로 작동할 수 있는가를 이해해야만 한다.

색채의 이해

색채는 근본적으로 오브젝트가 색채의 스펙트럼 내에서 시각적으로 지각 가능한 빛을 흡수하거나 혹은 반사하는 과정의 결과이다. 눈으로 붉게 지각하는 오브제는 붉은 빛을 제외하고 모든 색채 스펙트럼을 흡수한다. 그리고 붉은 빛을 반사한다. 백색은 모든 색채를 반사하는 것으로 이해되며 검은 색은 모든 색채를 흡수하는 것으로 이해된다.

색채의 인식

색채는 물리적인 현상이다. 색채의 범위는 인간의 눈이 인식할 수 있는 범위를 넘어서 확장된다. 인식 불가능한 적외선 그리고 자외선 영역은 빛의 가시적 스펙트럼 주변에 위치한다. 자외선과 적외선 사이의 범위가 인간의 색채 공간이다. 이 모델은 프리즘을 통과해서 빛을 분절시킬 경우 잘 관찰된다. 그리고 눈은 무지개와 같이 약 천만 내외의 파장 길이를 갖는 색채를 구분한다.

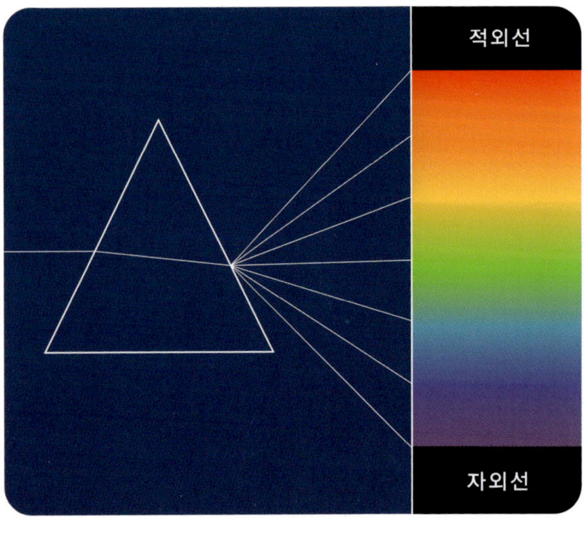

가색적 감색적 색채의 혼합

빛과 관계하는 색채와 그 효과에 관하여 사고하는 것은 어떻게 색채가 혼합되고 부가적인 효과 혹은 제거하는 시스템이 되는가를 논의하게 된다. 색채를 생산하며 발산하는 빛은 자주 부가적인 것으로 언급된다. 레드, 그린, 블루 세 가지 주색상이 혼합되면 다른 색상을 만들어 낸다. 이 세 가지가 모두 결합하면 백색이 된다. 이러한 색상의 혼합을 활용하는 것은 모든 종류의 화면에서 확인된다. 컴퓨터 스크린에서 텔레비전 세트까지 평판 디스플레이 시스템에 적용된다. 색상의 혼합은 두 가지 형식으로 이루어진다. 시안 cyan, 마젠타 magenta, 옐로우 yellow 세 가지 색의 혼합이 하나이고 레드 red, 옐로우 yellow, 블루 blue의 혼합이 다른 하나이다. 이러한 두 시스템에서 이 기본이 되는 색상들은 종이와 같은 불투명의 매개체에서 서로 더해져 혼합된다. 그러한 혼합은 색상이 빛을 흡수하거나 반사되는 방식을 변화시킨다. CMY 색상 혼합방식은 인쇄 산업을 위한 모델을 제공한다. RYB 색상 혼합방식은 순수예술 작업과 색상이론에서 사용하는 모델이다.

가색적 색상

레드, 그린, 블루의 주광색으로부터 시작하여, 부가적인 색상 모델은 색채를 갖는 빛이 서로 오버랩되거나 혼합되어 가시적 스펙트럼을 만들어낼 때 사용되는 모델이다. 이 주광색들을 혼합하면 결과적으로 백색광이 얻어진다.

감색적 CMY와 RYB

제거적인 색상 시스템에서, 색상은 백색광으로부터 레드, 그린, 블루를 걸러내어 제거함으로써 사용된다. 이러한 모델에서 색상은 잉크나 페인트와 같은 매체를 통해서 종이에 부가된다. 색채는 흡수를 통해 눈이 관찰하는 것 이상으로 다른 파장의 색을 생산한다. 제거적인 색채 시스템의 두 가지 모델은 인쇄산업에서 사용하기 위하여 정의된 모델이다. 이 모델은 시안, 마젠타, 옐로우와 블랙을 결합하여 색채의 가시적 스펙트럼을 생산한다. 그리고 순수예술의 경우는 레드, 옐로우, 블루의 기본적인 색상을 혼합하여 사용한다.

색채 이론

특정한 색채 혼합을 활용하기 위하여 색을 평가하는 방법론을 만들기 위한 많은 시도가 있어왔다. 초창기부터, 색상환 혹은 색입체는 색채의 범위, 변화, 서로간의 관계, 연관관계를 시각적으로 보여주기 위하여 활용한다. 1706년 아이작 뉴튼 Isaac Newton의 Opticks에서 백색광은 7가지 색으로 분산된다고 적고 있다. 오렌지, 옐로우 그린, 블루, 인디고, 바이오렛, 그리고 레드이고 이 색들을 원판위에 적절하게 나누어 배열하고 디스크를 돌리면 백색으로 보이는 것을 확인하게 된다. 뉴튼은 색채를 객체화하여 수학적으로 이해할 수 있는 시스템으로 만들고 정량적인 실험이 가능하게 만들었다.

독일의 시인 괴테 Goethe와 낭만주의 화가 필리프 오토 룽게 Philipp otto Runge는 각각 Theory of Color(1807)와 Color Sphere(1810)에서 색채 이론을 확대하여 색채의 주관적인 효과를 연구하여 포함하였다. 보색대비, 이미지의 시각적 잔향, 색광에서 보이는 그림자의 대조 등을 연구하였다. 또한 색채와 감정을 연관시켜 따뜻하고 차가운 색으로 구분하였다.

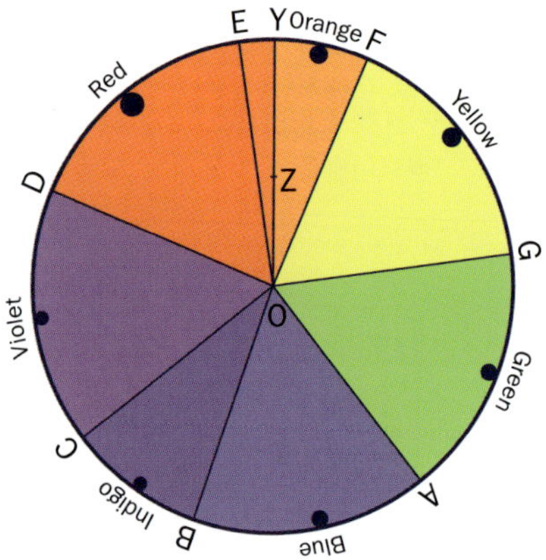

뉴튼의 색상환

색채 이론을 발전시키려는 시도로서, 뉴튼은 먼저 색채가 선형적인 도식위에 그려질 수 없음을 이해하고 오히려 연속성을 지닌다고 보았다. 색상환은 중심(O)에서 백색으로 표현된다. 색상환은 디스크 주변으로 색을 질서 있게 배열한다. 각 색채는 무게 혹은 비례를 가지며 시스템 안에서 균형을 통해 위치한다. 뉴튼은 그의 시스템을 그의 자연적인 주광 스펙트럼에서는 발견할 수 없었던 레드와 바이올렛 사이에 색을 섞어 놓음으로서 하나로 완성했다.

이텐의 색상환

요하네스 이텐 Johannnes Itten은 레드, 옐로우, 블루의 주광색을 바탕으로 그의 색상환을 발전시켰다. 이러한 단순한 시작점으로부터, 두 단계의 혼합과정은 12색의 원형환으로 나타난다. 이텐은 이 색상환을 확장시켜 24색 혹은 100색의 색상환으로 만들어질 것이라고 믿지 않았다. 그가 만든 명명 시스템을 약화시키는 것은 손쉬운 색채 구별을 어렵게 만든다고 보았기 때문이었다.

이텐과 알버스

20세기 초, 바이마르 바우하우스 Weimar Bauhaus의 기초 학습 교과과정에서 2개의 중요한 색채이론이 생성되었고 현재까지 색채를 이해하는 방식에 영향을 끼치고 있다. 첫 번째 이론은 요하네스 이텐 Johannes Itten의 수업에서 시작된 것으로 12색상의 색상환을 발전시켰다. 그는 과학적인 방법으로 색채의 혼합, 비례, 조화의 주관적인 영향을 실험하여 얻어낸 7가지 대비를 구분하였다. 이텐의 철학적이고 신비한 믿음은 색채의 활용을 이해하는데 영향을 미쳤고 동시에 그의 발견의 중요성을 무시하도록 만들었다. 그의 책 *Art of Color*는 여전히 출판되고 있다. 조셉 알버스는 예일대학에서 강의하게 되면서 그의 연구 *Interaction of Color*를 발전시켰고 이텐의 교육적 실험을 바탕으로 색채와 색채의 상호작용은 학습을 통해서 훈련된다는 것을 강조했다.

먼셀의 색상환

1900년대 초, 미국인 알버트 먼셀 Albert Munsell은 색상 hue, 명도 value, 채도 chroma에 근거한 색채 해석 시스템을 발전시켰다. 이러한 요소들은 3차원적 모델을 형성한다. 색상의 원형적 관계로 시작하여, 먼셀은 10진법 표기 시스템을 만들고 하나의 색상을 다른 색상과 구분하기 위한 변화의 관계를 기술하였다.

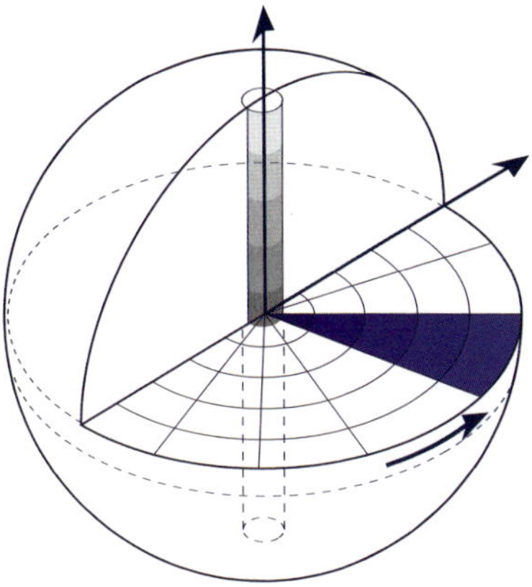

먼셀의 색입체

먼셀의 시스템에서, 색상 hue은 구체의 둘레로 배열된다. 명도 value는 중심축의 상부(백색)에서 바닥(검정) 사이를 움직이며 채도 chroma는 중심에서 외부로 나가면서 변화한다. 먼셀은 또한 이 시스템에서 쉽게 색을 구분하는 표기법을 발전시켰다. R 5/10은 레드, 명도 5, 채도 10을 의미한다.

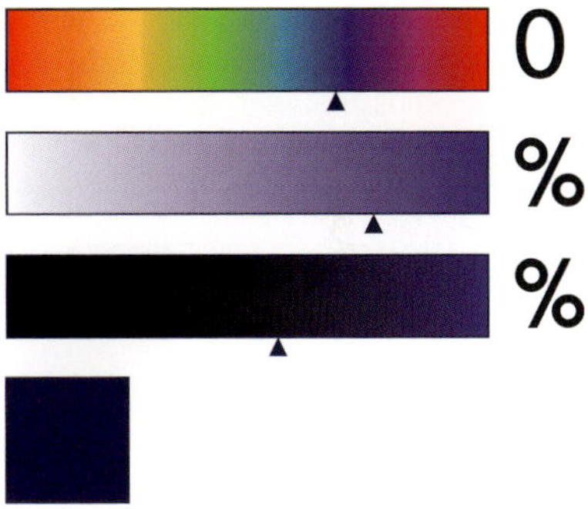

색상 Hue, 채도 Saturation, 밝기 Brightness

대부분의 소프트웨어 애플리케이션에서, 색채는 색상, 채도, 밝기(HSB) 시스템을 사용하여 구별할 수 있다. 색상은 0~360 단계를 가지며 채도는 색채가 백색으로 변화하면서 나타나는 파장수를 결정한다. 밝기는 색채의 어두운 정도를 표현한다. 채도와 밝기는 퍼센티지로 측정된다.

먼셀은 또한 그의 색채 시스템을 통해 색 표기법을 한정했다. 이 시스템은 오렌지 orange를 레드-옐로우 red-yellow로 표기하여 혼동을 피했다. 그의 두 번째 용어, 명도 value는 색채의 밝음과 어두운 특성을 1(어두움)에서 10(밝음)으로 10단계로 기술한다. 그의 마지막 항목 채도 chroma는 색채를 색채 밴드에서 명도 축으로 움직이면서 색을 구분한다. 다른 색채 모델은 이 항목 채도 chroma를 saturation으로 표기한다. 색채의 강도에서 다양한 단계를 강조하기 위하여 먼셀은 그가 컬러 트리 color tree라고 부르는 것을 발전시켰다.

이러한 시스템은 색채의 결합이 만들어낼 수 있는 균형, 비례, 조화, 효과의 복잡한 관계를 이해하는 출발점이 된다. 각각의 시스템은 나름대로 인테리어 디자인 실무를 위해 사용하는 애플리케이션에 유용하고 장점을 지니고 있다. 더욱이 3차원적 디자인 공간으로의 해석은 결과를 관찰할 수 있는 현장 테스트가 필요하다. 다음 페이지는 이러한 시스템의 하나로서 이튼에 의해 정교하게 만들어진 모델을 소개한다. 이 모델이 어떻게 색채를 깊이 이해하는데 도움을 주는가와 어떻게 기능하가를 보여준다.

상대적인 색채

색온도

색채는 기본적으로 온도를 가진다. 색채는 따뜻하게(레드, 오렌지, 옐로우) 묘사될 수도 있고 차갑게 (블루, 그린) 보여질 수도 있다. 중립적인 (화이트, 그레이) 온도를 갖는 색들도 있다. 화이트는 차가운 톤부터 따뜻한 톤까지 모두 가지며 색온도의 변화는 색채 계획을 강조하거나 확장시킬 수 있다. 그레이 역시 색온도를 갖는다. 팬톤 컬러 시스템에서 쿨 그레이 cool gray는 블루에 가까운 느낌이다. 반대로 웜 그레이 warm gray는 브라운에 가까운 느낌을 갖는다.

따뜻한 색과 차가운 색

색채와 재료

인테리어 디자인에서 색채의 역할은 재료와 함께 적용됨으로써 훨씬 더 복잡해진다. 재료는 색채의 관념적인 시스템은 드러내지 않는 흡수, 반사, 발광과 같은 특성을 갖는다. 재료는 많은 레이어의 색채를 포함할 수도 있고 종종 색채의 다양성은 단순한 재료 표본에서도 나타난다. 3차원적 공간에서 재료의 상대적인 활용은 또한 어떻게 색채가 경험되어지는가에 영향을 미친다. 색채와 재료의 복합적인 상호작용을 통해서 인체리어 디자이너는 친밀함 혹은 신선함, 율동적이거나 침묵적인 분위기를 생산하고 시각과 청각과 같은 감각에도 영향을 미친다.

인테리어 디자인에서 색채는 무엇보다도 두 가지 범주로 구분된다. 표면에 적용된 색채, 그리고 재료와 통합된 색채이다. 페인트, 라커, 특수 마감재, 몇몇 판재, 다른 색채가 표면에 마감된 재료 등은 매우 효율적이며 색채를 활용하기에 유연한 방법을 제공한다. 많은 기성재료들은 페인트나 다른 마감이 필요하지 않도록 가공하여 제공된다. 아돌프 루스 Adolf Loos는 콘크리트를 회색으로 혹은 나무를 브라운을 칠하지 말 것을 주장했다. 여기에서 그는 통합적인 색채를 갖는 재료는 어떠한 마감도 필요하지 않다는 것이며 표면이 갖는 뛰어난 깊이를 표현해야 한다고 했다. 이러한 표면의 깊이는 훨씬 복합적이며 매우 정확한 색채의 연관성을 갖는다고 보았다.

(색채의 상대적인 측면은 재료, 텍스쳐, 패턴, 빛을 다룬 다른 장에서 언급할 것이다.)

색채 계획

색채 계획은 색채의 혼합으로 인테리어 색채 팔레트를 구성하는 원칙을 세우는 것이다. 색채 이론을 바탕으로, 디자이너는 창조적으로 조화로운 조합의 색채를 선택하고 구성할 수 있다. 추상적으로, 색채가 재료에 종속되어지지 않을 때, 여섯 가지의 색채 조합으로 구분할 수 있다. 단색성의 조합, 근접색의 조합, 보색 조합, 준보색 조합, 삼색 조합, 사색 조합으로 구분된다. 다음의 사례들은 높은 채도의 색상환을 사용하여 보여준 것이다. 디자이너는 채도와 밝기를 다양하게 선택하여 사용할 수 있다.

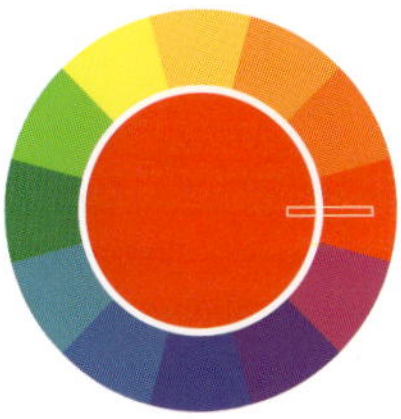

단색성의 조합

단일 색을 사용하여 다양한 채도와 밝기를 가진 색으로 계획의 통일성을 유지하는 계획

근접색의 조합

선택된 색채에 직접 근접한 색채를 사용하여 주색상을 중요 색채로 사용하는 계획

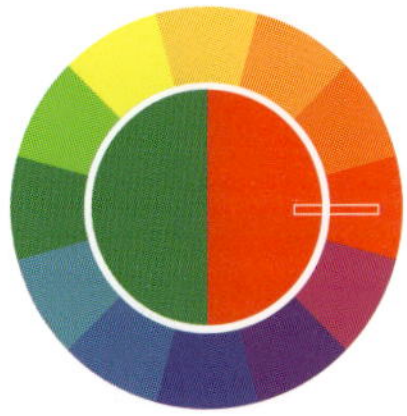

보색 조합

색상환에서 서로 반대 방향에 있는 색을 선택하여 대립시켜 높은 대조 효과를 주는 계획

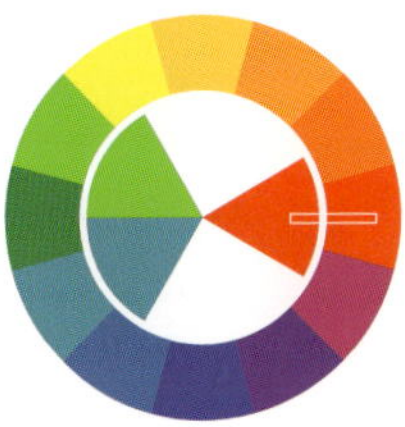

준보색 조합

보색계획의 변형으로서 인접한 두 보색을 함께 대립시켜 강조하는 계획

삼색 조합

색상환의 주변으로 동등하게 간격을 갖는 세 색채를 사용하여 높은 대조 효과를 주는 계획

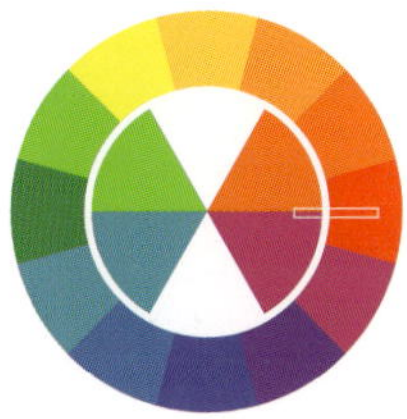

사색 조합

두 쌍의 보색 관계를 사용하여 조심스럽게 색상대비의 균형을 유지하는 계획

인테리어 공간에 대조효과를 주는 원칙의 적용

이텐이 확인한 바와 같이 색새 대비에 있어서 일곱 가지 변형에서, 대조의 방식은 색채의 상요작용의 비교 효과 가운데 차이의 범주를 고려한 것이다. 이텐의 시스템은 작은 공간의 스케일 혹은 빌딩 전체 스케일이든 상관없이 인테리어 프로젝트에 적용할 수 있다. 어떠한 시스템과도 마찬가지로, 색채 관계의 조합들이 갖는 효과를 실험하고 지속적으로 경험하는 것은 더 깊은 이해를 가능하게 할 것이다.

색상 대비

색상 대비의 가장 간단한 원칙은 가장 선명한 상태에서 순수한 원색으로 기능하도록 대조하는 것이다. 색상 대비를 이용한 해법은 시각적인 운동과 즐거운 몰입을 생산한다. 이러한 대비는 항상 세 가지 색상을 필요로 한다. 이텐의 삼원색으로부터 멀어질수록 효과는 감소한다는 것이 중요하다.

SRK Legal Assistance의 인테리어 작업에서 독일 디자인 회사 eijkingdelouwere는 색상 대비를 사용하여 큰 효과를 보여준다. 색채는 공간을 통해 생기 있게 상호작용한다. 라임 옐로우, 블루, 레드 색상의 천으로 싸인 팝아트적인 형상들은 지루한 사무실을 생기있는 색채의 공간으로 고양시킨다.

eijkingdelouwere. Photo by Eric Laignel.

명암 대비

밝음–어두움의 대비는 블랙과 화이트의 관계에서 존재한다. 또한 그레이의 다양한 변화 속에도 존재한다. 이텐은 그레이를 필수적인 무채색으로 보았다. 그레이는 둘러싸고 있는 색채들에 의존하며 다양한 관계를 가지며 변화한다고 보았다. 이 대비의 중요한 열쇠는 명암의 변화와 그 효과에 있다.

디자이너 로난 Ronan과 에르완 부홀렉 Erwan Bouroullec은 스톡홀름의 텍스타일 생산업체 Kvadrat을 위한 쇼룸을 계획하면서 전형적인 중립적 배경을 피하고 혁신적인 타일 시스템을 계획하였다. 밝음 색채에서 어두운 타일로의 변화는 그 기능의 흐름을 상징화한다. 열려있는 쇼룸에서 친밀한 미팅 공간과 오피스로의 흐름을 제시한다.

Ronan and Erwan Bouroullec. Photo courtesy of Maharam.

한난대비

몇몇 색채들은 특정한 온도의 감각을 갖는 상대적으로 편안한 공간의 효과를 낼 수 있다. 사실, 공간에서 차가운 색채와 따뜻한 색채가 대립적으로 칠해져 있을 때 물리적 온도의 지각적 변화를 느낄 수 있다. 이텐에게 있어서 한난 대비는 그 표현적인 힘을 가진다는 점에서 매우 유용한 것이었다.

안드레 바라즈 호텔 André Balazs Hotel QT의 라운지 계획을 위해 린디 로이 Lindy Roy는 한난대비를 사용하여 공간의 서로 다른 영역을 구분하였다. 바는 차가운 블루로 표면을 마감하여 주변을 둘러싼 분위기 있고 따뜻한 공간과 대립적으로 기능하도록 강조하였다.

Roy Design. Photo courtesy of Hotel QT.

보색대비

보색 관계의 두 가지 색상을 혼합할 때 그 결과는 중립적인 그레이-블랙이 된다. 부가적인 색채 시스템에서, 그 결과는 백색이 된다. 색채 시스템에서 모든 색은 그 보색을 갖는다. 보색을 찾는 것은 매우 간단하다. 이텐의 색상환에서 반대 색상을 선택하면 된다. 보색 대비에서 색채는 서로 균형을 갖는다.

밀라노의 호텔에서, 디자이너 패트리샤 울키올라 Patricia Urquiola는 실내에 특별한 힘을 부여하는 재료와 빛의 역동적인 팔레트를 통해 두드러진 대조를 활용한다.

Patricia Urquiola, Milan hotel Room Mate Giulia. Photo by Ricardo Labougle

동시 대비

동시 대비는 시각적인 착시 현상으로 생겨난다. 제시된 색의 보색은 그 자체로 객관적으로 존재하지 않는다. 다만 시각적으로 나타난다. 동시 대비는 인접한 중립적 색채 혹은 보색이 아닌 다른 색채가 필요하다. 특별히 착시적인 색상과 함께 배경을 볼수록 동시 대비 효과는 더 강하게 나타난다.

동시 대비는 사진으로 잡아내기가 어렵다. 몬트리올 컨벤션 센터 Montréal Convention Centre에서 Saia Barbarese Topouzanov는 도색된 표면 위로 부가적인 색을 더함으로써 놀이하듯이 빛을 활용하였다. 하루 종일 태양이 위치와 함께 색채를 변화시켜 가면서 새로운 조합들이 만들어진다.

Saia Barbarese Topouzanov Architectes; Tétreault Parent Languedoc et Associés; and Hal Ingberg. Photo by Marc Cramer.

채도 대비

색채는 차이 나는 결과들 얻기 위하여 4가지의 방식을 통해 원래의 색채가 가진 감각을 희석시킨다. 화이트를 더하는 것은 색채를 더 차갑게 만든다. 블랙을 더하면 색채의 총제적인 생기를 감소시키고 우울한 감각을 부여한다. 빛이 제거되면 매우 어두워진다. 그레이를 추가하는 것은 색채의 밀도를 감소시키고 색채의 감각을 중성화시킨다. 보색을 더하는 것은 다양한 효과를 만들어낸다. 혼합되는 색채의 강도에 따라서, 상대적인 온도와 색채는 변화한다.

오피스 디에이 Office dA에 의해 디자인 된, 로디 아일랜드 스쿨 오브 디자인 Rhode Island School of Design은 자연색의 색채 팔레트를 사용하며 이 색채들은 저절로 채도 대비를 만들어 낸다. 브라운과 예로우의 다양한 명암 단계가 고전전인 건축 공간을 딱 맞을 만큼 훌륭하게 채워준다. 기존 건축물에 남겨진 차가운 색채의 향기까지도 이 계획의 성공적인 분위기에 기여한다.

Office dA. Photo by John Horner.

확장 대비

확장 대비는 색채가 다른 색채와 관계하여 발산하는 상대적인 힘의 대비다. 색채와 명도에 따라서 다르며, 다른 색채를 부가할 때 조심스럽게 대비시킴으로써 두 색은 균형을 이룬다. 대조를 위한 다양한 조작을 통해 적절한 비례를 찾아야만 색채는 조화롭게 대비된다.

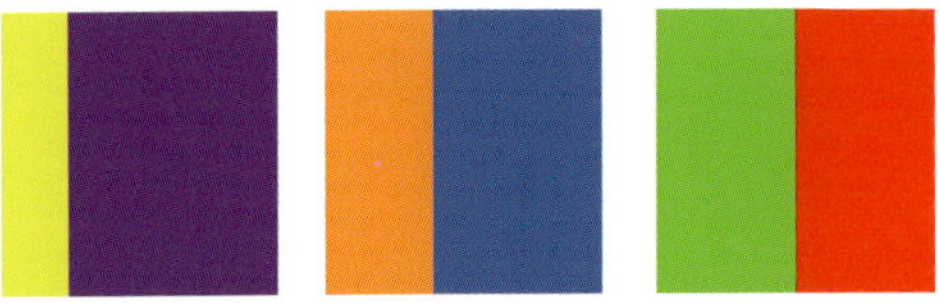

균형은 확장의 대비 이면에 있는 기본 원리다. 이러한 중이층 아파트 공간에서, 이폴리토 플라이츠 그룹 Ippolito Fleitz Group은 색채 균형을 효과적으로 사용한다. 강력한 색채의 대비, 밀도 높은 그래픽 요소, 복잡한 시퀀스의 텍스타일을 혼합하여 균형의 감각을 얻는다.

Maisonette P155 Apartment by Ippolito Fleitz Group. Photo by XXX

색채 용어

비록 색채 명명법에 따라서 특별한 색을 이야기하는 것이 어렵다고해도, 사용되는 일련의 색채 조합 혹은 하나의 색을 세밀한 방식을 객관적으로 평가할 수 있는 용어를 발전시키는 것은 중요하다. 색채의 효과를 논의할 때, 다음의 용어는 공통적인 어휘의 시작점으로 활용될 수 있다.

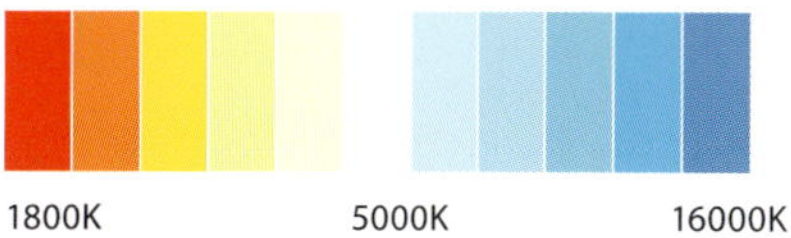

색 온도

색채

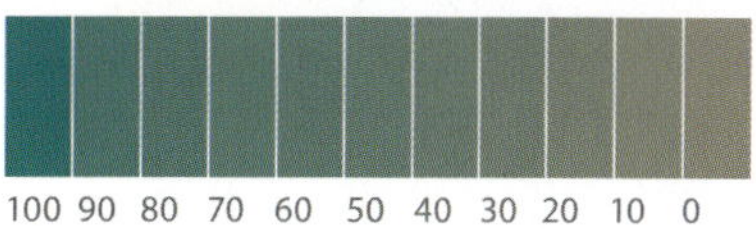

채도

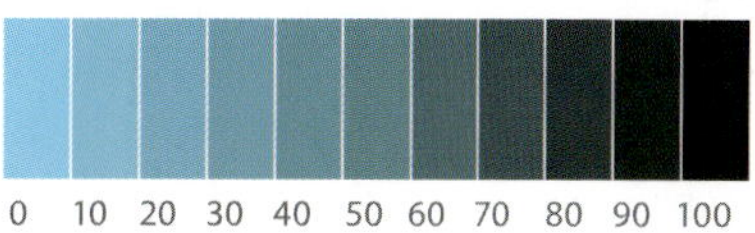

명암

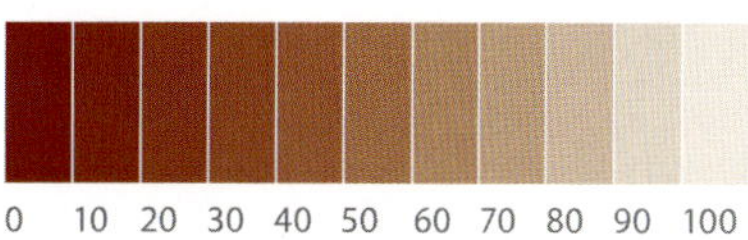

틴트

색채 공간: 색채의 최종적인 결과물을 언급하는 것으로, RGB 색상은 전형적으로 발광 색상에 사용되지만, CMY는 흡수매체를 위한 색채로 사용된다.

색 온도: 켈빈 온도로 측정한 광원의 온도. 낮은 온도는 따뜻한 것으로 여겨진다. 옐로우 느낌이 오브제에 감싸진다. 반면 높은 온도는 더 시원하게 느껴진다. 오브제에는 블루 느낌이 더해진다.

색채: 가시광선에서 보이는 색채의 변화

팬톤: 프린트, 텍스타일, 페인트에 사용되는 색을 구분하기 위한 특별한 색채 관리 시스템

원색: 혼합되었을 때 다른 색채를 만들어 낼 수 있는 색채의 그룹. 원색은 다른 색으로 만들어 낼 수 없다.

중간색: 두 가지 원색을 각각 50:50 으로 섞어서 만들어낸 색채

채도: 색채의 밀도 혹은 강도, 화이트와 다른 차이의 정도를 표현하는 용어

계획: 조화로운 배색을 위한 색채를 조직하고자 하는 방식

명암: 기존의 색채에 블랙의 색채를 더해서 나타나는 결과적 단계

틴트: 기존의 색채에 화이트를 더함으로써 변화하는 결과적 단계

톤: 색채와 그 색채의 보색을 혼합하여 만들어지는 결과, 같은 량을 섞을 경우 그레이가 된다.

색채와 공간

색채를 선택하고 이 색채를 사용하여 디자인하는 프로세스는 인테리어 디자인에 있어서 매우 중요한 영향을 끼친다. 디자이너의 결정은 프로젝트의 공간적인 이해를 극단적으로 변화시키며 어떻게 프로젝트가 발전되는가에 영향을 미친다. 정보와 감각적 의도로 사용될 때, 색채는 표면에 지각 가능한 무게를 부여할 수 있다. 또한 공간의 기본적인 비례를 변화시키며 색채는 다양한 방식으로 조용한 분위기 혹은 자극적인 요소가 될 수도 있다. 디자이너는 색채의 표면 효과를 이용하고 탐구함으로써, 풍부한 가시적 색채와 재료 팔레트의 바탕을 만들 수 있다.

색채의 볼륨적 접근

공간의 모든 부분을 하나의 색채로 도색하는 것은 공간을 볼륨화하는 효과를 갖는다. 색채를 이렇게 사용하는 방식은 특별히 작은 공간을 더 크게 보이도록 만드는 효과가 있고 색채의 선택에 따라 더 직접적으로 영향을 받는다. 도어를 통해서 여러 방들의 연속적인 흐름이나 병렬적인 공간 배치를 갖는 곳과 같이 연쇄적으로 공간을 디자인해야하는 여건에서 색채의 볼륨적 접근은 매우 효과적으로 작용한다.

가구와 기구 등의 요소들은 공간의 볼륨적 이해를 강조할 수 있다. 여기에서 의자는 붉은 벽체와 함께 어울리며 공간의 치수에 대한 관심을 유도한다.

색채의 평면적 접근

색채는 2배 높이의 거실 혹은 다락과 같은 공간의 수직적 연계성 혹은 공간의 주어진 연속성 안에서 평면을 강조하는데 사용할 수도 있다. 장애요소를 무시하고 벽체의 길이 전체를 도색하는 것은 디자인된 공간을 통해 시선을 유도하고 벽체의 단부에 있는 요소를 강조할 수도 있다. 그것이 가벼운 집기, 가구, 예술품이든 강조할 수 있다. 평면적 색채는 수직적으로 바라보는 표면을 더 가깝게 혹은 멀게 보이게 할 수 있다.

하나의 출입구를 갖는 연속적인 공간의 벽체 길이 전체를 채색하는 것은 특별한 평면적 요소를 강조할 수 있다.

서로 나란한 연쇄적인 두 벽체를 동일한 색채로 채색하는 것은 공간의 평면적 요소를 더욱 강조한다.

디자인 요소의 강조

출입구, 창틀의 디자인, 청장의 효과, 재료의 연결과 같은 디자인 요소를 강조하는 것은 디자인의 다양한 측면에 관찰자의 관심을 유도한다. 천장의 표현하는데 사용되는 재료의 채색의 경우, 인접한 오브제보다 더 어두운 색채를 사용하는 것은 채색된 오브제가 떠오르는 느낌을 만들 수 있다. 벽체의 출입문 색채를 강조하는 것은 관찰자가 출입구를 중요하게 인지하는 실마리를 제공한다. 흰 벽에 붉은 출입문은 벽체와 동일한 색의 출입문보다 공간적 존재감을 갖는다.

색채는 디자인의 특정한 측면을 두드러지게 하는 데 사용될 수 있다. 예를 들어, 장식 재료, 몰딩 그리고 재료와 같은 요소는 주변과 대조되는 강한 색채로 채색될 경우 더욱 강조된다.

공간 사이의 흐름은 매우 대담하거나 밝은 색채를 사용하여 강조할 수 있다. 또는 인접한 표면의 색채와 잘 매치되도록 채색함으로써 시선에서 약화시킬 수도 있다.

공간의 비례 변화

색채는 공간 비례를 지각하는 방식을 변화시킬 수 있다. 특정한 정보에 색채를 추가함으로써, 페인트에 광택을 변화시키거나 식의 상부 부분을 어둡게 함으로써 디자인에 특별한 공간적 지각을 부여할 수 있다. 색채의 조심스러운 조작과 추가를 통해서 공간은 더 작거나 크게도 보여질 수 있다. 그리고 기이한 공간적 표현도 부분적으로 가능하다. 기하학적이고 추상적인 패턴을 갖는 색채 사용은 공간을 더 풍부하게 할 수 있다.

색채를 공간의 절반보다 낮은 부분에 추가함으로써 가구와 예술작품 등의 요소들을 위한 강조 선들을 만들어 냈다.

색채를 공간의 상부에 추가함으로써 공간의 인식 가능한 높이를 축소시킬 수 있다.

Chapter 10: 재료

재료는 인테리어 디자이너가 사용할 수 있는 색상 팔레트의 본질이다. 재료는 즉각적으로 디자이너의 시각을 기호화하고 인테리어 디자인의 발전 과정에서 거의 모든 결정을 드러낸다. 재료는 색채, 빛, 텍스쳐, 패턴의 문제를 직접 함의하며 디자이너는 모든 프로젝트에서 재료를 규정해야만 한다. 올바른 결정을 내리기 위하여, 디자이너는 순수한 기능적 측면에서부터 미학적 측면에 이르기까지 재료가 가진 무수한 특성을 학습해야 한다.

이야기할 필요도 없이, 디자이너에게 유용한 재료의 범위는 광대하다. 이 장에서는 공간의 기본적인 요소들을 어떻게 다루어야 하는가의 필수적인 근본을 이해할 수 있다. 이 책의 공간적인 한계로 많은 다른 중요한 재료가 언급되지 못할 수도 있다. 다양한 종류의 유리 제품에서 금속, 기타 판재와 제품화된 수지 제품에까지 매우 넓은 종류의 재료들이 있다. 이 장은 더 많은 재료 활용 연구를 유도할 것이다. 특별한 인테리어 디자인에 훌륭한 재료를 선택하는 디자이너의 능력은 지속적인 연구 과정을 통해 발견되어야만 한다. 라이브러리를 건축하는데 중요한 것은 재료적인 측면에서나 문학적인 측면 모두에서 고려되어야 하며 재료와 디자인 결과에서 가장 최신의 정보와 기술을 활용할 수 있어야 한다.

벽체의 활용

벽체는 실의 공간을 한정하거나 인테리어를 통해 움직임의 연속성을 한정한다. 많은 측면에서 벽체는 디자인의 중요한 공간적인 도구이며, 벽체의 마감재는 가장 중요한 요소가 된다. 벽체의 표면에 적용될 수 있는 마감재의 다양성은 간단한 도색으로부터 복잡한 패널을 부착하거나 석재 판재에 이른다.

페인트

페인트는 인테리어 공간에 색채를 더하거나 내구성 혹은 장식을 더하는데 사용된다. 특별히 벽체에 적합한 용도의 페인트는 상대적으로 저렴하지만 강력한 효과를 얻을 수 있다. 모든 페인트는 4가지의 기본적인 재료로 만들어졌다. 색소 pigment, 응고제 binder, 건조제 drier, 용해제 solvent로 이루어진다. 색소는 페인트의 색채를 만들고 응고제는 일반적으로 레진 resin을 사용하며 색소를 감싸고 있다. 건조되면서 페인트의 수지막을 형성한다. 건조제는 응고제가 빠르게 마르도록 한다. 마지막으로 용해제는 페인트를 붓이나 롤러로 벽체에 바를 수 있도록 묽게 풀어내는데 사용된다. 벽체에 도포된 페인트는 마르게 되면서 색소와 응고제만 남게 된다. 페인트가 칠해져 가려진 면적은 혼합된 용해제이 향에 따라서 달라진다. 용해제가 작을수록 도색은 더 훌륭한 품질을 갖게 된다. 페인트에는 도색 대상의 내구성을 높이기 위하여 다양한 다른 부가적 재료를 더할 수 있다.

페인트의 유형	특성
프라이머 페인트	모든 페인트 마감에 사용되며 최종적인 표면처리의 성공여부는 페인트칠을 하고자 하는 벽체 혹은 오브제의 사전 처리 작업에 달려있다. 페인팅을 하기 전에 벽체를 기본 정리하는 것은 공통되는 작업이다. 몇 방울의 색소를 프라이머에 첨가하여 바탕면을 정리하고 흠을 덮거나 가리는데 더 나은 결과를 가져온다. 프라이머는 종종 광택을 변화시키기 위한 밑작업에도 쓰인다. 프라이머는 모든 도장되지 않는 표면, 도배지, 부분 수리 및 덧댄 벽면, 패널, 얼룩진 곳, 녹슨 곳, 기존의 유성 페인트면, 다양한 색채로 채워진 바탕에도 사용된다.
라텍스 페인트	라텍스 페인트는 수용성의 합성 폴리비닐 재료로 만들어지며 쉽게 도장면을 청소할 수 있다. 라텍스 페인트는 유성 페인트 보다는 좀 더 빨리 건조되고 건조되면서 페인트 냄새와 가스를 덜 배출한다. 빠른 건조시간 때문에 빠른 반복적인 도색이 가능하다. 라텍스 페인트는 유성 페인트보다는 더 신축성이 있으므로 바탕 재료 표면의 신축에 따라 흠결이 생기는 경우가 적다.
알키드 페인트	유성 페인트는 내구성과 마모, 마찰에 더 강한 경향이 있다. 알키드 수지로 만든 페인트는 라텍스 페인트보다 늦게 건조된다. 결과적으로 더 부드러운 마감면을 만들어 내고 페인트를 칠하면서 생기는 레이어와 붓질 흔적을 없애고 도색면의 차이를 줄여준다.
에나멜페인트	에나멜페인트는 마르면서 표면이 특히 단단하고 내구성이 뛰어나다. 이 마감은 일반적으로 바니시를 첨가하여 만들어지며 기본 페인트 보다 더 단단하게 마감된다. 에나멜은 벽체에 사용되며 가정용품, 신호판, 다른 방수 코팅이 필요한 대상에 도색한다.
스테인과 바니시	페인트의 대안으로 스테인을 착색 마감재로 사용할 수 있는데 스테인은 일반적으로 나무에 사용하는데 사용하면서 재료에 흡수 된다. 스테인은 투명도의 차이가 있는데 스테인을 바르는 곳의 바탕 재료를 얼마나 시각적으로 보여줄 것인가를 조절할 수 있다. 스테인은 마감재로서 단일하게 사용하는 것은 적절치 않다. 내구성을 갖는 표면을 만들기 위해서 바니시와 함께 사용한다. 바니쉬는 여러번 칠하는 것이 가능하며 투명한 필름을 형성한다.

페인트의 광택

페인트로 마감된 표면은 종종 그 광택과 관련하여 언급된다. 건조된 상태에서 페인트가 갖는 광택정도에 따라 구분되기도 한다. 특별한 용도를 위해 페인트의 광택을 선택할 경우에 페인트는 어떻게 작용할지 그 내구성과 도포될 수 있는 정도와 건조, 유지 정도 등에 영향을 미친다. 광택은 도포된 표면에 반사되는 색채와 조명에 영향을 받으며 다양한 측면에서 공간의 여러 특성들을 강조하는데 필요한 요소이다.

페인트의 광택	특성
플랫(무광, Flat)	광택이 없고 반사되지 않으며 표면의 흠을 가릴 수 있으며 녹을 없앨 수는 없다. 많은 사람들의 이동이 일어나지 않는 공간에 유용하다.
에그쉘(약광, Eggsheell)	광택은 없고 플랫보다는 더 반사된다. 표면의 흠결을 가릴 수 있고 녹을 두텁게 발라 지울 수 있다. 중간 정도의 인원이 이동·사용하는 공간에 유용하다.
사틴(고은 광택, Satun)	최소한의 광택이 있다. 에그쉘보다 반사되며 플랫이나 에그쉘보다 내구성 있는 마감을 가지며 표면을 깨끗하게 유지하기 쉽다. 대부분의 공간에 유용하다.
세미 그로스(반광택, Gloss)	약간 광택이 나는 표면을 갖는다. 매우 높은 내구성과 쉽게 청소할 수 있는 표면을 갖는다. 또한 습도에 잘 견디고 습한 곳에서도 유용하다.
그로스(광택, Gloss)	매우 잘 반사하는 도색 표면은 트림, 몰딩 같이 눈에 뛰는 디테일 갖는 곳에 유용하다. 출입구 혹은 캐비닛에도 이상적이다.
실링 플렛(Ceiling Flat)	방울방울 떨어지는 경우가 없고 천장에 도색할 때 특별히 사용된다.

페인트 광택의 선택

침실 Bedroom : 플랫, 에그쉘, 사틴으로 마감하는 것이 적절하다. 특별한 경우 그로스 역시 효과적이다.

홀과 복도 Hall and Corridors : 에그쉘과 그보다 광택이 높은 것으로 하는 것이 좋다.

주방, 욕실, 다른 습기가 많은 영역 Kitchens, Bathrooms, and other Wet Area : 내구성이 높은 세미그로스 혹은 그로스 마감이 선호된다.

거실 Living Room : 에그쉘 그리고 그보다 더 광택이 있는 페인트칠이 선호된다. 플랫은 천장에 사용하는 것이 최고이며 창문, 출입문, 테두리 장식 등에는 그로스를 사용한다.

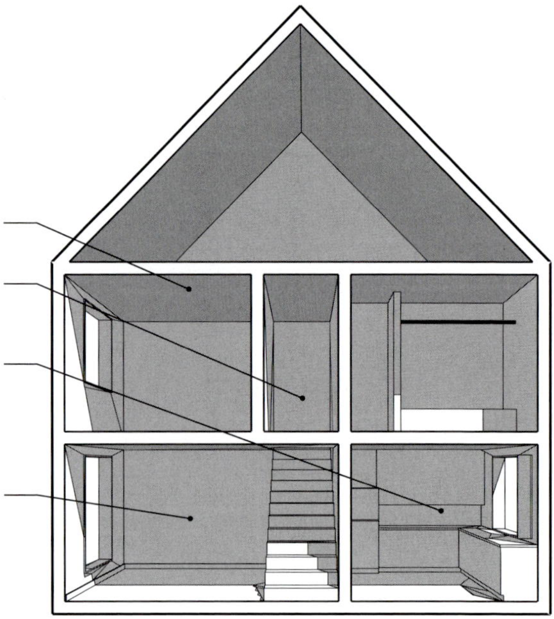

벽지와 비닐

벽지 혹은 비닐 등 벽체를 도배라는 재료는 단순한 마감방식을 가지며 프린트된 면을 입면으로 하고 뒤편을 벽에 부착한다. 앞면은 수직적으로 구획된 벽체에 적용될 수 있도록 장식된 표면으로 처리된다. 벽지와 비닐은 인테리어 디자이너에게 많은 편의성을 제공한다. 재료의 내구성은 물론 표현의 흠결을 가리고 순수한 미학적 표현의 가능성을 제공한다.

상업적인 기존제품들과 비교하여, 거주지의 벽체 마감은 전체가 아닌 부분을 위하여 디자인된다. 가정용 제품은 매우 다양한 패턴과 아이디어 제품을 제공한다. 이 제품들은 설치되는 공간의 분위기를 바꾸어 준다. 이러한 제품은 일반적으로 두 가지로 생산된다.

도배지

주거용 도배지는 일반적으로 530mm와 795mm, 1060mm 폭의 롤 형식으로 제작되며 길이 15.5m까지 생산된다. 종종 판형으로 제작되어 부착할 수도 있고 이미 본드가 부착되어 스티커 형식으로 붙일 수도 있다. 벽지는 상업적인 공간에서 사용하기에는 내구성이 약하다.

벽체 비닐

벽체 비닐은 도배지와 거의 비슷하다 다만 수지로 코팅되어 있고 내구성이 크고 쉽게 청소할 수 있게 만들었다. 일반적으로 많은 사람들이 사용하는 공간에 적합하며 상업적인 공간에도 자주 사용된다. 일반적으로 상업적인 용도의 롤은 종이 도배지의 규격과 동일하다.

표면의 준비

사용되는 도배지가 어디에 도배되는가와 상관없이, 부착 표면은 페인트 표면과 마찬가지로 사전 준비가 필요하다. 벽체에 도배를 위한 준비는 몇 가지 방식이 있다.

표면 사전 처리	특성
프라이머	페인트 사전 준비와 마찬가지로, 프라이머 코트는 도배를 위한 준비 작업으로 깨끗한 표면을 만든다.
실러(실란트)	작업표면이 물에 젖었다면, 오일 혹은 수용성 실러로 벽체를 사전 처리한다. 실러는 기존 벽체 마감재를 쉽게 제거하는데 사용된다.
월 라이너	일부 깨어지거나 표면에 있는 다른 종류의 흠결이 있을 경우, 월 라이너를 도배 전에 부착하여 시공한다.

패턴의 유형

랜덤 매치

랜덤 매치는 도배지 혹은 비닐을 사용하는데 가장 효율적인 방식이다. 수평적으로는 일치 시킬 패턴이 없기 때문에 부착 재료는 필요한 만큼 어디서나 재단하여 사용할 수 있다.

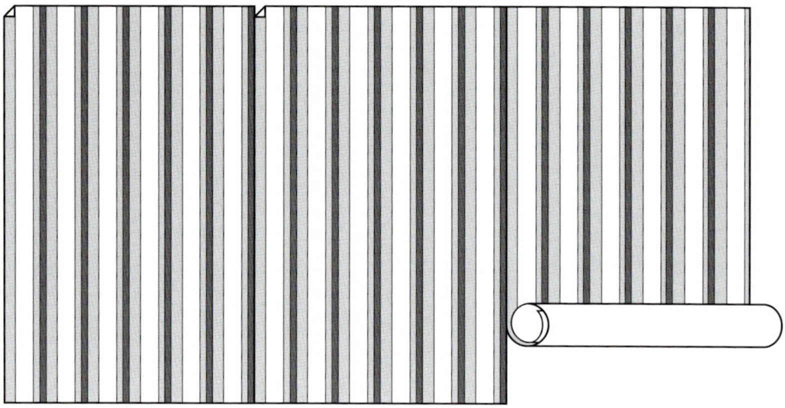

스트레이트 매치

스트레이트 매치는 도배지를 가로지르는 일정한 문양이 동일 간격으로 반복된다. 벽에 설치시 패턴은 동일한 높이에서 맞도록 천장선에서부터 필요한 만큼 재단하여 사용한다.

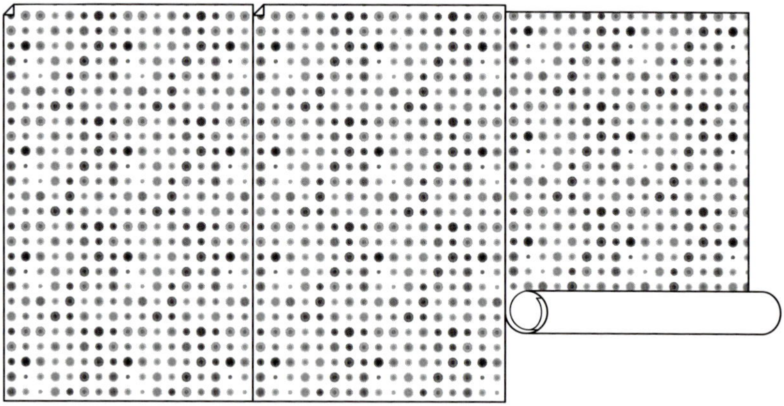

드롭 매치

드롭 매치는 가장 손실이 클 가능성이 있다. 패턴은 천정선에서 동일한 거리로 재단되지 않고 일정한 대각선 거리로 재단된다.

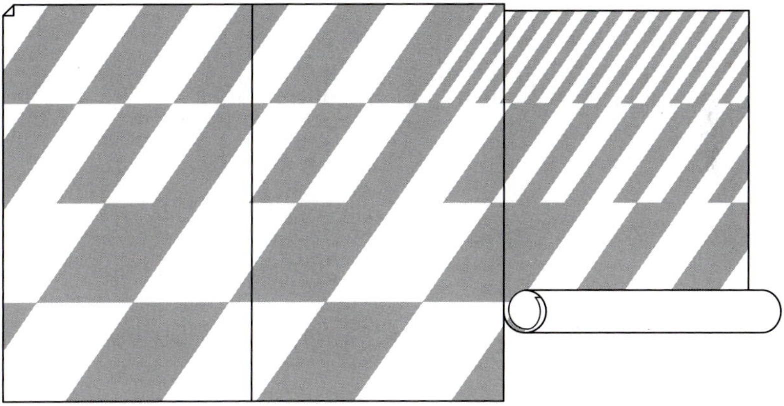

플로킹

플로킹은 도배지나 비닐의 표면에 작은 섬유를 부착시키는 과정으로 생산된다. 기본적으로 벨벳을 잘라 붙인 모습으로 만들어진다. 플로킹 도배지는 일반적으로 매우 장식적이다. 그 부드러운 표면 질감은 공간의 다른 재료들과 친밀성을 증가시킨다.

다른 형태의 벽체 마감

뱍체 마감의 기술적인 발전과 새로운 표현방식은 인테리어 디자이너가 그러한 재료에 접근하는 방식을 변화시켰다. 이러한 마감의 시도들은 그래픽과정, 스케일과 치수 그리고 재료를 다룸으로서 가능해진다.

180 Walls. Photo courtesy of Designtex.

상업적인 용도의 벽체 마감

상업적인 용도의 벽체의 마감은 쉽게 범주를 나누기 어렵다. 재료의 유형들은 동일한 표면에 혼합되어 있고 서로 다른 이질적인 재료들이 혼합되기도 한다. 이러한 유형은 감각적이미 미학적인 수준을 높였음에도, 기술적으로 잘 고려된 넓은 표면을 만들어낸다.

MIT Samuel Tak Lee Building. Photo by Justin Knight.

환경 그래픽

길을 찾거나 장소의 표현, 직설적인 그래픽은 디자인 프로젝트를 통해 통합된다. 즐거움에서부터 세심한 해결방식에 이르는 재료의 범위, 조명 기술, 다양성은 공간을 이동하는데 있어 흥미로움을 증가시킨다.

FilzFelt Akustika for Harvard University's Biological Laboratories. Photo courtesy of over,under.

음향처리

디자인이 더욱 세심하게 진행될수록, 디자이너가 선택하는 다양한 재료에 대하여 음향 통제에 대한 요구는 더 중요해진다. 다공질의 표현을 활용하는 것은 많은 작은 기공들이 소음을 흡수하기 때문에 사용된다. 그러한 음향학적 이점은 재료가 얼마나 큰 소음을 감소시키는가에 따라 측정된다.

Green Wear. Photo courtesy of Designtex.

텍스타일(직물)

텍스타일(직물) 마감은 표면 처리를 워한 기술적인 공정이 이루어진 섬유조직의 특별한 집합물이다. 택스타일은 종이 위에 접착시켜 만들어지며 일정한 두께의 재료 안정성을 제공하고 부착 시 사용되는 접착체의 흡수를 방지하는 기능이 요구된다.

플로링

플로링은 인테리어 프로젝트에서 모든 벽체 시스템과 통합적으로 이루어진다. 플로어는 색채, 음향, 반사 등에 영향을 미치는 기본적인 배경으로서 디자이너에게 영향을 미친다. 플로링 마감재는 단단하고 부드러운 표면을 가진 조합으로 디자인되거나 연속 재료로 시공할 수 있다. 통합적인 바닥 마감과 함께, 적정 면적의 러그와 카펫 타일을 사용하는 것도 전략적인 디자인 계획에 유용하다.

난방 플로어 시스템

인테리어 공간에 플로어를 설치할 때, 디자이너는 다양한 난방시스템과 함께 난방 플로어 시스템을 포함하는 경우가 있다. 난방 플로어는 다양한 장점을 갖는다. 이 시스템은 히팅 시스템 장치들을 보이지 않게 감추고 기타 배관이나 루버들도 드러나지 않게 작동시킬 수 있다. 그러자면 디자인과 함께 결합되어야 하며 에너지 효율을 높이고 난방비용을 절감할 수 있고 강제 흡배기 시스템을 통해서 분진이나 다른 물질들을 생성하지 않도록 한다. 나아가 난방 플로어 시스템은 공간을 통해서 열을 한곳에 집중시키지 않고 분산시킬 수도 있다. 이 방식은 심지어 난방을 더 편리하고 전체 온도를 설정도 낮출 수 있다.

그리고 난방 시스템에 관하여 알아야만 할 것은 콘크리트 플로어와 함께 일반적으로 활용되며 기존의 다른 유형의 바닥 재료와 함께 설치된다. 예를 들면 목재 플로어 혹은 다른 판재 시스템과 사용된다. 혹은 카펫이나 비닐 마감과 함께 설치된다. 알아두어야 할 것은 자연적으로 단열효과를 갖는 재료는 난방 시스템의 복사 효과를 감소시킨다. 더구나 목재 시스템 패널은 열이 가해질 경우 목재가 축소되거나 균열이 생길 수도 있으며 따라서 공학적으로 사전 처리되어야 한다.

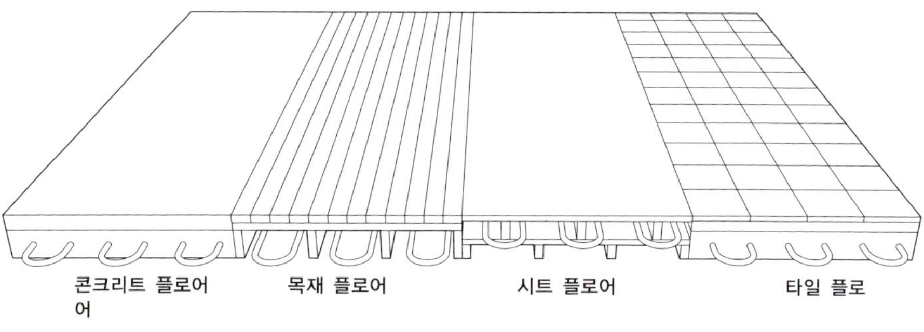

현장 타설 플로어 시스템

많은 유형의 플로링 방식은 현장에서 직접 물과 재료를 부어서 만든 poured-in-place 것이다. 이러한 바닥은 시공 후 바닥면을 형성하고 연속적이며 하나의 표면으로 마감되어 광택을 더하게 된다. 습식으로 타설해서 만드는 바닥은 잘 준비된 바닥 재료위에 만들어지며 박테리아 등에 높은 내구성을 가지며 화학적 변화와 마모에 인한 손상에도 잘 견딘다.

콘크리트 플로어

노출 콘크리트 exposed concrete는 중요하게 강조하고자 하는 공간에는 효율적인 마감이 될 수 있다. 이러한 공간의 미적 표현은 순수한 산업적인 관점을 요구하는 곳에서 적절하다. 콘크리트 마감은 내구성이 좋고 경제적이다. 동시에 소리가 잘 반사되고 경우에 따라서 빛도 잘 반사된다. 더욱이 콘크리트 플로어는 자연 환경의 표면처럼 작동할 수 있다. 만약 슬래브가 지표면 위에 직접 타설되어 지어진다면, 지면의 온도가 플로어 위로 직접 전달되어 공간을 데이거나 식힐 수 있다.

콘크리트 마감은 기존의 바닥 플로어 시스템에 더해질 수 있다. 스킴 코트 Skim Coat(바닥 마감재를 붙이기 전에 모르타르 혹은 접착제 등으로 얇게 바닥면을 정리하는 작업)와 얇은 두께의 사전 바닥 마감은 잘 준비된 바닥을 만들어 비슷한 재료의 콘크리트 혹은 다양한 마감재의 시공을 용이하게 한다.

스테인(착색, Stains)

화학적인 스테인은 콘크리트 석회 성분과 반응하여 슬래브의 표면에 색채를 착색시킨다. 산성성분은 콘크리트의 최상위 레이어에 침투하여 스테인을 흡수시키도록 한다. 스테인 과정은 표면 처리 과정이지만, 색채의 마감정도와 두께는 사전에 예상할 수 없다. 더욱이, 콘크리트에 미치는 영향은 도색재가 미치지 않는 곳까지 영향을 미칠 수 있다.

스테인은 다양한 방식으로 적용된다. 붓이나 로울러, 스프레이 등을 사용하며, 나뭇잎과 나뭇가지 등의 자연적인 재료를 사용하여 표면의 깊이를 만들기도 한다. 또한 패턴을 각인할 수도 있고 표면을 깎아 내거나 다른 색상들을 입히고 동일한 면에 다른 효과를 줄 수도 있다.

색채의 혼합

다른 채색 프로세스는 콘크리트 혼합물에 액상 혹은 분말의 색소를 첨가하기도 한다. 화학적 스테인 작업과 달리, 이 방식은 훨씬 더 오래 통일된 색채를 만든다. 결과적으로 스크레치 혹은 파손 등에 의한 보수를 할 필요가 거의 없다.

실러와 왁스

실러(실란트)와 왁스는 깨끗한 코팅재로서 콘크리트 마감면에 내구성을 강화시킨다. 이 재료는 또한 스테인 마감면에 깊이를 더하고 자연적인 모습을 더해준다. 왁스는 적절한 미끄러짐 효과를 이해하고 사전에 여러 상황을 고려해야만 한다. 이러한 평가의 기준에는 플로어의 마감상태가 가진 안전성과 내구성 등이 중요하다. 마감면의 미끄럼 계수는 0.5 혹은 그보다 큰 것이 바람직하다.

에폭시와 레진

에폭시와 레진 플로어는 현장에서 서로 혼합되어 사용된다. 그리고 단일한 슬래브면 위에 흙손으로 바르는 방식을 사용한다. 이 마감은 얇지만 매우 내구성이 크고 화학적인 혹은 다른 치명적인 재료들의 변형과 마모에 강하다. 마감면은 연속적이며 다양한 색채를 혼합할 수 있다. 다양한 혼합시 미끄럼 계수를 낮출 수 있는 재료를 섞을 수 있다. 상업적이거나 공공기관 혹은 연구시설의 경우에 훌륭한 마감 방식이 될 수 있다.

테라조(인조석 물갈기, Terrazzo)

테라조 플로어는 시멘트 혹은 에폭시 판에 대리석 조각을 넣어 자유로운 모자이크 플로어로 만들어진다. 이러한 혼합의 결과는 모르타르 위에 평탄하게 마감하여 광택을 가지며 줄눈을 만들어 마감한다. 테라조는 슬래브와 타일로 프리캐스트 제작될 수 있다. 그러나 대체로 대규모 공간에서는 현장에서 직접 작업한다. 칩과 에폭시를 사용하여 만들어진 우연한 패턴은 아름다운 바닥 마감을 가능하게 한다.

테라조 내부에 작은 조각면을 구성하는 대리석 조각은 채석하고 잘게 자른 후 이 재료가 사용될 수 있는 마감의 종류에 따라서 스크린(거름망, Screen)을 이용해 선별하여 사용된다. 이 대리석 모자이크의 크기는 다음 표와 같이 단계적으로 구분된다.

크기 번호	스크린 통과 크기	스크린 거름 크기
#0	3.2	1.6
#1	6.4	3.2
#2	9.5	6.4
#3	12.7	9.5
#4	15.9	12.7
#5	19.0	15.9
#6	22.2	19.0
#7	25.4	22.2
#8	28.6	25.4

나눔 줄눈(줄눈 철물)은 전형적으로 아연, 알루미늄, 황동 혹은 플라스틱으로 만들어지며 테라조 바닥에서 수축을 조절한다. 이 띠를 두고 색채를 변화시키거나 콘크리트 바닥판에 조인트를 설치하는 곳에 함께 설치한다. 알루미늄 나눔 띠는 에폭시 시스템에서만 쓴다. 나눔 띠는 다양하고 복잡한 패턴으로 만들어져 사용된다.

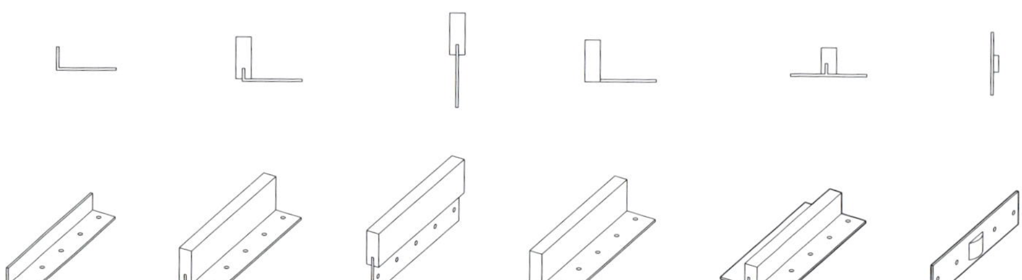

L 형 줄눈 | 큰 머리 L 형 줄눈 | 큰 띠 | 확장 L 형 | 큰 띠 T 형 | 기본 띠

테라조 마감

구 분	두 께	줄눈 간격	장 점
모래 바탕	테라조 13mm포함 전체 두께76mm	줄눈 중심선 간격이 1.2m이하	전체 구조 중 낮은 층의 인테리어 바닥에 사용, 바닥 마감면과 분리시켜 독립된 판재를 형성, 패턴과 색채에 유리.
본드 바탕	테라조 13mm 포함 전체 두께 45~57mm	줄눈 중심선 간격 (1.8~2.4m)	최소한의 두께를 사용할 때 유리, 모르타를 바닥면이 필요, 벽체 혹은 다른 수직 표면에 유리
콘크리트 바탕	13mm 테라조	6m x 6m 스팬에 모든 줄눈은 콘크리트 바닥 조인트 설치	직접 콘크리트 바닥면에 시공, 넓은 면적에 경제적이고 이상적이다.
얇은 테리조 마감	6~9.5mm (9.5mm에만 2열 쇄석을 사용)	6m x 6m 스팬에 모든 줄눈은 콘크리트 바닥 조인트 설치	직접 콘크리트 바닥면에 시공, 다층의 시공에 이상적, 다양한 색채 범위를 활용할 수 있고 화학적 오염에 강하다.

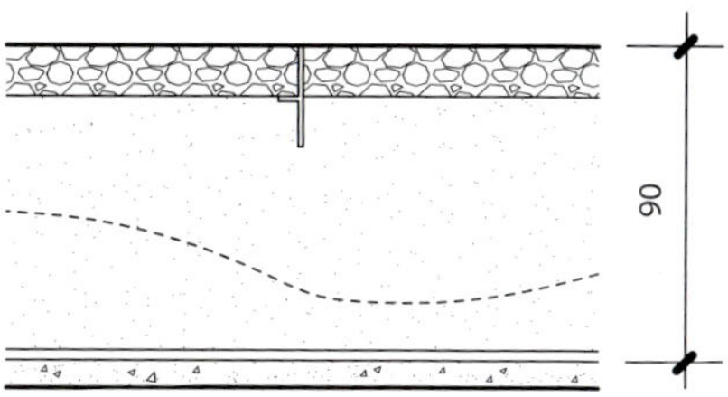

모래 바탕

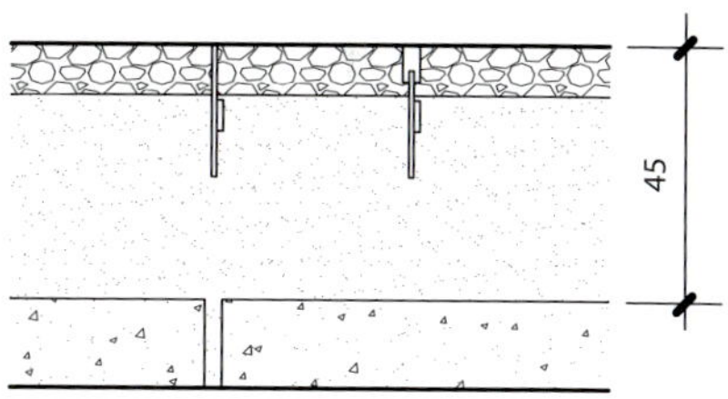

본드 바탕

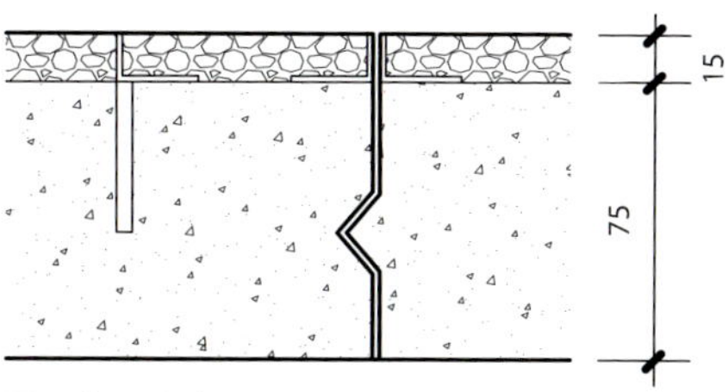

콘크리트 바탕

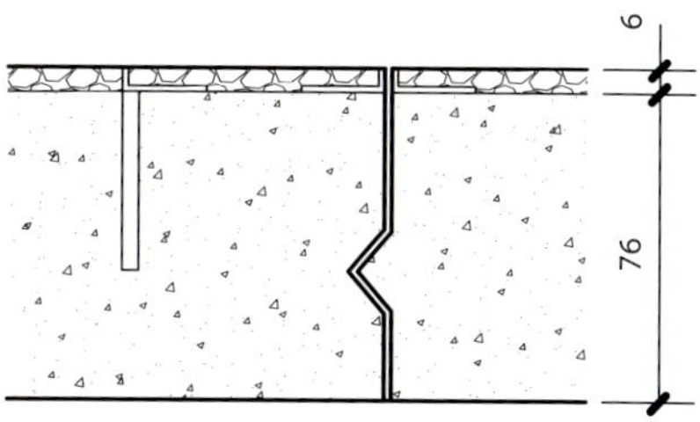

얇은 테리조 마감

석재 바닥

석재 바닥은 인테리어 공간에 미적인 효과와 함께 내구성을 갖는다. 여러 색채, 마감, 크기, 패턴의 조합을 사용하면서, 석재는 디자이너에게 가장 다양한 가능성을 갖는 재료중 하나이면서 바닥은 물론 벽체, 작업대 등에 모두 적합하다. 석채의 재질은 부드러운 것으로부터 단다한 것까지 다양하고 다공질의 재료에서 불침투성의 재료까지 있다. 의도된 목적에 활용하기 위하여 적절한 석재를 선택하여 제품을 생산하는 것이 가장 좋다. 바닥면의 설치에서, 석재는 석재 규격 판재와 석재 규격 타일로 사용한다.

석재 규격 판재

석재 규격 판재는 자연 재취된 석재로부터 가공하며 특별한 형태, 크기, 두께로 재단된다. 규격 판재는 한번 혹은 그 이상의 기계적인 처리를 한 표면을 갖는다. 버너구이 혹은 연마방식을 갖는다. 또한 두꺼운 모르타르 혹은 고정 철물로 고정하여 사용한다.

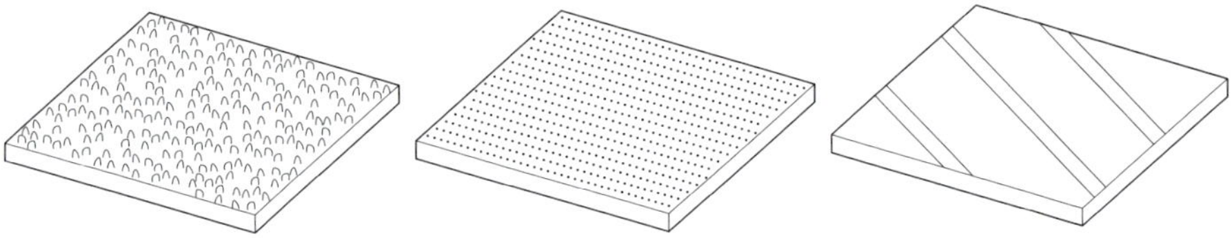

버너 작업 혹은 열가공 작업

거친 마감면을 얻기 위하여 석재를 가열하여 높은 온도에 노출시키고 급속도로 냉각시킨다. 이 미끄럼 방지 표현은 욕실 혹은 물을 쓰는 공간에 이상적이다.

연마 작업

이 부드럽고 고운 마감은 광택 작업 초기에 마무리하여 얻어진다. 더 부드러운 표면의 질감을 제공하며 충격과 훼손에 강하다.

광택 작업

매우 높은 반사광을 가지면서 광택을 갖는 마감은 고운 재료로 점진적으로 갈아서 얻어진다. 석재가 갖는 깊이와 색채를 드러내며 적절하게 처리하지 않을 경우 쉽게 미끄러지는 표면을 갖는다.

석재 규격 타일

석재 규격 타일은 기본적인 크기와 두께를 갖는 제품으로 채취된다. 대체로 20mm 이내로 생산된다. 전형적인 크기는 10cm x 20cm, 15cm x 15cm, 20cm x 20cm로 생산된다. 타일이 크면 클수록 더 쉽게 깨어진다. 타일 시공은 얇은 모르타를 위에 부착한다. 그러므로 바닥면은 매끈하고 평탄하면 좋고 휘어지는 곳에는 설치가 쉽지 않다.

석재 유형	형 성	특 성	시공 장소
석회암	퇴적 작용[1]	다양한 경도의 제품으로 규격 석재로 사용된다. 부드러운 석회암은 사람들이 많이 다니지 않는 장소에 사용된다.	바닥, 작업대 상판, 내부 마감
트래버틴	퇴적 작용	석회암 중 하나로 더 압축되고 줄무늬를 갖는다.	바닥, 작업대 상판
대리석	변성 작용[2]	다양한 경도를 가지며 폭넓은 색채와 유형을 갖는다.	바닥, 작업대 상판, 테이블 상판, 세면대, 벽난로, 문틀
화강암	화성 작용[3]	단단하고 치밀, 스크래치와 화학작용에 강함, 착색이 어려우나 다양한 색채로 활용가능하고 대부분 어두운 색이다.	바닥, 작업대 상판, 테이블 상판
슬레이트	변성 작용	얇은 판으로 쉽게 떼어지며 열적으로 안정하며 화학적으로 비활성이다. 표면처리를 할 경우 내구성이 뛰어나다.	바닥, 벽난로, 테이블 상판, 연구실 테이블
사암	퇴적 작용	석영과 규소로 이루어짐, 다양한 색채가 있고, 대체로 모래와 섞인 따뜻한 브라운, 옐로우, 레드 색채를 갖는다.	바닥, 작업대 상판, 내부 마감

1 물과 공기에 의하여 쌓여서 만들어진 침전물로부터 형성된 석재
2 열, 압축, 다른 자연적인 현상으로 인해 형성된 석재
3 용암 혹은 마그마로부터 용융되어 형성된 석재

목재 마루

원목 마루

원목 마루는 그 이름과 같이 목재로 만들어지며 재료는 하나의 재료로 가공된다. 가끔 흠결도 있고 다른 마감이 첨가되기도 하며 쉽게 표면처리를 할 수 있다. 재료는 물이나 기타 습기에 쉽게 영향을 받을 수 있기 때문에 마루 제작은 바닥 마루에 주로 사용된다. 재료는 여러 번의 재재를 통해 만들어진다.

플레인쏘(널결켜기): 가장 일반적인 켜기 방식으로 가장 많은 목재를 생산할 수 있다. 플레인쏘 판재는 다양한 무늬를 갖는다. 나무를 켜는 방향이 나이테를 더 분명하게 드러내며 목재 바닥에 독특한 무늬를 만들어낸다.

쿼터쏘(곧은결켜기): 목재의 중심과 60~90도의 각을 갖도록 판재를 켜는 방식이다. 플레인쏘보다는 문양이 단일하다. 쿼터쏘 판재는 더 평활한 무늬를 보여주며 흠결을 가질 수 있지만 다른 마감이 가능하고 단일한 무늬를 가지므로 통일된 목재 마루를 만드는 것이 가능하다.

리프트쏘: 목재의 중심과 30~60도의 각을 갖도록 판재를 켜는 방식이다. 어느 측면에서 쿼터쏘와 비슷한 특징을 갖는다.

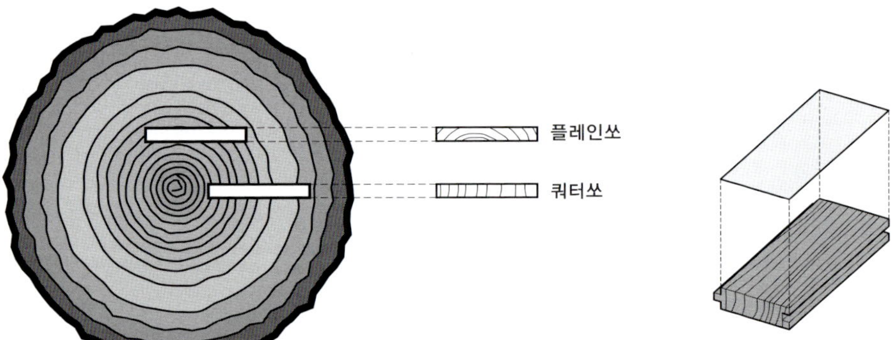

플레인쏘(널결켜기)

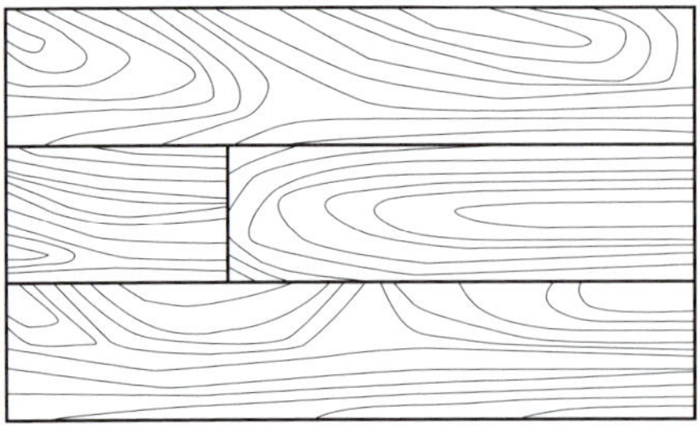

쿼터쏘(곧은결켜기)

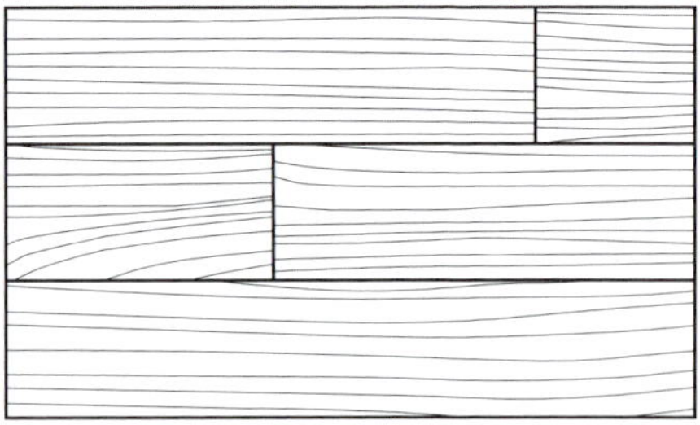

기타 목재 마루

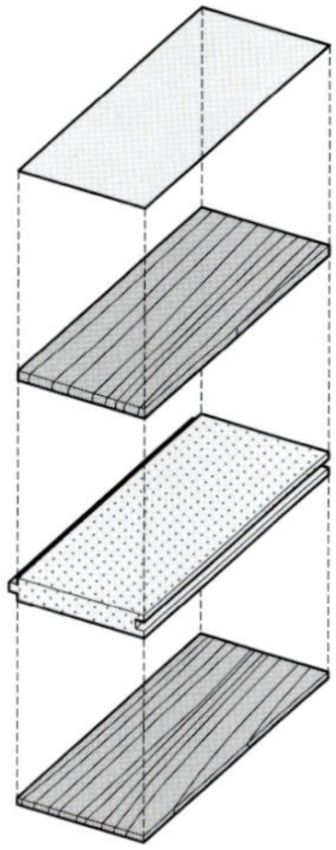

강화목재

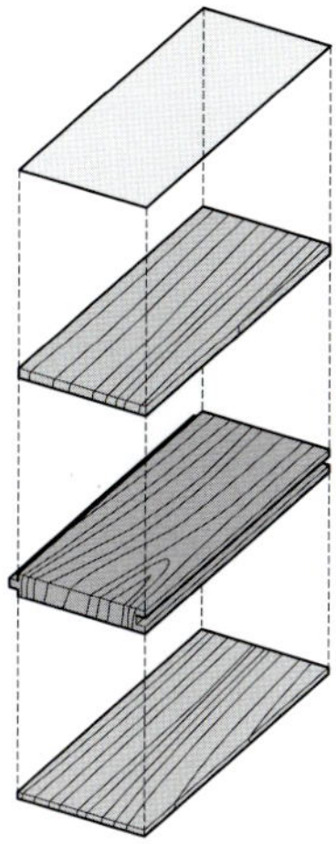

아크릴 목재

강화 목재 마루: 여러 개의 레이어를 가진 목재판을 서로 다른 방향의 무늬 결대로 결합하여 물리적 성질을 높인 것으로 3장, 5장, 10장을 겹쳐서 만들 수 있다. 단일한 원목 재료보다 수치적으로 훨씬 더 안정적이고 그 결과 많은 사람들이 통과하는 지역의 바닥에 사용하는데 적합하다. 또한 콘크리트 바닥면 위에 직접 시공이 가능하다. 가공 목재는 지하실, 주방, 욕실, 기타 실의 바닥면에 사용할 수 있다.

아크릴 목재 마루: 아크릴을 목재에 주입한 나무로 만든 것으로 매우 내구성이 높고 단단한 마감이 되어 있다. 레스토랑 혹은 몰에 사용되며 주거 공간에도 사용된다.

마구리 마루(마무리, 횡단면 목리): 나뭇결에 직각으로 잘라서 만든 목재로 특별한 치수를 갖는 조각으로 제작되며 마구리 혹은 횡단면 목리 마루는 충격에 매우 강하며 여러 힘이 가해지는 곳에 적합하다. 노출된 마구리는 독특한 디자인 요소를 보여주며 다양한 색채로 채색될 수 있다. 마구리 마루는 모든 장소에 주거공간에서 창고에 이르기까지 적용가능하다.

마구리

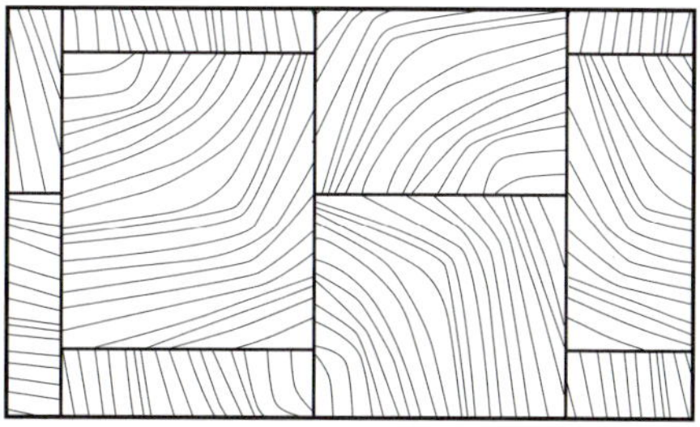

패턴

목재 마루는 설치를 위해 재단된다. 패턴을 위한 옵션은 다양하다. 바닥은 세 가지 중요한 유형으로 구분된다. 띠모양 쪽매 strip linear flooring는 60, 90, 150mm 폭으로 생산되며 판모양 쪽매 plank linear flooring는 75, 105, 120, 150mm 폭으로 생산되며, 나무쪽 마루판 parquet은 작은 조각의 나무들을 합쳐서 기하학적인 패턴을 만들어낸다.

나무쪽 마루판

(다음의 쪽매, 목재판 등은 생산 업체에 따라 치수와 형태가 매우 다양하다. 시공산의 이유로 필요한 치수는 매번 확인해야 한다. 제시된 치수는 원서에서 제시된 치수를 동일하게 사용했다.)

마감

유성 우레탄: 이 마감은 시공이 용이하나 건조 시간이 길고 VOC(휘발성 유기 화합물, volatile organic compound)을 사용한다. 시간이 지날수록 수지성분으로 황화한다.

습기 경화형 우레탄: 솔벤트를 바탕으로 사용하는 이 시공이 어렵지만 적은 휘발성 유기 화합물을 갖는다. 유성 제품보다 더 내구성이 크고 습기에 강하며 투명하다.

수성 우레탄: 유성 마감보다 더 나은 표면을 원할 경우 사용하며 수성 우레탄은 휘발성 유기 화합물이 훨씬 적지만 여러 번 칠해야 하는 경우 공사비가 크다. 이 마감은 매우 깨끗하고 황화되지 않는다.

침투성 착색제와 왁스: 착색제는 목재에 흡수되며 깊게 도색된다. 왁스는 마루 보호와 광택을 제공한다. 그러나 적절한 시기마다 다시 시공해야 한다.

설치

목재 마루는 다양한 방식으로 시공된다. 디자이너는 마루의 종류를 정하기 전에 설치 장소가 어떠한지 고려해야 한다. 자연 소재인 나무는 환경과 습기의 변화에 따라서 수축한다. 따라서 마루 밑에 환기를 가능하게 하는 것과 여러 변화에 따라 수축에 대비하는 것이 매우 중요하다.

목재 마루의 설치 위치

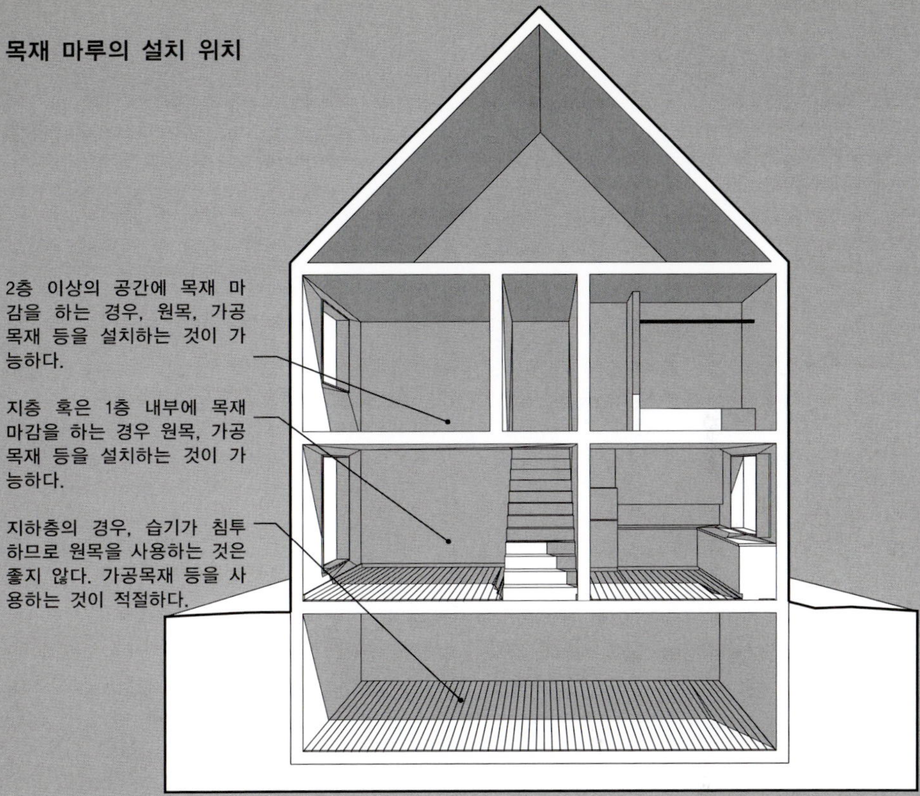

일반적인 설치 상세

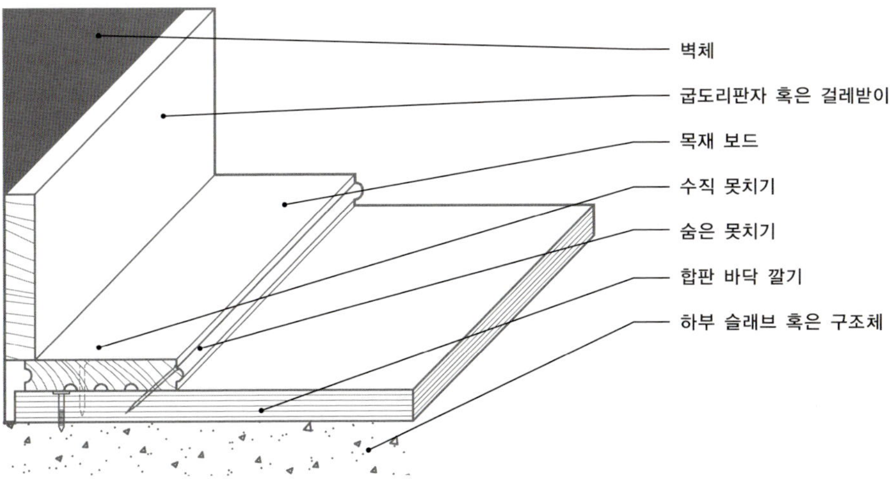

탄성 마루

탄성 마루는 대체로 내구성이 있고 불투수성의 마감을 갖는 매우 고밀도의 재료를 사용한다. 다른 단단한 마감 보다는 어느 정도 신축성도 가지고 있고 더 편안하다. 탄성 마루는 주거용 혹은 상업용 마루 시공시, 비용적인 측면에서 효율적인 대안이 될 수 있다. 더욱이 유지의 편리함과 상대적이고 화학적인 안정성은 공공기관에 사용하는 것도 매우 이상적이 될 수 있다. 탄성 마루는 롤 혹은 타일 형식으로 생산된다.

비닐 타일 그리고 고무 타일

비닐 혹은 고무 재질의 탄성 마루 타일은 높은 충격을 받는 지역에 매력적이다. 타일은 쉽게 지면의 위아래 모두 설치가 용이하고 습기와 기타 손상에 높은 내구성을 갖는다. 롤로 된 탄성 마루에 비하여, 타일은 타일간의 줄눈에 오염이나 습기가 스며들기 때문에 유지관리가 필요하다. 그러므로 습기는 가능한 빨리 제거해야 한다. 타일은 다양하게 생산된다. 비닐 타일은 다양하게 구성할 수 있고 하나의 단일한 재료로 만들 수 있다. 모든 타일은 보호막 시공이 필요하다.

비닐 합성 타일

이 종류의 타일은 바닥이 되는 평판위에 프린트된 디자인, 마모를 저항하는 레이어 그리고 보호 필름으로 되어 있다. 일반적으로 여러 규격의 타일로 생산되나 45cm x 45cm 크기가 일반적이다. 그러나 더 큰 사이즈와 작은 사이즈도 있고 함께 사용되기도 한다. 합성 타일은 잘 준비된 바닥면에 설치하는데 용이하다. 손상되었을 경우, 쉽게 교체가 가능하다. 또한 상자마다 색채가 다를 수 있기 때문에 설치시에는 여유 있게 더 많은 물량을 주문하는 것이 바람직하다.

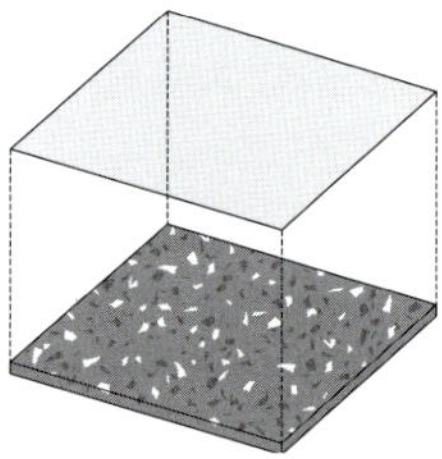

비닐 합성 타일

비닐 타일

비닐 타일은 일반적으로 뒤판이 없다. 비닐 타일은 비닐 용재가 높은 비율로 사용되어 제작되며 마모에 대하여 훨씬 더 잘 저항한다. 비닐 타일은 일반적으로 더 두꺼울수록 내구성도 더 강하다.

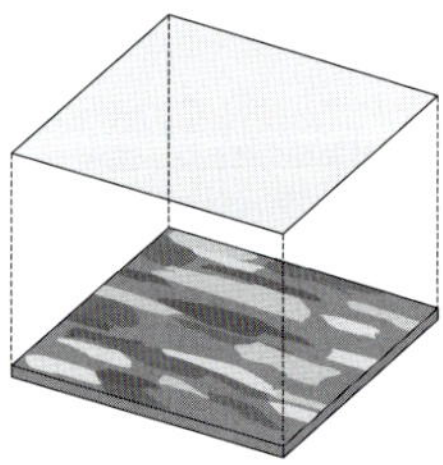

비닐 타일

고무 타일

물리적으로 안정된 고무 타일은 화학적인 혹은 다른 마모적인 재료로부터 훼손되는 것으로부터 저항력이 크고 오랜 시간 지속적인 하중에도 충분히 기능성을 제공한다. 또한 텍스쳐를 표면에 만들어 줌으로써 미끄러짐도 방지할 수 있다. 고무 타일은 두 가지 측면에서 매우 유용하다. 물성적으로 균일하며 색소를 첨가하여 동일한 색채를 만들어 낼 수 있다. 여러 켜로 만들어 레이어마다 다른 패턴과 색채를 표현할 수 있다.

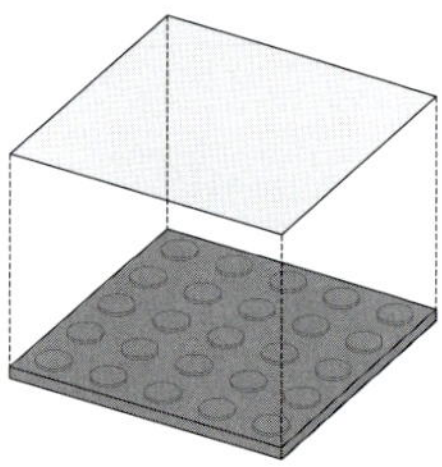

고무 타일

자연소재 탄성 마루

리놀륨

리놀륨은 자연재료의 합성재로 19세기에 발명된 바닥 재료다. 린시드 오일, 코르크, 석회분말, 수지를 혼합하고 색소를 섞는다. 이러한 혼합물을 약 2~3주 동안 50도 내외의 온도로 가열하여 천천히 건조시킨다. 물리적으로 안정적이며 설치에 용이한 규격으로 제작 가능하다. 바닥판 위에 리놀륨을 부착하고 보호 마감을 더해서 마무리 한다. 최종 생산되는 롤 제품은 폭 210cm로 재단된다. 내구성이 강하고 세균에 저항하는 리놀륨은 주거공간과 상업공간에 모두 적합하다. 리놀륨은 다양한 색채로 가공할 수 있으며 환경적으로도 자연분해 됨으로써 매우 유용한 재료이다.

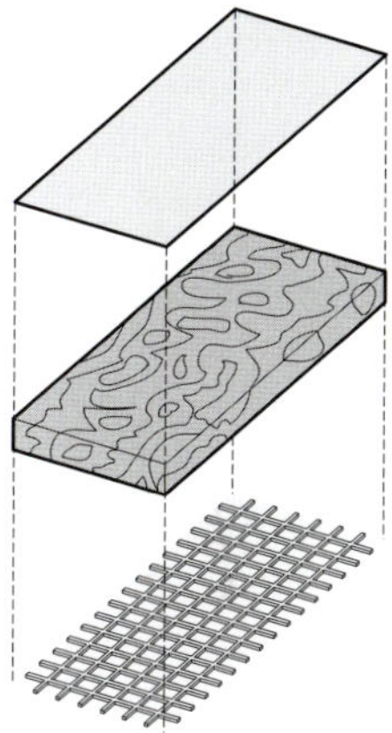

리놀륨

리놀륨의 설치는 조금 어려운 부분이 있는데 이음매에서 패턴에 따라 쉽게 찢어지고 열에 잘 녹아 붙는다. 따라서 왁스로 표면 광택을 주고 오염이나 색채 변형에 보호하는 것이 좋다.

코르크

코르크는 또 다른 자연소재의 마루 재료인데, 탄성적인 표면을 가지며 거주공간이나 상업공간에 모두 적절하게 사용된다. 자연적인 세포 구조는 아름다운 표면을 만들뿐 아니라 이 표면은 선택적으로 목재 마루를 함께 사용하는데도 경제적이다. 또한 쿠션감이 있고 컷 파일 카펫 Cut-Pile Carpet과도 흡사하며 재시공이 가능하고 지속적으로 활용 가능하다.

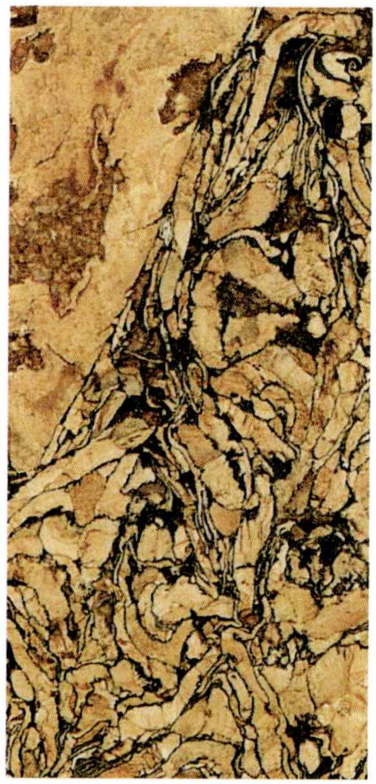

코르크 마루는 코르크 조각을 여러 단면으로 결합하여 압축하여 중간 혹은 고밀도의 섬유판으로 만들어 내며 은촉붙임(제혀 쪽이음, tongue-and-groove interlock)이 가능하도록 재단된다. 재료의 상부는 코르크를 덮는 바니시로 마감한다.

변색에 강하므로 주로 자연광에 노출되는 곳에 사용하며, 코르크는 매우 흡수성이 뛰어나 최소한의 수분으로 청소하여야 한다. 코르크는 자연순환 가능한 에코시스템을 가지므로 그러한 자연 변화에 저항할 수 있는 지속가능한 처리가 필요하다.

카펫

바닥에 사용되는 재료 가운데 카펫은 특성을 유지하기에 가장 어려운 재료일 것이다. 카펫은 주거공간과 상업공간의 70퍼센트 이상의 면적을 점유하는 편이다. 그러므로 너무나 다양한 종류의 유형이 사용된다. 대량생산에서부터 수공예작품에까지 다양하다. 그러므로 여러 공간에서 선택하고, 설치하는 과정 그리고 설치 방법 역시 매우 어렵다. 그럼에도 불구하고 카펫은 많은 장점이 있다. 질감의 측면에서 카펫은 설치되는 공간에 시각적으로나 감성적인 특성을 부여한다. 음향적으로는 소리를 흡수하고 축소하는데 뛰어나다. 또한 청소하기에 매우 쉽다. 자연적으로 단열재가 되며 그 색채와 패턴은 거의 무한하다.

거주공간 vs 상업공간

많은 카펫 생산자들은 그들의 생산 라인을 세분화하여 주거용과 상업용을 구분한다. 이러한 구분은 처음에는 분명해 보인다. 카펫의 재료적 특성과 질감은 설치 방법과 유지관리에 따라서 서로 달라진다.

Photos courtesy of InterfaceFLOR.

거주공간의 카펫

거주 공간 프로젝트를 위한 카펫을 선택하는데, 디자이너는 다음과 같은 사실을 고려해야 한다. 카펫을 지나가는 사용자의 수, 자연광에 대하여 적절한 조화, 카펫에서 다른 경질의 마루 혹은 탄성 마루로의 이동. 거주공간에 사용되는 카펫은 공간을 점유하고 활용하는 사용자의 특성을 고려해야 한다. 예를 들어 카펫은 아이들 혹은 애완동물들이 어떻게 사용할지 대처해야 한다. 거주 공간에 설치하는 것은 벽체 사이에 바닥을 완전히 덮는 것은 피해야 한다. 다른 마루 표면을 갖는 두 공간에 걸쳐 러그를 사용하는 경우, 러그는 특별한 가구를 돋보이기 위한 배경으로 사용하는 것이 좋다.

상업 공간의 카펫

상업 공간의 카펫은 거주 공간에 설치하는 것보다 더 많은 사용자들이 대여섯 배 이상으로 활용하는 곳에 견딜 수 있어야 한다. 덧붙여, 화불, 휠체어, 다른 운송 수단 등의 하중과 스트레스 아래에서 기능할 수 있어야 한다. 이러한 공간에는 고밀도의 로우 컷 파일 카펫 low-cut pile carpet을 시공하는 것이 좋다. 컷 파일 카펫은 특히 밀도가 높다. 다수의 많은 작업이 이루어지는 공간에는 오염과 이동에 의한 훼손에 견딜 수 있는 컷 파일 카펫이 적절하다. 이 카펫들은 당양한 작업 환경의 사무실, 리셉션 공간, 회의실 등에 추천한다.

카펫의 제작

카펫을 만드는 다양한 방법이 있다. 터프티드 카펫 Tufted carpet, 오우번 카펫 Woven Carpet, 퓨전 본디드(융합접합) 카펫 Fusion bonded carpet으로 만들 수 있고 특별한 제작과정으로 핸드 터프티드 hand tufted, 니티드 knitted, 혹은 니들 펀치드 needle punched 방식으로 만들 수 있다. 카펫은 바닥판 재료에 섬유를 엮어서 만든다. 울 wool 혹은 사이잘 삼 sisal, 그 밖의 식물 섬유 등의 자연소재가 전통적으로 카펫 재료로 사용된다. 기술적인 발전으로 합성 섬유로 만들어지는 카펫도 다양하다. 울은 주거 공간에 사용하는데 주로 이용되며, 최근에 90퍼센트 이상의 카펫은 나일론이나 합성 폴리필렌 등의 소재로 만들어진다. 이러한 재료는 내구성이 좋고 탄성을 지니며 색상을 내기에 적합하다.

터프티드(직물): 생산되는 카펫 중 90퍼센트는 터프티드 카펫이다. 수백 개의 바늘을 가진 기계에서 바닥 소재에 섬유를 바느질로 고정시킴으로써 생산한다. 일반적으로 합성 라텍스 바닥재는 카펫에 유연성을 부여한다. 다른 바닥재를 카펫에 사용함으로써 물리적인 안정성과 설치에 용이하게 생산하기도 한다.

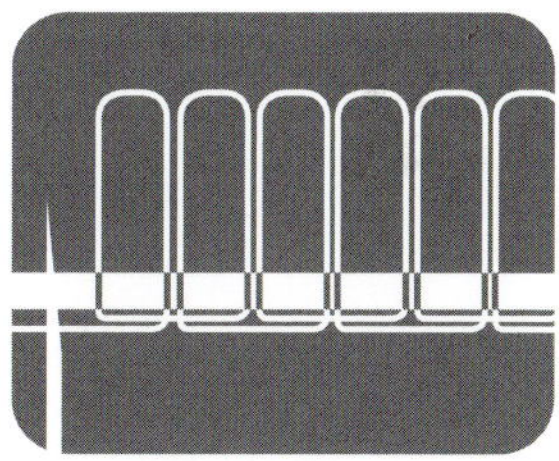

오우번(편물): 오우번 카펫은 전체 카펫 생산에서 2퍼센트 미만이다. 이 카펫은 카펫의 섬유와 바닥소재를 하나로 엮어 짜서 만든다. 이러한 프로세스는 터프티드 카펫보다 물리적으로 더 안정적인 카펫을 만든다. 물론 모두 엮어 만든 뒤 바닥 소재에 안정성과 내구성을 부여하기 위하여 라텍스 코팅을 하는 탓도 있다. 오우번 카펫은 일반적으로 다른 터프티드 혹은 퓨전 본디드 카펫보다 더 값비싸다.

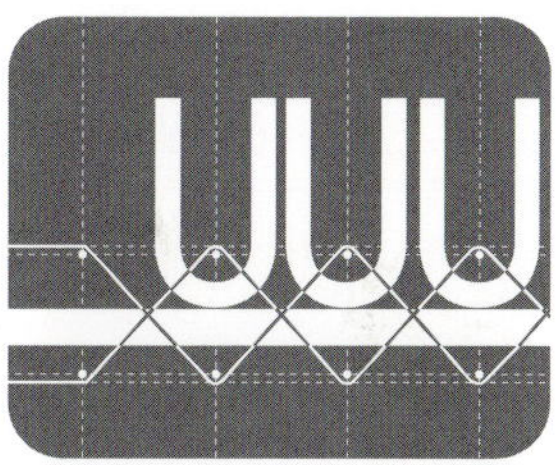

퓨전 본디드(흡착): 퓨전 본디드 과정은 접착식 바닥면에 부착된 섬유를 밀착시켜 만든다. 모든 퓨전 본디드 카펫은 컷 파일방식이다. 밀착면은 컷터로 잘라 분리시키기 때문이다.

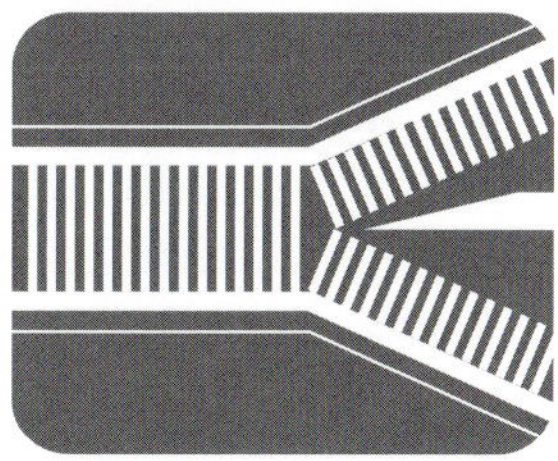

모듈러 타일: 가장 일반적인 방식의 퓨전 본디드 카펫이 카펫 타일이다. 타일 방식은 훼손된 경우 교체가 용이하다는 장점이 있다. 일반적으로 높은 활동도와 편의성, 물성으로 교육 공간, 작업 공간, 공공시설 등에 설치되며 최근 모듈러 타일은 주거공간에도 점점 많이 사용된다.

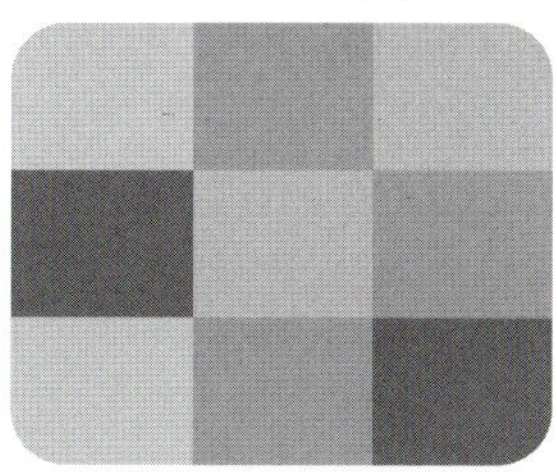

컷 앤 루프

생산 방식과 상관없이, 카펫은 표면에 깊이와 텍스쳐를 만들어 내는 특별한 방식으로 엮어서 만든다. 그리고 복잡한 색채와 패턴을 부여하기도 한다.

루프 앤 멀티루프 파일: 카펫의 섬유를 묶는 과정의 결과로, 루프 카펫은 내구성이 있고 높은 충격과 많은 사람이 이동하는 공간에 적절하다. 루프 카펫은 서로 다른 높이를 갖도록 짤 수도 있으며 이 경우 특별한 패턴을 만들어 낸다. 이러한 방식은 베르베르 Berber로 알려져 있다.

컷 파일: 컷 파일은 루브와 동일한 방식으로 생산된다. 그러나 부드럽고 일체화된 표면을 만들기 위하여 섬유를 자른다. 컷 파일은 매우 밀도가 높거나 더 긴 섬유를 갖도록 만들 수도 있다. 치밀한 섬유면의 벨벳 velvet 혹은 두툭한 긴 섬유면의 플러쉬 plush로 구분된다.

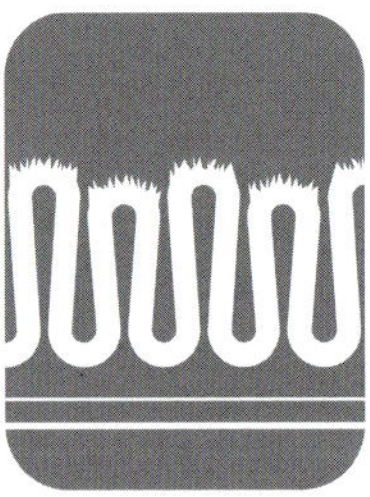

컷 앤 루프: 컷과 루프 파일을 함께 섞어 만든다. 다양한 텍스쳐, 깊이, 변화가 가능하다. 루프는 선형, 기하학, 혹은 유기적인 패턴을 만들 수 있다.

팁 시어: 복수의 루프 구조에서 높은 루프의 상부를 잘라 세밀하고 편안한 표현을 만들어 낸다.

프리즈 앤 쉐그: 카펫의 섬유들을 꼬이고 강하게 힘을 주어서 표면에 다양한 변화를 주는 것이다. 다양한 길이의 섬유들이 오염, 이동의 패턴, 진공청소기의 이동 흔적 등을 가려준다. 그러한 깊이와 개성적인 표현들은 공간에 부드러움을 부가한다.

표면 처리

일단 카펫이 우븐, 터프티드, 퓨전 본디드로 제작된다면, 이 카펫은 표면 처리되고 설치를 위해 준비된다. 표면처리는 여러 단계에 거쳐 이루어진다. 최종 생산물에 따라서, 카펫을 엮기 전에 색채를 더할지 모든 짜고 나서 더할지 결정된다. 생산 과정에서, 대부분의 카펫은 제작 후 염색되어 판매된다. 카펫은 다양한 방식으로 염색된다.

제작 전 염색: 생산과정 이전에 색채가 섬유사에 더해진다. 색채는 섬유 자체에 더해질 수도 있고 섬유사에 더해질 수 있다.

제작 후 염색: 색채는 생산 후 더해진다. 최종적으로 마지막 바닥재를 붙이기 전에 카펫을 염색액에 담가 염색한다

실크스크린: 제품을 최종 생산 후 패턴을 부가한다. 프린트된 패턴은 오우번 카펫의 모습을 생동감 있게 하는 효과적이고 경제적인 방식이다.

어떠한 표면 처리 과정을 거치든지, 카펫은 이차적인 뒤처리를 해야 한다. 폼 쿠션을 설치 전에 부착한다. 그리고 적절한 치수에 따라서 재단한다.

카펫 관련 용어

게이지 Gauge : 카펫의 생산에 사용되는 인치당 바늘 사용의 회수

리피트 Repeat : 특정한 패턴에서 반복되는 문양 사이의 거리를 측정한 것

밀도 Density : 카펫의 단위 면적당 섬유사의 량, 터프트 사이에 거리를 언급하기도 한다.

바인딩 Binding : 강도와 보호를 위하여 카펫의 끝단에 꿰매어 만든 띠

배킹 Backing : 카펫의 뒷면에 붙인 비닐 혹은 폴리프로필렌 재료

보행 교통량 Foot traffic : 한 사람의 점유자에 의하여 하루 중 카펫에 남겨지는 이동 회수. 50회 이하이면 이동량이 적은 것이며 50회에서 200회이면 보통, 200회 이상이면 많은 것이다.

브로드룸 Broadloom : 1.8미터 혹은 그 이상의 폭으로 만든 카펫

서징 Serging : 마감 처리된 카펫의 끝단에 두꺼운 섬유사를 촘촘하게 엮은 부분

섬유 가닥 갯수 Yarn Ply : 섬유를 꼬아서 열처리해 만든 가닥의 갯수

스터치 레이트 Stitch Rate : 카펫의 길이 방향을 따라 있는 터프트의 개수로 인치당 스터치로 측정된다.

접착제 부착 Direct Glue Down : 직접 마루에 본드를 칠하고 카펫을 부착하는 방법

쿠션 Cushion : 충격을 감소시키기 위한 패딩

파일 높이 Pile Height : 섬유사의 기본 바닥판에서 상부까지 측정하는 카펫의 밀도를 결정하는데 사용되는 치수

패턴 매치 Pattern Match : 재단을 결정하는 카펫의 패턴을 맞추는 것

라미네이트

라미네이트는 20세기 초반 발전되어 절연재로 사용된 운모의 대용으로 쓰이기 시작했다. 생산품은 운모의 대체품으로 그 이름은 새로운 회사명이 되었고 현재는 익숙한 브랜드 명으로 사용된다. 포미카 Formica 컴퍼니의 생산 처리 과정은 결국 광범위한 인테리어 작업을 위해 적절한 내구성을 갖는 표면을 만들기 위한 것이다.

라미네이트 기술은 표면 처리를 위한 새로운 방식으로 극적으로 개선되어 자연소재와 메탈 표면의 복제가 가능해졌다. 또한 재료의 양면에 복제도 가능해졌다. 많은 생산자들이 라미네이트를 생산한다. 또한 색채, 텍스쳐, 스타일의 범위는 너무나 광범위하다.

라미네이트는 열적으로 코어 재료에 의존한다. 대체로 칩보드 혹은 중간 밀도의 파이버보드를 사용한다. 이 코어 재료는 물리적인 안정성을 위하여 공학적으로 처리되며 합판 그리고 다른 재료들도 있다. 부착에 사용되는 접착제 유형은 코어 재료와 물성을 드러내기 위해 적용되는 재료 둘 모두에 적절한 것으로 한다.

라미네이트의 등급

구 분	두 께	활 용
일반적 용도 HSG	1.2	상업적인 그리고 거주 공간의 작업 표면, 가구, 캐비닛, 출입구에 적절하며, 152 이상의 곡률반경에 사용한다.
수평 포스트포밍 HGP	1.0	작업대와 같은 크기를 요구하는 곳에 사용된다. 곡률반경 12.5 이하로 구부려 사용할 수 있다. 이러한 활용은 모서리각과 이음매를 없애는데 사용한다.
수직 포스트포밍 VGP	0.7	수직적인 활용에 추천하며, 상업공간의 캐비닛, 가구에 이상적이다. 다소간 얇은 라미네이트를 사용하며 9.5 이하의 곡률반경을 갖는 곳에 사용된다.
캐비닛 라이너 CLS	0.5	캐비닛의 내부, 장식이 필요 없는 곳, 거의 보이지 않는 곳의 라미네이트에 사용되며 많은 사용이 일어나지 않는 곳에도 추천한다.
배킹 시트 BGF 또는 BKL	내화등급 1.2 일반등급 0.5	시각적으로 숨겨있거나 안정적인 표면에 습기에 저항하도록 보호 랩을 위해 사용한다. 내화등급과 일반등급이 있다.

로우 프레셔 라미네이트(저압 가공 라미네이트, Low-Pressure Laminates)

저압 가공 라미네이트의 재료는 4개의 층으로 구성된다. 맨 뒤판은 얇은 파티클 보드 바닥재에 부착되며 이 바닥재는 종이로 만들어진 장식적인 표면과 멜라민 수지를 부착하여 표면을 만든다. 결과적으로 만들어진 제품은 열경화성 수지 혹은 열적으로 용융상태가 되며 활용을 위해 재단된다.

저압 가공 라미네이트는 주로 인테리어 공간의 표면을 보호하는데 사용되며 선반, 책장, 패널 등에 사용된다. 이 재료는 특별히 내구성이 높지는 않으며 따라서 많은 활용이 예상되는 곳에는 사용하지 않는 것이 좋다.

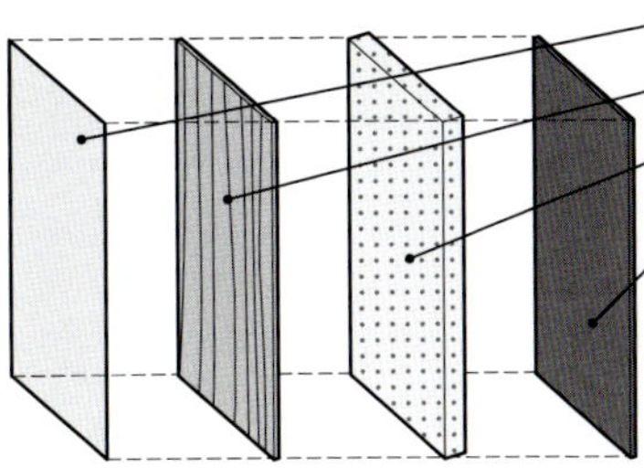

하이 프레셔 라미네이트(고압 가공 라미네이트, High-Pressure Laminates)

고압 가공 라미네이트는 페놀 레진을 함유한 크라프트 kraft 페이퍼를 여러 장 겹쳐서 멜라닌 수지를 함유한 장식 판재를 결합하고 표면에 수지 오버레이를 더한다. 높은 온도와 높은 압력에서 전체 레이어는 내구성을 갖는 일체화된 재료가 된다. 이 재료는 출입문, 캐비닛, 작업대 그리고 많은 다양한 용도의 인테리어 표면에 이상적이다. 그러나 세워서 시공하는데 그리 좋지 않다. 또한 높은 열에도 견디지 못한다.

플라스틱 라미네이트의 다양한 분류, 제작 방식, 등급은 공인 기준에 따라 제시된다.

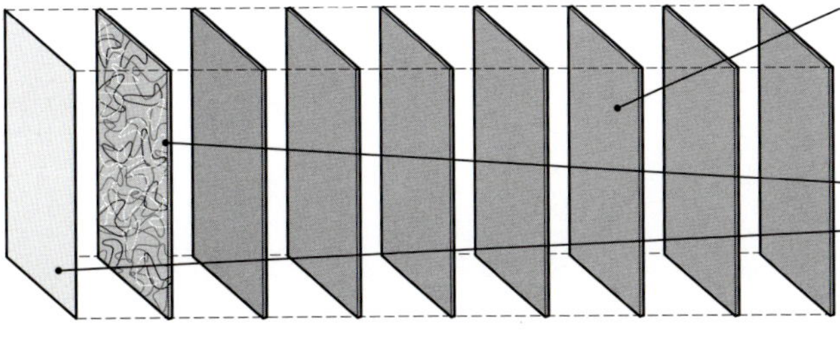

라미네이트의 위치

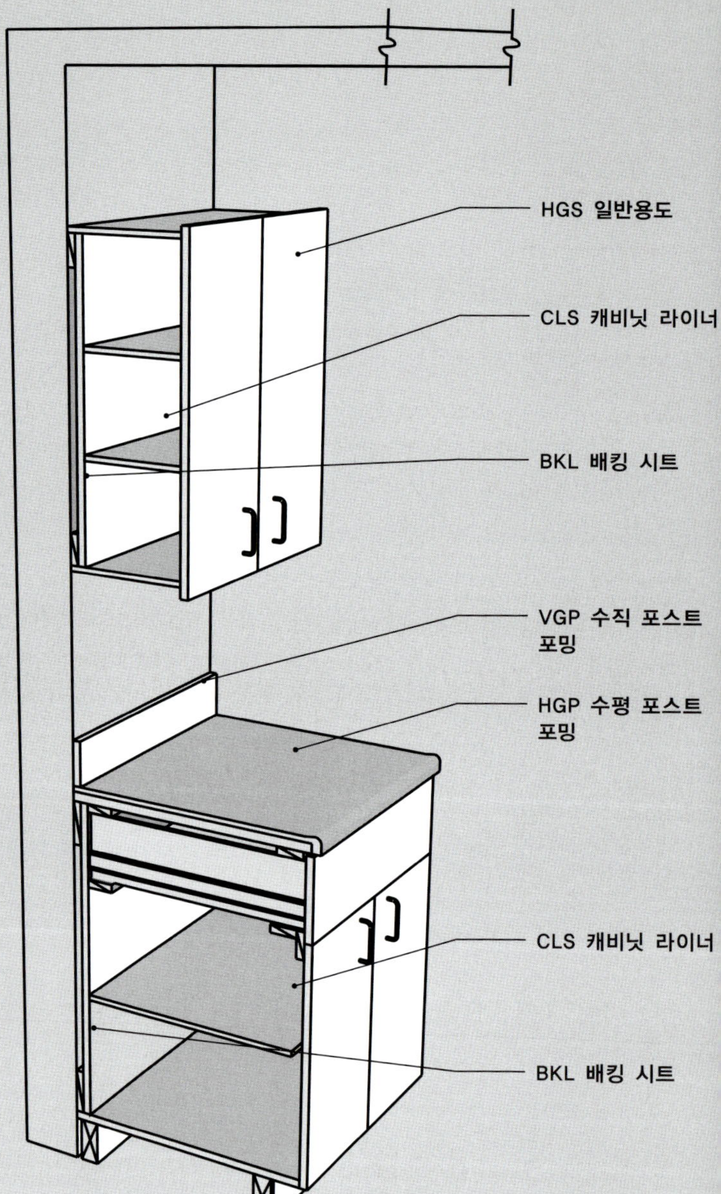
HGS 일반용도
CLS 캐비닛 라이너
BKL 배킹 시트
VGP 수직 포스트 포밍
HGP 수평 포스트 포밍
CLS 캐비닛 라이너
BKL 배킹 시트

베니어

베니어는 매우 얇은 목재 슬라이스를 서로 본드로 붙여서 다양한 목공작업에 활용하는 재료다. 가구제작, 출입구, 창틀, 바닥판 등에 쓰이고 다른 인테리어 작업에도 활용할 수 있다. 베니어는 다양한 목재 종류로 만들 수 있고 옹이와 흠결을 가진 목재로 제작해도 최종 결과물은 아름다운 모습을 갖는다. 베니어는 여러 등급에 따라 다양한 용도에 사용한다. 다만 가격과 설치 방식에 차이를 갖는다.

베니어는 공장에서 반자동화 공정으로 생산된다. 통나무의 나무껍질을 벗기고 나서 재재를 준비한다. 매우 얇은 층으로 통나무를 켠다. 다양한 재재방식과 기술을 통해 매우 광범위한 패턴과 질감의 제품을 생산한다. 일단 재재가 되면, 결과적으로 얇은 켜들을 하나로 붙이고 건조시키고 압축하고 부분부분 결합시켜 일정한 치수단위의 합판을 만든다. 베니어 켜의 결합체는 통나무로부터 켜는 방향과 맞추어 결을 통일시킨다.

베니어의 커팅 방식

커 팅	특 성
로터리 컷 (회전삭, Rotary Cut)	통나무의 나이테를 중심으로 선반에 고정하고 칼날을 나이테 방향으로 맞추어 회전시키며 하나의 얇고 평탄한 표면을 만든다.
플레인 슬라이싱 (판목 슬라이싱)	통나무를 중심과 평행하게 슬라이스를 켠다. 결과적으로 길게 그려지는 카티드럴 패턴 cathedral pattern이 깊숙한 내부 나이테의 노출로부터 만들어진다.
하프 라운드 슬라이싱 (반원 슬라이싱)	통나무는 가능한 한 나이테의 흐름과 평행하게 슬라이스를 켜고 플레인 슬라이싱보다 카티드럴 패턴 cathedral pattern은 더 넓고 평활하다. 이렇게 제작된 베니어는 플랫 컷 Flat Cut으로 부른다.
쿼터 슬라이싱 (정목 슬라이싱)	통나무 단면의 중심에서 외부로 그리고 나이테와 수직으로 슬라이스를 켠다. 결과적인 무늬는 수직선들로 나타난다.
리프트 컷(추정 삭)	더 균일한 무늬를 내기위해 켜는 동안 작은 각도를 주면서 슬라이스를 만든다. 리프트 컷은 참나무에서만 사용하는데 참나무 자체의 부정형성 때문이다.
렝스와이즈 슬라이싱(목리방향 슬라이싱)	얼룩덜룩한 문양을 만들기 위하여 평탄하고 엇결로 켠 목재를 얇게 켠다.

로터리 컷

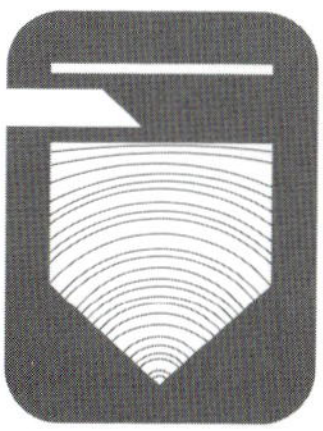
플레인 슬라이싱

하프 라운드

쿼터 슬라이싱

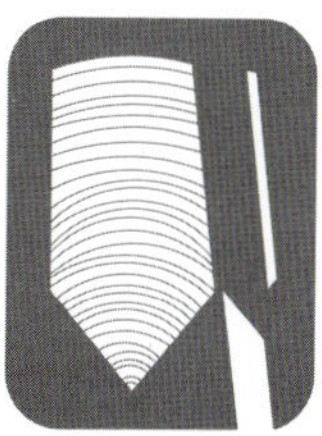
리프트 컷

베니어의 결합

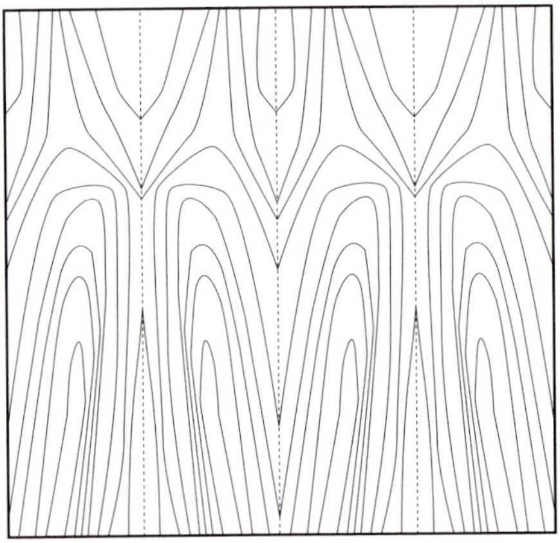

북 매치: 연이은 베니어는 책처럼 좌우로 뒤집어 문양을 반복된다. 결과적으로 서로 마주보는 문양이 생겨난다.

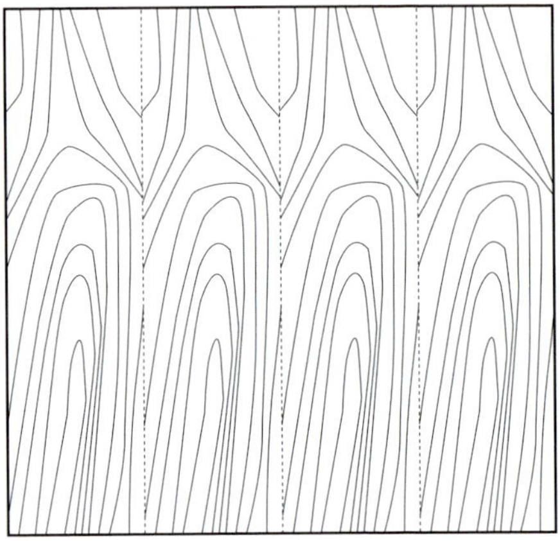

슬립 매치: 네모난 판재를 열을 맞추어 통나무에서 켜는 대로 동일한 방향으로 붙인다. 무늬가 직선에 가까울수록 판재의 연결선은 더 잘 정리된다.

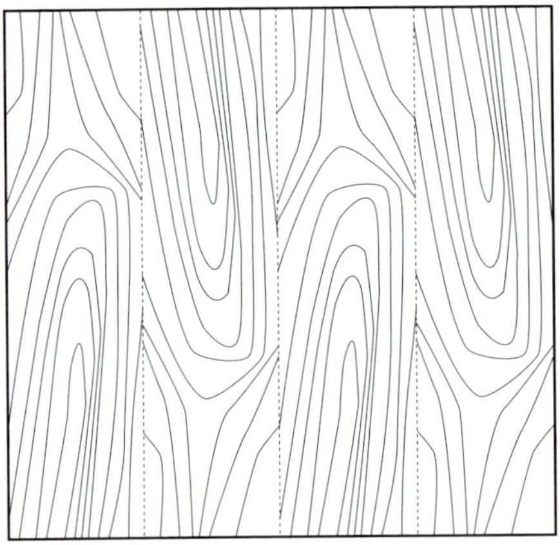

리버스 슬립 매치: 부착되는 모든 낱장은 180도로 회전하여 부착되며 서로 엇갈린 카티드럴 패턴 cathedral pattern을 만든다.

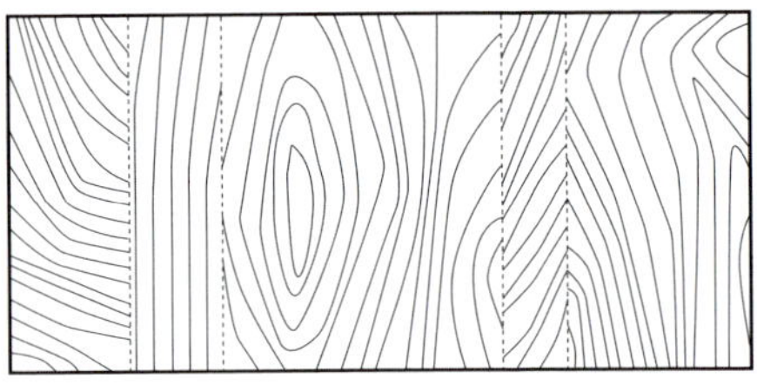

랜덤 매치: 그림과 같이 의도되지 않는 반복으로 겹쳐 올림으로써 하나의 판재의 무늬를 만들어낸다. 이러한 베니어는 매우 주관적인 의도로 사용된다.

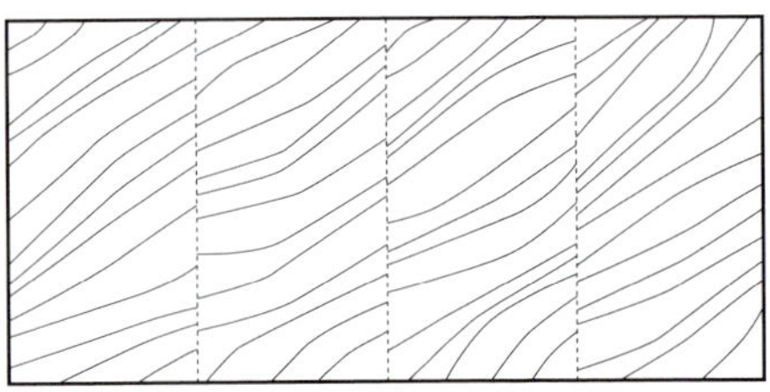

플리징 매치: 네모난 낱장들은 무늬를 만들기보다는 균일한 색채를 유지하는 방식으로 배열된다.

부정형의 베니어

베니어는 쉽게 켜지지 않거나 병에 걸리거나 비정형적으로 성장한 나무의 일부분을 조작해서 만들어진다. 결과적으로 베니어 제품은 이러한 부정형의 특성 때문에 더 아름다운 패턴을 갖는다. 이러한 베니어는 버드 아이 문양 bird' s-eye, 옹이 문양 burled, 불꽃 문양 flamed 등을 갖는다.

로터리 컷 타모

레드우드 옹이

쿼터쏘 지브라우드

쿼터쏘 레이스우드

메이플 옹이

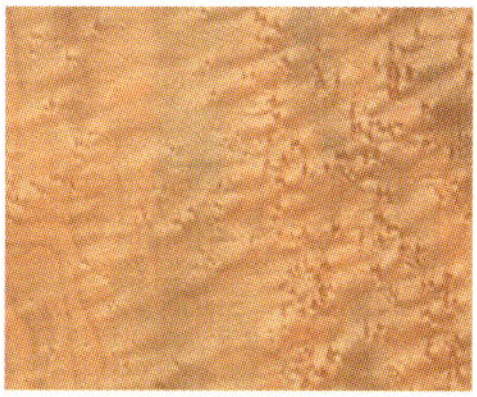
버드 아이 메이플

베니어 뒤판

베니어는 뒤판 재료에 다양한 판재를 부착하여 강화시켜 제작한다. 다양한 뒤판은 서로 다른 특성을 제공하여 특히 휨 곡률에 크게 영향을 미친다.

뒤 판	특 성	휨 곡률
종이	10~20mm 두께의 종이 한 장를 베니어판에 뒤판으로 부착하여 접착면을 만든다.	반지름 13
목재	2겹 2-ply : 품질이 낮은 등급의 베니어 목재판을 뒤판으로 부착한다. 3겹 3-ply : 겉 표면이 되는 베니어 뒷판으로 종이를 부착하고 낮은 등급의 목재판을 다시 종이 뒤에 붙인다.	반지름 19
합성수지	합성수지 종이를 베니어의 뒤판으로 사용한다. 일반적으로 사용하는 목재 면이 부정형일 경우에 사용되며 이러한 뒤판은 안정성과 내구성을 높인다.	최소 반지름 38

텍스타일

텍스타일은 인테리어 공사의 많은 부분에 사용될 수 있다. 벽체에서 천장 패널까지 가능하며 시스템 가구와, 카펫에서 주름장식까지, 마감 재료는 물론 침구까지 활용된다. 인테리어 디자이너는 이러한 여러 종류의 섬유가 가진 구조, 특성, 물성, 마감, 염색, 프린트 등의 내용을 알아야만 한다. 텍스타일 혹은 직물은 오우번 woven, 니트 knitted, 펠트 felted 처리된 섬유를 서로 얽어 짜서 만들어낸 재료를 통칭한다. 텍스타일은 또한 구성하는 섬유의 종류에 따라서 실크 silk, 코튼 cotton, 레이온 rayon, 나일론 nylon 등으로 구분된다. 새틴 satin, 레노 leno 혹은 트윌 twill과 같이 직물의 직조 방식에 따라서도 구분된다. 직조 방식은 섬유의 유형에 따라 거의 영향을 받지 않는다. 자카드 jacquard는 다양한 종류의 섬유로 만들어질 수 있는 직물이다.

섬유

섬유는 자연 소재 natural, 인공 소재 hand-made, 화학 소재 chemical로 나뉜다. 자연 소재는 어떠한 동물로부터 얻었는가에 따라서 울 wool, 모헤어 mohair, 캐시미어 cashmere, 알파카 alpaca, 실크 silk, 깃털 feathers로 나뉘고 혹은 식물로부터 추출된 재료는 코튼 cotton, 린넨 linen, 라미 ramie, 삼 hemp, 황마 jute로 나뉜다. 또한 광물성 소재는 석면 asbestos, 유리 섬유 glass fiber, 알루미늄 aluminum 등으로 나뉜다.

자연 소재 섬유

울	다양한 동물의 털로부터 얻어지며 텍스쳐는 매우 부드러운 것으로부터 거친 것까지 다양하다. 울 섬유는 주름 잡히고 물결 모양이 있으며 직조할 경우 섬유에 깊이를 줘서 포켓을 만들 수 있다. 섬유 표면의 매우 독특한 스케일의 텍스쳐는 마치 어류의 비늘 같이 보이기도 한다. 이 패턴은 쉽게 어울리게 하고 펠트를 만들기에도 좋다. 알파카, 모헤어, 카멜, 캐시미어는 모두 울 섬유의 한 종류다.
실크	잠사로부터 얻어지는 자연 단백질의 실크 원사는 동일한 두께의 장철 필라멘트보다도 더 강하다. 실크는 물에 젖기 쉽고 다양한 색채로 염색이 가능하다. 오간자 organza, 실크 사틴 silk satin, 샤르뫼즈 sharmeuse는 실크 직물의 종류다.
코튼(면)	목화의 씨방으로부터 섬유를 얻어 만든다. 섬유는 가운데가 비어 있고 리본처럼 서로 얽혀 있다. 코튼은 높은 온도에서 사용 가능하고 염색이 잘되고 마모에 강하다. 코튼(면) 직물은 모슬린 muslin, 새틴 sateen, 테리 클로스 terry cloth, 벨베틴 velveteen 등으로 직조된다.
린넨	린넨은 아마 식물의 줄기를 감싸고 있는 내피에서 얻어진다. 린넨은 가장 강한 식물성 섬유이다. 식물의 왁스 성분은 섬유에 광택을 부여한다. 섬유 자체의 자연색상은 옅은 색으로부터 짙은 색까지 다양하며 쉽게 염색된다.

라미(모시)	라미(모시)는 쐐기풀류의 식물 내피에서 얻어지며 종종 린넨과 혼동된다. 실크와 마찬가지로 높은 광택이 있고 매우 강한 라미 섬유는 박테리아, 곰팡이, 마모에 매우 강하며 다른 종류의 섬유와 혼합하여 직조한다. 또한 흡수력이 뛰어나다.
주트(황마)	주트(황마)는 황마류 식물의 줄기와 가지에서 만들어진다. 이 광택이 뛰어난 섬유는 카펫이나 바닥재의 바닥 판, 뒤판에 주로 활용된다.

인공 소재 섬유와 화학 소재 섬유

레이온	울 펄프로부터 생산되는 레이온은 먼저 인공적으로 가공된 섬유다. 코튼과 같이 흡수력이 뛰어나고 섬유 강도가 높다.
아세테이트	목재의 셀룰로스로부터 만들어지는데, 다양한 직경의 크기를 갖는 섬유로 사출되어 만들어지며 실크와 동일하게 짜여진다. 실크와는 달리 강도는 역한 섬유이며 열에 민감하다.
나일론	나일론은 순수하게 석유 화학 공정을 통해 생산되며 대체로 카펫 섬유로 주로 사용되며 열에 민감하다.
폴리에스터	알코올과 카르복실산 carboxyl acid으로부터 생산되며 주름에 강하고 흡수력이 없다. 코튼과 마찬가지로 다른 섬유와 함께 섞어 사용하는 것이 훌륭하다.

성능 특성

마멸 저항: 섬유의 내구성. 섬유의 성능을 평가하는 기본적인 테스트. 반복되는 사이클 혹은 마찰 회수에도 견디는 정도로 평가한다. 그러나 결과는 특별한 시공 상태에서 적정성을 사전에 예상할 수 있는 결과치로 사용하기는 어렵다.

흡수성: 습기를 흡수하는 섬유의 능력. 섬유는 습기에서 강도가 변화하는 경우가 있다. 그러므로 젖은 섬유가 이후 강도를 잃지 않도록 적절한 세척 방식이 결정되어야만 한다. 친수성 hydrophilic 섬유는 소수성 hydrophobic 섬유보다 습기를 쉽게 흡수한다.

음향적 투과성: 섬유를 통해서 소리의 전달 정도를 측정하는 것. 성기게 엮은 섬유는 일반적으로 강하게 직조한 섬유보다 투과정이 높다.

내화성: 열과 화염에 대한 섬유의 저항 정도. 섬유의 최종 처리가 성능에 중요한 역할을 한다.

일반적인 조직

조직 Weaves은 텍스타일을 만드는 섬유를 서로 얽어매는 방식이다. 조직은 종종 섬유의 유형으로 오인되기도 한다. 예를 들어 자카드 jacquard는 섬유 조직의 종류이지만 섬유의 종류는 아니다. 그리고 다양한 유형의 섬유로 자카드 조직을 만들 수 있다. 가장 일반적인 조직의 유형은 아래와 같다.

플레인 위브(평직): 가장 일반적인 조직, 하나의 세로줄이 가로줄을 가로질러 위 아래로 직교하며 짜여지는 패턴, 이 패턴이 스스로 표면과 텍스쳐를 만든다. 생산하는데 저렴하고 내구성도 좋다. 일반적으로 섬유는 코튼, 퍼케일 percale, 보일 voile, 시폰 chiffon, 간자 ganza, 태피터 taffeta를 사용한다. 주로 휘장, 인테리어 소품의 외피, 침구류에 사용된다.

바스켓 위브: 플레인 위브의 변형이다. 일반적으로 두 가지 색상의 섬유를 서로 엇갈려 바스켓을 짜는 방식과 비슷한 패턴을 만든다. 일반적으로 이 조직은 옥스포드 그리고 성직자의 옷에 사용되었다. 대체로 침구류와 베개류에 사용된다.

트윌 위브(능직): 매우 강한 조직이며 연속적인 섬유 줄에 조금씩 변화를 주면서 거리를 두고 대각선 패턴을 만들어 낸다. 이 조직은 하운드스투스(새발 격자무늬, houndstooth), 헤링본 herringbone, 세브론 chevron 패턴을 만들어 낸다. 주로 이 섬유는 게버딘 gabardine, 트위트 tweed, 서지 serge, 데님 denim 조직에 사용된다. 용도는 소파 직물과 쿠션, 베개 등에 사용된다.

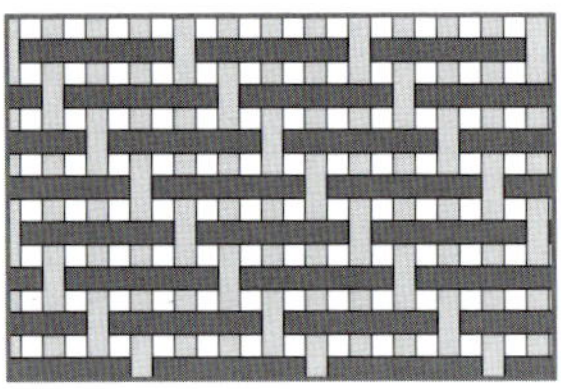

새틴 위브: 각각의 섬유사가 교차하는 4개의 섬유사를 건너서 엮이며, 조직은 부드럽고 윤기가 흐르는 표면을 만든다. 새틴 위브는 주름을 만드는데 매우 좋지만 노출된 섬유 때문에 올이 자주 걸릴 수 있다. 코튼과 같이 더 짧거나 견고한 섬유사로 직조할 경우 새틴(면수사)이라고 부른다. 새틴(Satin)과 새틴(Sateen)은 같은 조직이다. 용도는 휘장, 베개 등에 사용된다.

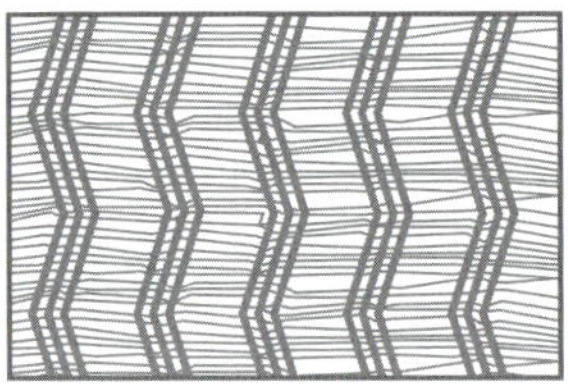

자카드 위브: 개개의 섬유사를 조절하는 특별한 자카드 베틀에서 직조한다. 조직은 더 복잡한 디자인도 가능하다. 패턴을 갖는 섬유를 만들 때 사용된다. 일반적인 조직은 브로케이드 brocade, 다마스크 damask, 태피스트리 tapestry가 있다. 대체로 소파 직물과 벽장식에 쓰인다

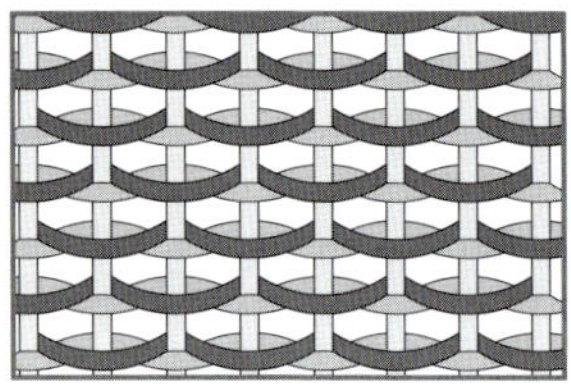

레노 위브: 두 겹의 가로줄에 의하여 만들어지는 느슨한 메쉬로 8자 모양 혹은 모래시계 모양으로 세로줄을 위 아래로 꿰어 직조한다. 일반적인 조직으로는 거즈 gauze, 마퀴젯 marquisette이 있다. 대체로 휘장, 장막에 쓰인다.

패브릭의 처리

패브릭의 마감

내수성: 실리콘 혹은 불화화합물 fluorochemical 마감을 섬유에 적용하여 습기의 흡수에 저항하도록 한다.

방오성: 섬유에 마감을 더하여 수성 그리고 유성의 오염에 저항하도록 한다. 일반적으로 스프레이로 흡착시키고 다른 섬유 마감과 함께 사용할 수 있다.

내화성: 건축물에 설치하는 섬유에 처리하는 마감으로 방화규정에 따른다. 두 가지의 방화처리가 있는데 고분자 화합물 처리방식과 염화물 처리방식이 있다. 직조방식에 따라서 처리 방식을 선택한다.

정전기방지 처리: 섬유에 경직성을 제거하는데 사용하는 처리로, 섬유 소프트너가 효과적이다, 소프트너는 섬유를 코팅하여 정전기의 전도성을 감소시킨다.

제균 및 항균 처리: 습기가 많은 곳에 노출되어 곰팡이, 세균에 약하고 부패하기 쉬운 섬유에 처리한다. 이 마감은 섬유조직에 직접 처리할 수도 있고 생산과정에서 섬유에 처리할 수도 있다.

염색 방식

섬유 염색: 재취 상태 그대로의 자연 섬유 혹은 고분자 화합물 혹은 섬유에 준하는 상태에서 염색을 하는 것.

방적사 염색: 자연 섬유를 인공적으로 늘여 직조하기 위해 처리한 섬유에 염색하는 것.

조직 염색: 직조된 재료에 염색을 하는 것. 사용된 섬유가 모두 동일한 한 종류라면 쉽게 색채를 균일하게 할 수 있다.

다색 염색: 직조된 재료에 서로 다른 색채를 다양한 방향으로 분사 혹은 롤러를 통해 염색한다. 이 방식은 자유로운 패턴을 만들어 낸다. 컴퓨터 기술은 색채를 착색시키는 다양한 방법을 선택하고 조절할 수 있도록 한다.

날염 방식

직접 날염: 롤러 혹은 실린더 인쇄를 통해 섬유에 색채를 적용한다. 서로 다른 롤러는 각각의 색채를 부과하는데 일반적으로 배경색은 백색이다. 2가지 유형의 직접인쇄방식이 있는데 블록 프린팅 block printing과 플랫 베드 프린팅 flat-bed printing이 있다.

스크린 날염: 색채는 스텐실을 통해서 섬유에 착색한다. 서로 다른 스텐실은 각각의 색상에 맞게 제작된다. 스크린 프린팅은 2가지 방식이 있는데 플랫 베드 프린팅 flat-bed printing과 로터리 스크린 프린팅 rotary screen printing이 있다. 큰 사이즈의 프린팅의 경우, 로터리 스크린 프로세스가 더 효율적이다.

발염 날염: 표백제 혹은 화학적 탈색제로 패턴을 조절하여 색채를 흡수시켜 날염한다. 스트라이프 stripes와 포카 닷 Polka dots과 같은 단순한 패턴에는 역순의 프로세스가 사용된다. 더 복잡한 패턴을 위하여 다른 날염 기술과 함께 사용할 수 있다.

천장

천장은 공간의 다른 표면과 마찬가지로 아주 중요하다. 인테리어 디자이너는 여러 종류의 재료를 천장에 사용할 수 있어야 한다. 어떤 경우에, 그대로 노출하여 남겨두기도 한다.

많은 천장은 그 음향적 특성에 따라서 등급이 정해진다. 음향학적으로 중요한 측정 단위는 소음감소율 noise reduction coefficient(NRC)이다. 소음감소율은 소리가 얼마나 흡수되는가에 대한 백분율로 표현된다. NRC 0.8은 직접적으로 재료에 도달하는 소리의 80퍼센트가 흡수된다는 뜻이다.

달아 맨 천장

달아 맨 천장은 서스펜디드 실링 suspended ceiling 이라고도 한다. 가장 중요한 기능은 덕트, 파이프라인, 전선 등의 설비를 가리는데 있다. 달아 맨 천장과 구조체 하부의 사이 공간은 플리넘 plenum으로 부른다. 긴 활주와 T 단면 바가 구조체 하부에 설치한 와이어에 매달려 있고 이 부속재는 기본적인 그리드를 형성하고 다양한 형태의 타일들을 들어 올린다. 그리드는 더 연속적인 천장 면을 만들기 위하여 시스템 내부로 감춰질 수 있다.

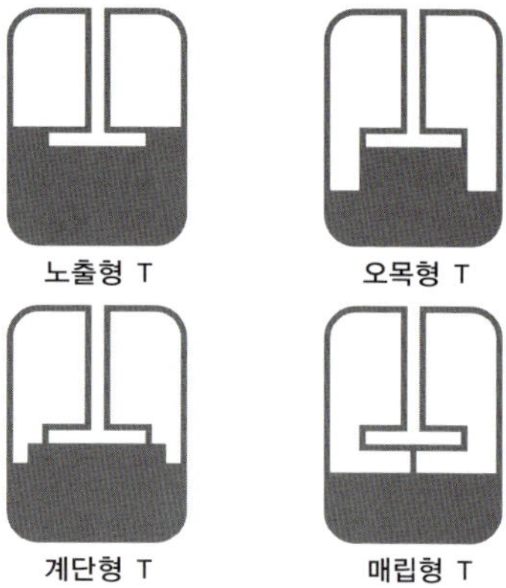

천장 패널

유 형	특 성
메탈 패널	메탈 표면을 갖는 패널은 다양한 마감과 천공 제작에 효율적이다. 후면 흡음재를 부착하고 패널에 다양한 천공을 설치하여 다양한 수준의 흡음 성능을 만들어 낼 수 있다.
흡음 타일	광물 섬유 혹은 유리 섬유를 사용해서 다양한 모서리 디테일과 표면 패턴의 제작이 가능하다. 이 재료는 최고의 흡음 성능을 제공한다.
목재 패널	내화 패널은 목재 베니어를 표면에 부착한다. 흡음 성능은 낮지만 천공을 뚫어 목재의 흡음 성능을 높일 수 있다. 이 재료는 공간에 따스한 분위기와 세련미를 높일 수 있다.
메탈 칸막이	교차하는 T바에 수직으로 매달아 놓은 선형의 메탈 판재. 이 재료는 시스템 설비와 조명기구를 감추는데 사용된다. 다양한 깊이와 색채가 가능하며 독특한 표현도 가능하다.
섬유 패널	엮어 만든 섬유로 마감한 광섬유 패널. 높은 흡음 성능을 갖는다. 시스템 설비와 조명 설비를 가릴 수 있고 공간에 따뜻한 분위기를 부여하며 다른 섬유와도 잘 어울린다.

단단한 천장

많은 주거와 응접 공간의 프로젝트에서 디자이너는 채색되거나 마감 처리된 단단한 표면의 천장을 선호한다. 이러한 천장은 철재 혹은 목재의 프레임 시스템으로 설치되며 천장재와 구조 하부 사이의 공간에 단열을 통해서 음향적 이익을 얻을 수 있다. 집섬 패널 gypsum panels은 가장 널리 사용되는 재료이다. 이 재료는 철재 그물과 와이어 메쉬 위에 시멘트 모르타르로 설치도 가능하다. 천장의 가장 중요한 측면은 마감하는 높이와 시공의 용이함이다. 패널은 매달수도 있고 접착할 수도 있으며 줄눈을 표현할 수도 있고 부드럽게 표면마감을 할 수도 있다. 경우에 따라서 플라스터 표면 마감을 하여 평탄한 면을 만든 후 페인트 작업을 할 수도 있다. 6 단계의 마감 등급은 아래와 같다.

Level 0: 가장 가볍고 손쉬운 마감 단계이다. 임시로 구조체에 시공하거나 아직 마감작업이 결정되지 않은 상황에서 시작한다. 연결부는 결합되지 않고 표면은 처리되지 않는다.

Level 1: 패널 사이의 연결이 가려져야 하는 곳을 시공한다. 예를 들어 천장 하부 공간 혹은 연통 등을 숨긴다. 모든 연결부는 줄눈으로 가려진다.

Level 2: 방수 공사로서 욕실, 부엌, 특별히 타일 혹은 석재 표면의 마감을 하는 곳에 처리를 한다.

Level 3: 질감을 갖는 뿜칠이나 상업적인 제품을 부착하는 것과 같이 어려운 마감 작업을 의미한다. 줄눈을 두 번 시공하여 부드럽게 마감한다. 표면은 프라이머로 마감한다.

Level 4: 거주 혹은 간단한 활용을 위한 시공으로 매끈한 페인트칠이나 가벼운 텍스쳐를 갖도록 마감한다. 조인트와 코너부에는 두 번의 줄눈 시공을 하고 모든 고정 철물과 결속부는 부가적인 도색을 더한다. 표면은 프라이머로 마감한다.

Level 5: 광택이나 다른 반사광을 갖는 마감으로 표면의 결함을 제거하거나 각종 결합 하드웨어가 보이는 곳에는 다음과 같이 시공한다. 컴파운드를 활용한 표면의 마감은 Level 4와 비슷하다. 전체 모든 표면에 최종 마감을 실시한다. 표면은 프라이머로 마감한다.

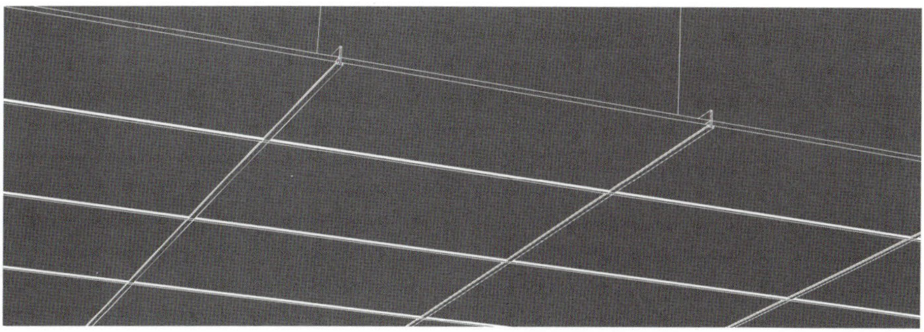

Chapter 11: 텍스쳐

공간에서의 텍스쳐의 균형과 범위의 통합은 잘 고려된 색채 계획처럼 공간 특성을 결정하는 것이 된다. 텍스쳐를 분리해서 생각하는 것은 불가능하다. 공간의 주된 표면을 디자인하는데 있어 통합된 개념의 일부분으로서 텍스쳐를 색채와 결합된 것으로 생각하는 것이 더 효과적이다. 텍스쳐로 작업하기 위해서, 디자이너는 섬유, 석재, 금속, 유리, 목재와 도색에 의한 재료에 의한 표면의 구성과 그에 따라 생성되는 그림자와 반사를 이해해야만 한다. 이러한 모든 효과들은 어떻게 표면이 빛을 받아들이는가와 관계가 깊다. 그러므로 디자인 개념을 텍스쳐로 종합하는 것은 나아가 재료를 선택하고 조명을 디자인하는 것의 조화를 요구한다.

재료의 텍스쳐

기본적으로 두 가지 유형의 텍스쳐가 있다. 시각적인 것과 촉각적인 것이다. 시각적 텍스쳐를 갖는 재료는 목재, 석재이며, 그 텍스쳐는 주로 자연적으로 생성되는 표면질감 그리고 재료자체의 문양이다. 촉각적 텍스쳐는 수공계 혹은 기계공작에 의한 조직과 카펫도 포함된다. 이러한 텍스쳐들은 텍스쳐를 인접하여 서로 대조적으로 사용함으로써 효과적으로 표현된다. 부드러운 텍스쳐와 대조되는 거친 텍스쳐, 투명한 재료와 인접한 불투명한 재료, 반사되는 표면과 인접한 무광택 표현은 디자이너가 마감에 사용할 수 있는 사용할 수 있는 중요한 전략이다.

종이

1. 금속성 비닐
2. 목재표면과 알루미늄
3. 조직화된 베니어
4. 질감을 갖는 비닐

목재

1. 목재, 원목 각재
2. 목재 베니어
3. 압축 보드
4. 코르크
5. 성형된 코르크
6. 얇은 띠 코르크
7. 넓은 띠 코르크

유리

1. 유리 타일
2. 색유리
3. 질감이 있는 유리
4. 합판 유리
5. 질감이 있는 합판 유리

점토

1. 질감이 있는 세라믹 타일
2. 테라 코타 타일
3. 시유 타일/무유 타일 (유광타일/무광타일)
4. 자기질 타일
5. 무기질 타일

석재

1. 석재 조합 타일
2. 대리석 모자이크
3. 대리석
4. 석회석
5. 인조석
6. 화강석

철재

1. 알루미늄 판
2. 다공판
3. 플렉시블 위브
4. 스탬프드 금속판
5. 오우번 와이어

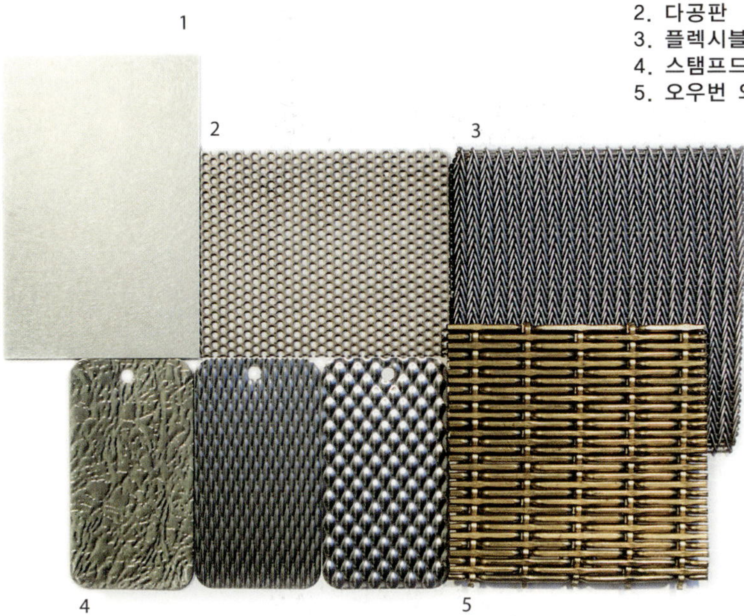

합성재

1. 석영 인조 대리석
2. 석영 인조 대리석
3. 에폭시 코팅
4. 인조석
5. 에폭시 코팅
6. 석영 인조 대리석

텍스쳐와 색채

빛에 대한 반대 작용으로서 색채, 재료, 텍스쳐의 상호작용은 모두 인테리어 환경에 특성을 부여한다. 더 특별하게, 색채의 가치는 어떻게 재료가 그 시각적 혹은 촉각적인 특성을 갖는가에 영향을 미친다. 백색, 중립색, 어두운 색. 기본적인 세 가지 색채의 계열은 디자인 개념은 유지하면서 텍스처의 역할에 특별한 의미를 부여한다.

백색 계열

백색 계열과 함께, 재료의 텍스쳐가 가진 차이에 의하여 생성되는 그림자는 더욱 강력해진다. 결과적으로, 이 계열을 쓰는 전략은 중요한 디자인 개념으로 텍스쳐를 중시한다. 백색 계열은 표면과 텍스쳐에 대조적 특성을 강조하기 위하여 매우 풍부한 자연적인 빛을 받아들이는 것이 가장 중요하다. 예를 들어 창의 셔터가 가진 그림자는 마감면의 풍부함에 부과되는 새로운 표면으로서 강력한 패턴을 부여할 수 있다. 이 백색의 계열은 또한 린넨 그리고 사이잘 카펫과 같은 재료에 자연적인 텍스쳐를 부여할 수 있다. 흑단 마루 혹은 래커칠 표면과 같은 어두운 색조를 갖는 요소들과 연계하여 사용할 경우, 백색 계열은 신선하기도 하고 대담하게 표현될 수 있다. 그러나 이 전략은 세심한 유지 점검이 필요하며 많은 클라이언트에게 실용적인 선택이 아닐 수 있다.

Tow Studios Architecture, Village Duplex, New York. Photo by Bjorg Magnea.

1. 페인트
2. 페인트
3. 패브릭, 우븐 텍스쳐
4. 패브릭. 패턴
5. 패브릭. 패턴
6. 코르크
7. 사이잘 카펫
8. 석영 인조 대리석
9. 대리석 모자이크 타일
10. 가죽, 오우번

중립색 계열

중립색 계열은 디자인적 입장에서 보자면 큰 위험이 없는 편이다. 클라이언트로부터 동의를 얻을 수 있는 가장 손쉬운 방법이기도 하고 세련된 계획을 표현하기에는 가장 어려운 전략이기도 하다. 중립색 계열은 특정한 시대 분위기와 관계하지도 않으며 그러므로 시대에 뒤떨어지거나 하는 일은 잘 없다. 다른 한편으로, 이러한 접근은 재료와 지료 텍스쳐의 풍부한 다양성을 얻지 못한다면, 평범한 분위기가 될 위험이 있다. 중립색 계열은 쉽게 다양한 천연 재료와도 어울린다. 나무, 코르크, 석재와 같이 시각적인 텍스쳐와 촉각적 텍스쳐가 균형을 이룰 수 있다. 강조색을 중립색 계열에 부과할 경우, 전체적인 구성에 균형을 유지하기 위하여 작은 면적으로 적용할 필요가 있다.

Deborah Berke, James Hotel. Photo by Eric Laignel.

중립색 계열은 여린 크림색에서 쿨 그레이 색조에까지 색채의 폭넓은 폭을 모두 담을 수 있다. 이러한 다양한 범위의 색조는 적절한 천연 재료, 목재, 석재, 철재 등과 조심스럽게 매치 시킬 필요가 있다.

여린 색조의 작업은 오크나 애니그레 anigre 같이 중간 톤의 목재와 잘 어울린다. 그리고 석회암 그리고 트래버틴과 같은 따뜻한 느낌의 석재, 황동과 청동 같은 따뜻한 느낌의 메탈과도 잘 어울린다. 쿨 그레이 톤의 작업은 월넛이나 에보니와 같은 어두운 색조의 목재, 아라베스카토 클라시코 arabescato classico 혹은 타소스 대리석 thassos marbles과 같은 밝은 느낌의 석재, 그리고 스테인리스 스틸과 크롬과 같은 차가운 메탈과도 잘 어울린다.

1. 페인트
2. 페인트
3. 모시섬유 벽체 마감
4. 가죽, 우븐
5. 코르크
6. 패브릭, 패턴
7. 석영 인조 대리석
8. 패브릭
9. 패브릭, 셰닐
10. 가죽, 진주광택

어두운색 계열

일반적으로 더 어두운 색일수록 밝은 색 계열 보다 더 텍스쳐의 강조가 필요하다. 왜냐하면, 그림자와 명암을 일기 어렵기 때문이다. 결과적으로 어두운 색 계열은 텍스쳐의 강조를 위해서 재료를 단순화 하여 사용하기 보다는 재료의 반사에 더 의존한다. 고려할 수 있는 어떠한 반사 재료들은 검은 화강암과 검정 래커칠 마감과 같은 광택 표현이 있다. 어두운 색의 재료들은 밝은 색채로 강조된 벽 표현을 함께 사용하여야 한다. 그래서 공간이 지나치게 억압적이거나 우울한 분위기가 되지 않도록 한다.

텍스쳐와 조명

인공조명과 자연조명은 모두 텍스쳐의 시각적인 특성에 영향을 미친다. 공간을 가로지르는 그림자는 시각적인 흥미를 불러일으킨다. 반면 반사되는 표면은 전체 구성에 깊이를 더한다.

Ali Tayar, The OMNIA, Switzerland. Photo by Bruno Augsburger.

1. 페인트
2. 페인트
3. 코르크
4. 광택 화강암
5. 석영 인조 대리석
6. 패브릭, 우븐
7. 패브릭, 패턴
8. 패브릭
9. 쇠가죽
10. 패브릭, 패턴
11. 가죽
12. 목재, 원목 각재

Chapter 12: 패턴

패턴은 요소의 반복, 일반적으로 그리드로 규격화된다. 패턴은 그것이 텍스타일이거나 벽체 마감이거나 바닥 마감이든 상관없이 공간의 표면에 시각적 흥미를 부여한다. 비록 패턴이 텍스타일과 일반적으로 연관되기는 하지만, 패턴은 벽돌 조적벽과 같이 텍스쳐 요소에서도 발견할 수 있다. 반복적인 요소는 눈을 즐겁게 하고 표면에 순서와 균형을 만들어 낸다. 훈련된 인테리어 디자이너는 이러한 패턴들을 의도된 분위기를 생산하는데 사용할 수 있다. 패턴은 특별한 개성을 조명하기 위하여 작은 요소로 사용될 수 있고 모든 요소들을 하나로 결합하기 위하여 모든 표면에 적용할 수도 있다. 패턴을 적용하는 특별한 법칙은 없지만, 인테리어 공간에서 패턴을 가진 표면이 갖는 효과를 이해하는 것은 매우 중요하다.

패턴의 효과

패턴화된 표면은 공간의 비례를 이해하는데 변화를 줄 수 있다. 복잡한 패턴의 거대한 스케일의 반복과 강조된 색채는 거대한 공간에서 더 확실히 표현될 수 있다. 그러나 작은 요소들은 모두 압도한다. 복잡한 패턴들은 패브릭이나 마루 표면에 표현하기에 적절하다. 그리고 벽체에 패턴을 마감하는 작업은 매우 조심스럽게 고려되어야 한다.

수직선들의 패턴은 낮은 천장의 공간에 높이감을 부여할 수 있다. 바닥 면으로부터 천장까지 늘어뜨린 수직선으로 이루어진 커튼은 공간을 더 높게 만들 수 있다. 반대로 수평선으로 이루어진 패턴으로 마감된 공간은 더 넓게 보이고 수평 패턴의 가구들 역시 더 넓게 보이도록 한다.

패턴은 공간의 분위기에 영향을 미친다. 표면에 적용된 모든 꽃무늬는 같은 바닥면에 기하하적 문양보다도 더 복잡하고 생소한 감정을 생산할 수 있다. 패턴은 스타일과 감각의 표현이며 직접적으로 인테리어 공간의 분위기를 만들어 낸다.

패턴은 표면 혹은 가구의 부분들 더 돋보이게 만들 수 있다. 패턴은 전략적으로 시선을 특별한 초점으로 끌어들이기 위해 사용된다.

패턴의 스케일은 표면이 얼마나 복잡하고 다양하며 밀도가 있는가를 결정한다. 예를 들어 작은 무늬의 반복적인 패턴은 공간을 하나의 통일된 공간과 색으로 드러나게 할 수 있다. 그리고 아주 가까이서 관찰 할 때에야 식별할 수 있다.

색채는 패턴에서 아주 큰 역할을 한다. 패턴에서 색채가 더욱 강조되면 될수록, 패턴은 더 역동적이 된다. 만약 패턴이 서로 동일한 색의 다른 색조로 만들어진다면, 매우 미묘한 분위기를 낼 수도 있다.

텍스쳐 또한 패턴을 만드는데 중요한 역할을 한다. 단색조의 텍스타일이 갖는 조직은 패턴을 만들어 내며 평범한 패브릭에 흥미를 부여한다.

패턴의 특성

무한한 패턴의 변화를 정량화하기는 어렵다. 그러나 대부분의 패턴들은 일정한 특성을 공유한다. 패턴은 반복을 통해 만들어진다. 패턴은 표면 전체를 덮고 있는 반복되는 요소가 된다. 요소의 단순성을 얻기 위해서 반복은 정형적으로 그리드위에 올려진다. 패턴에 다양성을 부여하기 위하여 시각적인 축을 따라서 회전되거나 대칭될 수 있다.

정형 반복

회전 반복

패턴은 디자인의 깊이에 의하여 구분될 수 있다. 반복은 재료의 표면에서 작동하는 2차원적인 형상이거나 깊이를 부여하는 3차원적인 형상일 수 있다. 3차원적 패턴은 바닥과 벽체 표면과 같이 평탄한 표면에 가장 효과적이다. 이러한 표현은 요철이 있거나 커튼 장식 등에는 효과가 없다.

2차원적 패턴

3차원적 패턴

제작된 패턴

디자이너는 하나의 혹은 두 가지 방식으로 패턴을 공간의 디자인과 통합시킬 수 있다. 가장 분명한 것은 텍스타일, 월페이퍼, 카펫 등에 기존에 만들어진 패턴을 선택하고 적용하는 것이다. 또 다른 방식은 재료를 시공하면서 각인될 수 있는 재료 본연의 패턴을 부여하면서 표면의 디자인을 제작하는 것이다.

바닥의 패턴

Hacin + Associates, Glass House Restaurant and Bar. Photo by XXX

벽체의 패턴

Studio Ramoprimo, BuonaBocca Bar. Photo by Cristiano Bianchi.

아나벨 셀도르프, 당신과 당신의 작업을 설명해주세요.

셀도르프 아키텍츠 Selldorf Architects는 건축과 인테리어 디자인 회사이며 전시 프로젝트에 감각과 능력이 있는 것으로 평이나 있다. 우리 작품의 성공은 명쾌함과 세심한 미학, 클라이언트와 함께 하는 작업 과정에 의한 것이다. 이러한 공동 작업이 프로젝트의 잘 맞춰진 질적 수준과 특수성을 생산한다. 우리 작업은 우하하게 조율된 공간, 구조의 통합성, 배치와 기능의 명확성, 빛의 세심한 조율에 의하여 규정된다. 이러한 접근은 분위기 있는 디자인을 위한 정확한 디테일을 요구한다.

작품 포트폴리오는 신축과 리노베이션, 특정한 상업시설, 기관, 매장, 주거 프로젝트를 포함하여 폭넓은 범위의 작품들이 있다. 셀도르프 아키텍츠는 무엇보다도 다수의 격조 높은 예술 연고나 프로젝트를 다수 완성했다. 뮤지엄, 갤러리, 예술재단과 전시공간 및 예술가의 스튜디오 등이다.

당신은 건축가 가족에서 태어났다. 그들은 당신의 멘토인가? 혹은 다른 멘토가 있는가?

나의 아버지는 건축가이며 디자이너이자 나의 작업에 큰 영향을 끼친 분이다. 그의 작업은 유럽피안 모던으로 구분할 수 있고 분명 셀도르프 아키텍처의 미학적 기준은 그러한 모더니즘의 전통에 뿌리를 둔다. 그 점은 단지 우리의 출발점이 그러하다는 것이다. 나는 나 자신만의 분명한 전략과 감각을 가지고 있다.

두 명의 다른 건축가가 나의 건축 교육에 영향을 끼쳤다. 그중 한 분은 레이먼드 아브라함 Raimund Abraham으로 Pratt Institute의 이론 교수였다. 또 한분은 콜린 로우 Colin Rowe인데 플로렌스 시러큐스 대학 Syracuse University에서 석사과정을 할 당시 그에게 배웠다.

당신은 누구 혹은 어떤 작품에서 영감을 받는가?

실내 건축 혹은 실내 디자인의 경우, 나는 영감을 얻고자 공간 자체를 관찰하는 것으로부터 시작한다. 각각의 기존 건축물은 그 자체의 내재된 특성을 갖는다. 내가 믿기에 이 특성은 작업을 위한 유용한 시작점이 된다. 그것은 동화됨으로서 시작하는 것이 아니라 근원적인 특성을 규정함으로써 시작된다. 새로운 건설 프로젝트에서는, 그 시작점이 실재하는 것 그리고 지각되는 컨텍스트, 환경의 특성, 클라이언트의 요청, 프로그램 등이며 영감을 위한 토대를 만든다.

리노베이션 작업에서, 당신은 어떻게 당신의 미학적 주제를 기존의 패턴과 장식과 조화시키는가?

미학적 아름다움이 취향과 스타일의 측면에서 주어진 성향이라면 그러한 조화는 전략적인 패션에서 일어난다. 있는 그 자체로의 컨텍스트를 만드는 기존의 개별적인 요소에 대한 비평적인 해석을 통해서 얻어진다. 결과는 아마도 대립적인 요소의 병렬이거나 개별적인 부분들의 분리일 수 있다 그러나 항상 전체의 부분으로 통합된다.

런던의 The Hauser & Wirth Gallery와 뉴욕의 Neue Galerie는 일반적이지 않은 장소이다. 이 장소는 역사적으로 유명한 디테일 때문에 예술 자체를 표현한다. 특별히 벽체의 목재 패널이 그렇다. 이러한 공간에서 예술의 표현은 어떠한 것이라고 생각하는가?

이러한 공간에서 예술의 표현에 대한 나의 입장은 건축물에 있어서 자기 확신이며 그러한 확신의 실제 계획이다.

스페인 마요르카섬의 Palacio Canet에서 색채의 사용은 효과적이고 효율적이다. 마감에 사용된 몇 가지 대담한 색채로 스페인 감각의 색채와 현대적인 감각도 부여했다. 당신은 프로젝트에서 색채에 어떠한 방식으로 접근하는가?

우리는 색채와 텍스쳐를 건축에서보다 패브릭과 가구에 더 많이 사용하는 편이다. 건축에서는 일반적으로 백색이나 중립적인 색채를 선호한다. 어떠한 환경에서는 색채가 컨텍스트에 대한 적절한 해답이 될 수 있다. 어떤 방식으로는, 색채가 공간에 대한 가장 직설적인 해답이 될 수 있다.

당신은 Urban Glass House project에서 개별적인 클라이언트와 잠재적인 계약자 모두를 위한 주거 프로젝트를 계획하였다. 이 계획에서 당신은 다른 접근을 시도하였는가?

각각의 경우에 디자인 접근은 동일하다. 개별적인 클라이언트가 없는 공간을 디자인하는 경우, 프로그램은 다소간 추축에 의한 것이며 클라이언트보다는 셀도르프 아키텍츠에 의하여 일반화된 특수성의 내용들이다. 그러나 디자인 접근 자체는 변화하지 않는다. 덧붙여, 물론 우리의 디자인은 경험을 중시한다.

일반적으로 우리는 개별적인 개인과 밀접하게 공동작업을 한다. Urban Glass House의 경우 잠정적인 구매자들의 요구를 이해하기 위한 더 나은 노력으로 개발업자와 마케팅 컨설턴트와 함께 공동작업을 했다.

재료의 팔레트를 선택하는데 당신만의 방법이 있는가?

재료를 병렬하기 위한 어떠한 성향 혹은 좋고 나쁨은 가지고 있지만, 재료의 팔레트를 선택하기 위하여 특별한 전략이나 방법 등이 있는 것은 아니다. 우리가 선택하는 방식은 클라이언트의 취향 그리고 작업과 비용을 고려한 적절함을 고려하여 반영한 것이다.

당신의 인테리어 프로젝트에서 디자인 결정을 합리화거나 당신의 취향을 클라이언트가 믿도록 하는가? 건축 프로젝트에서는 어떠한가?

클라이언트가 당신의 취향을 믿는다는 것은 어떠한 프로젝트의 성공에 매우 중요한 영향을 미친다. 마찬가지로 당신의 클라이언트에 귀를 기울이는 것은 매우 중요하다. 당신은 그들의 믿음을 확장하고 키워야만 한다. 특정한 수준에서, 이러한 노력은 단지 듣는 것만으로 끝나지 않는다. 당신의 합리적 의도를 그들에게 안내하고 제시하고 설명해야 한다. 이것은 인테리어 프로젝트와 건축프로젝트에 모두 필요한 믿음이다.

당신은 Vica라고 불리는 당신만의 가구제작 라인을 소유하고 있다. 이 회사를 설명하고 어떻게 생겨났는지 이야기해 줄 수 있는가?

나는 할머니가 설립한 가구 공장에서 자라났다. 나의 아버지는 가구도 디자인했으며 Vica의 생산라인에서 몇몇의 가구들은 오리지널 디자인을 각색하여 생산하기도 했다. Vica는 인테리어 가구 컬렉션으로 극히 기능적이고 높은 질을 가진 수작업 공예품들이다. 또한 그 스케일에서 재정의 되어 왔고 전통적으로 모던하다고 여겨진다.

당신이 작업하지 못했거나 혹은 하고자 하는 특정한 건축물이나 프로젝트가 있는가?

나는 내가 해보지 못한 모든 작업을 하고 싶다. 학교, 공공 스페이스, 등 사람들이 더 쉽게 누릴 수 있는 곳.

당신이 진정으로 감동 받았거나 영향을 준 특정한 공간들을 이야기해 줄 수 있는가?

터키 이스탄불의 하기아 소피아 Hagia Sophia. 그 순수한 공간에 감동받았다. 다른 유명한 건축물로는 에릭 군나르 아스푸룬드 Erik Gunnar Asplund의 스웨던 스톡홀름 도서관 Stockholm Library이다. 매우 아름다운 비례를 갖는 공간들, 태양광의 유입, 놀라운 수준의 디테일의 결합 때문이다.

Overleaf Left Martha Washington Hotel and Marta, New York, NY. Photo by XXX.
Right Van de Weghe Townhouse, New York, NY. Photo by XXX.

4.

환경

공간의 무형적 편리함은 종종 직감적으로 감각된다. 그러한 편리함은 공간의 시각적인 특성과 마찬가지로 매우 중요하다. 추운 겨울, 공간을 아늑하게 느끼게 만드는 것은 시각적으로 보여지는 것과 마찬가지로 빛의 유입, 온도, 습도, 공기 흐름의 정도 등과 매우 큰 관계가 있다. 빛은 자연적이든 인공적이든 모든 인테리어 공간의 측면에 기능적으로 감각적으로 영향을 미친다. 그 때문에 디자이너는 어떻게 자신의 개념과 빛을 통합시킬 것인가를 이해해야 한다.

인테리어 디자이너는 난방, 냉방, 전기, 배관설비 시스템을 디자인하거나 구체화하지 않는다. 그러나 디자이너는 자신의 시각을 성취하기 위하여 전문가들과 협력한다. 이러한 목적으로 디자이너는 마치 영화감독처럼 작업한다. 환경이라는 더 큰 개념을 감독함으로써. 이러한 의도된 질적 수준을 한정하는 것에 더하여, 인테리어 디자이너는 편리함을 제공하는 환기구, 라디에이터, 컨트롤 시스템을 시각적으로 숨기고 통합하는데 능숙해야 한다.

Chapter 13: 자연채광

인테리어 실무에서, 매우 자주 자연 채광의 수준을 고려하게 된다. 그러나 디자인 개념과 완전히 통합되는 것은 아니다. 공간으로 유입되면서 통제하고 구분하고 필터링된 자연채광은 여전히, 디자인 전력의 가장 효과적인 수단이 될 수 있다. 빛은 감각적이고 직관적인 방식으로 빛의 특성에 반작용하는 인간의 내적인 성향을 자극할 뿐 아니라 환경의 강력한 요소가 될 수 있다. 디자이너는 태양광이 가득 찬 공간으로 향하는 연속적인 흐름을 조율하는 것이 거주자의 감정을 분명히 밝혀줄 수 있다는 것을 이해해야 한다. 더욱이 실무적인 측면에서 자연채광이 작업의 생산성을 증가시키고 학문적인 환경에서의 효율성을 배가한다는 점을 알아야 한다. 자연채광에서 작업하는 것은 시적이고 기능적인 효과를 넘어서, 성공적인 결과물은 불편하지 않을 만큼의 수준의 밝기, 휘광, 열 흡수 등을 조심스럽게 조절할 수 있어야 한다.

환경 조건

자연광을 활용한 효과적인 디자인을 위하여, 디자이너는 각 실에서의 태양광의 일주와 각 공간과 인접한 외부 환경의 특성을 이해할 필요가 있다. 예를 들어, 창문이 남쪽으로 향한 실은 태양광을 거를 수 있는 잘 식재된 나무를 통해 효과를 볼 수 있다. 특별히 선택된 나무는 계절에 따라 빛을 거르는 방식도 변화한다. 같은 방식으로 북쪽으로 향한 공간은 남쪽으로부터 강한 빛을 받아들일 수 있는 벽체 혹은 조경 요소로부터 효과를 볼 수 있다. 그 결과 내부 공간에 아름답게 반사되는 빛을 끌어들일 수 있다.

방위와 기능

특정 공간에서 의도된 행위들은 자연채광을 어떻게 조절할 것인가를 결정한다. 남측 방향의 공간은 대부분의 기능에 가장 좋은 향을 갖는다. 왜냐하면, 하루 종일 가장 지속적으로 태양광을 유입할 수 있기 때문이다. 대조적으로, 북쪽에 면한 창은 오직 산란된 빛만을 유입한다. 이 경우 예술가의 작업실에 가장 이상적이다. 비슷한 이유로, 북쪽에 면한 실은 모니터에 반사광을 최소화하므로 컴퓨터를 활용하는 공간에 적절하다. 만약 컴퓨터실이 남쪽으로 면하는 것을 원한다면, 디자이너는 창을 조절하여 빛을 통제하는 방식을 가장 중요한 디자인 개념으로 고려해야만 한다.

창호가 서쪽을 면한 경우, 늦은 오후 낮은 일사각으로 태양광을 받아들인다. 거실이나 다이닝룸에 이상적인 조건이다. 그러나 직사광선이 깊게 공간을 통과하므로 눈부심을 감소시킬 필요가 있어 창호의 조절이 필요하다. 동쪽을 면한 창문은 아침 일찍 태양광을 받아들이므로, 아침 식사를 하거나 오피스 환경에서 커피 스테이션을 설치하는데 이상적이다. 침식의 창호는 창호의 디자인과 처리방식의 선택에 영향을 준다. 특별히 동쪽을 향하는 창호에 특히 필요하다.

북쪽 : 산란된 빛
서쪽 : 늦은 오후의 태양광
동쪽 : 이른 아침의 태양광
남쪽 : 가장 일정한 빛

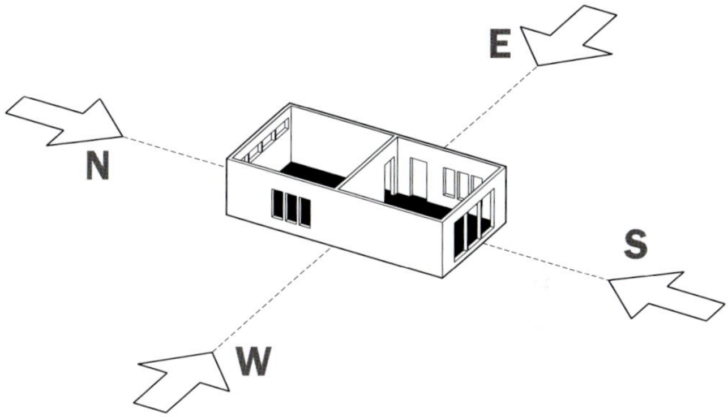

계절의 태양광

태양 경로의 고도는 지속적으로 변화하며 겨울에 가장 낮고 여름에 가장 높다. 태양이 겨울에 하늘에서 가장 낮은 때, 더 많은 태양광과 열기를 공간 안으로 유입되도록 한다. 여름은 그 반대 상황이 벌어진다. 이상적으로 디자이너는 공간에 유입되는 변화하는 태양광의 상태를 1년간의 변화에 따라 고려하여야 하며 아침, 점심, 오후, 저녁 시간대에 빛과 그림자의 정도에 관심을 기울여야 한다. 또 그러한 변화를 사계절 동안 태양의 고도에 따라 변화하는 정도로 이해해야 한다. 직접적인 조사를 통해, 태양의이동에 근거하여 자연채광의 효과는 1년 중 시기와 특정한 장소에 따라서 예상할 수 있다.

태양의 고도는 항상 변화한다. 가장 높은 각은 여름 6월 21에 도달하고 가장 낮은 각은 겨울 12월 21에 도달한다.

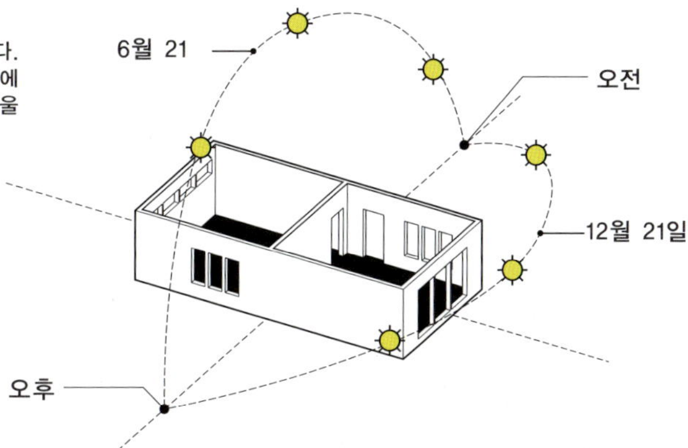

개구부의 구성

벽체와 천장에서 개구부의 치수와 구성은 공간에서 자연채광의 특성을 결정한다. 창문은 태양광을 유입하는 가장 일반적인 방식이다. 그 크기와 구성은 의도된 효과를 만들 수 있도록 형태화할 수 있다. 유리를 직접 통과하는 빛과 더불어 가로 세로 창틀로부터 반사되는 빛은 공간에서 전반적인 빛의 수준과 특성에 영향을 미친다. 창의 개구부와 그 주변 표면의 대조는 조심스럽게 고려해야 한다. 예를 들어, 넓은 폭의 벽체에 몇몇의 펀치 창을 갖는 남쪽에 면하는 공간은 받아들일 수 없는 강력한 대조를 만들어 낸다. 다른 방식으로 거대한 넓이의 유리로 둘러싸인 비슷한 공간은 균일하게 분산되는 빛을 받아들인다.

천창은 공간으로 자연 채광을 받아들이는 다른 방식이다. 천창은 공간에 유입되는 직사광선의 양을 조절할 수 있는 천장 면의 구성과 안쪽 면의 디자인과 마감이 중요하다. 왜냐하면 천창은 원하지 않는 열 흡수를 가져오며 러그, 섬유 패브릭, 예술작품 등을 탈색시킨다. 가장 훌륭한 천창 공간은 하늘을 직접 볼 수 있는 창호가 아니라 천장과 천창 안쪽 곡면으로부터 반사되어 들어오는 빛에 의하여 결정된다.

Neues Museum, Berlin.

자연 채광은 안쪽 곡면 주변으로 반사되어 빛나는 효과를 만들어 낸다. 이 빛은 황금색 금속 띠에 의하여 강조된다.

빛의 조절

자연광은 세 가지 방식으로 빛을 조절한다. 블라인드, 커튼, 가림막과 같이 부가적인 조절장치를 통해서 하거나, 유리를 특수하게 활용함으로 조절하거나, 창호의 개폐방식을 통제함으로서 조절한다. 새로운 유리 기술은 유리 자체에 피막을 덮어 빛을 조절하는 시스템으로서 기능하도록 한다. 유리를 코팅하는 것 또한 공간에 유입되는 빛을 조절하고 특별히 자외선을 감소시킬 수 있다. 창호의 위치와 크기, 간격의 디자인은 빛의 질적 수준을 드라마틱하게 높일 수 있다. 천장면 혹은 공간의 벽체의 창호는 자연채광을 들이고 전체 공간의 표면을 밝게 비출 수 있고 빛의 조도를 높이거나 콘트라스트를 감소시킬 수 있다. 벽체의 깊이는 깊은 창틀을 만들어 조절할 수 있다. 또한 외벽의 경우는 창호와 책장을 줄지어 세울 수도 있다. 이러한 구성에서 종종 창틀은 내부를 향해 경사면을 이루며 만들어져 내부 공간 깊숙이 반사되는 빛을 최대화한다.

창호의 처리 방식은 빛을 조절하는 데 유일한 해결방식이 아니다. 환경이 창호의 처리방식으로 적절히 조절되지 않을 때, 다양한 유리의 종류를 사용하여 유해한 자외선을 조절할 수 있다.

Shelton Mindel Associates, Mindel Loft. Photo by Michael Moran. Photo: Michael Moran

디자인 요소의 통합

자연채광으로 디자인하는 것은 다른 디자인 요소와 조심스러운 통합이 필요하다. 기존 창호의 간격과 향에 기인하는 조도의 콘트라스트가 생기기 쉬운 공간에서는 인공조명과의 조심스러운 균형이 필요하다. 색채 계열 또한 공간의 자연 채광 량과 통합되어야 한다. 직접 유입되고 변화하는 자연 채광으로부터 효과를 얻는 공간에서는 중립적인 색 계열이 더 적합하다. 북쪽으로 유입되거나 혹은 산란된 빛을 받아들이는 공간은 많은 색상을 돋보이게 한다. 토속적인 건축은 그러한 접근을 잘 보여준다. 전통적인 스칸디나비안 건축도 풍부하게 채색되어 있다. 반면 전통적인 그리스와 스페인 주거들은 백색으로 채색되어 있다.

Chapter 14: 인공조명

강력히 각인된 인테리어 공간을 떠올리게 되는데 그러한 공간은 분위기가 즉각적으로 다가오는 장소이다. 그 디자인에서 중요한 역할을 하는 것은 조명이라는 점에서 인공조명의 가능성은 매우 높다. 아늑하고 편안한 레스토랑에서 인공조명은 디자인의 특성과 공간의 특성을 전달한다. 단순한 표면과 색채는 빛을 가장 잘 사용할 수 있도록 선택된다. 벽체는 따뜻한 느낌의 버터 빛의 옐로우를 띨 것이다. 거울과 다른 반사 표면들은 공간을 둘러싸는 양초와 부드러운 조명의 초점을 강조하는 빛을 보여주는데 활용된다.

분위기를 만들어 내는 조명 디자인은 조명디자인과는 조화롭지 못한 접근 방식에 근거한다. 조명디자인은 단지 특별한 조도와 빛의 배치를 찾기 위한 방식이다. 이러한 종류의 완벽하다고할 수 있는 만능의 조명은 유연한 오피스 공간에나 적합할 것이다. 그러나 거의 모든 인간적인 행위들을 위한 인상적인 조명 계획은 사실 불가능하다고 할 것이다. 공간에 의도된 적절한 작업을 이해하는 것은 디자이너가 적절한 조명 전략을 수립하는데 있어 중요한 배경이다. 그러한 이해를 통해 조명계획은 공간 디자인의 기능과 영감을 통합할 수 있게 된다.

Arai Jackson Ellison Murakami, Veil Resaurant, Seattle; Studio Lumen, lighting design. Photo by Richard Spry.

조명의 유형

인공조명은 조명이 수행하는 기능에 따라서 설치하는 것이 가장 좋다. 일반적으로 일반 주변조명 ambient lighting, 강조조명 accent lighting, 초점조명 focal lighting, 작업조명 task lighting으로 구분된다. 일반조명은 공간에 사용되는 일반적인 목적의 조명이다. 이상적으로 일반조명의 광원은 개별적으로 조절하고 하루 중 시간별로 혹은 자연채광이 가능한 정도에 따라서 광량을 조절할 수 있는 다양한 고정조명으로부터 얻는다.

강조조명은 스팟라이트로 작용하여 특별한 예술작품, 건축 디테일 혹은 가구의 부분을 밝히는데 사용된다. 강조조명은 일반적으로 낮은 전압의 고정조명을 사용하며 작동법에 따라서 특정한 오브제에 초첨을 맞출 수 있도록 되어 있다. 눈부심을 방지하기 위하여 광원은 30도 각으로 제한하여 오브제를 조명한다.

일반 조명, 강조 조명의 광원과는 달리 촛대, 벽체 스콘, 램프 등은 시선을 끈다. 이러한 발광체는 공간에서 초점의 역할을 한다. 사실, 종종 초점 광원 focal glow으로 언급된다. 대부분의 성공적인 조명 디자인 방식은 일반 조명과 초정 광원과 균형을 이루는 것이 중요하다.

작업 조명은 특별한 행위를 위하여 빛을 제공한다. 일반적인 오피스 공간에서 조도는 그리드화된 매립형광등으로부터 균일하게 분산된다. 그러나 대체로 각각의 작업대에서 작업 조명을 제공하게 된다. 서로 다른 업무는 각각 다른 조도를 요구하며 그것은 일반적인 기준에 따라 정해져 있다. 조도는 종종 조도 단위인 피트촉광 foot-candles으로 제시된다. 이것은 얼마나 많은 개수의 양초가 1 foot 거리에서 대상 표면에 빛을 투사하는가를 측정하는 방식이다. 또한 미터를 기준으로 측정하는 것은 룩스 Lux라고 한다.

적절한 조도

작업 영역	피트촉광	룩스
주방	20	215
독서/글쓰기	25	270
교실	50	540
전시/시연실	100	1076
컴퓨터실	30	323
오디토리움	10	108
컨퍼런스 룸	30-50	323-540
오피스(칸막이형)	50	540
오피스 랜드스케이프(개방형)	75	807
복도/계단	10	108

조명 일반원리

조명은 표면에 나타나는 광속 luminous flux의 양으로 광량을 측정한다. 흔히 조도 illuminance로 부른다. 다르게는 풋캔들(피트촉광, foot-candles)로도 부르며 스퀘어풋의 조도를 의미한다. 혹은 스퀘어미터의 조도, 룩스 lux로 표현하기도 한다. 인공조명 광원은 램프로 부른다. 램프는 주로 와트 Wattage로 구별하며 이것은 빛의 발광을 의미하지는 않는다. 와트는 특별한 광원의 에너지 소모량이다. 그러므로 백열전구와 형광등은 매우 다른 범위의 와트 단위에 걸쳐 사용되더라도 풋캔들 혹은 룩스 단위의 동일한 광량을 가질 수 있다. 예를 들어 60와트의 백열등은 15와트의 형광등과 동일한 광량을 가진다.

단일한 광원으로부터 발생하는 빛은 직사 태양광과 마찬가지로 광원이 제공하는 밝은 빛의 영역 주변에 어두운 그림자 부분을 형성한다. 점 광원은 표면에 반사와 눈부심을 유발하고 부차적인 특성으로 하이라이트를 가져옴으로 주의가 필요하다. 구름이 많은 날과 같이 산란광은 빛을 일정하게 분산시키며 그림자를 만들만큼 강하지 않다. 이러한 일정한 빛의 분산은 작업자의 눈에 편하기 때문에 작업 공간에 매우 유리하다. 그러나 한편으로 이러한 조명은 다소간 침침하고 생기가 없게 보일 수 있다.

형태가 일정하지 않거나 램프 혹은 위치를 잘못 잡은 고정 램프는 노출된 램프와 마찬가지로 현휘 glare라고 부르는 지나치게 강한 빛을 광원으로부터 유발한다. 현위는 측정할 수 없지만 쉽게 인식할 수 있다. 현휘는 시각을 손상시키며 시각적 불편함을 발생시킨다. 눈은 현휘의 고통을 감소시키기 위하여 찡그리고 감게 된다. 광막반사 Veiling reflection는 또 다른 유형의 현휘로서 유리 등의 광택 표면에 반사를 일으키는 광원으로 생겨난다. 잘 고려된 조명의 분산과 위치 설정은 현위를 감소시키는데 매우 중요하다.

램프의 유형

다양한 유형의 램프가 사용가능하다. 각각은 특별한 색광의 표현, 크기, 에너지 소비, 수명을 갖는다. 이러한 다양한 램프를 사용하는 것은 매우 복잡한 일이다. 램프를 정확하게 사용하기 위하여 디자이너는 램프의 상관 색온도 correlated color temperature와 연색평가지수 color rendering index는 물론 램프의 효율 등급 efficacy rating(1=낮음/저효율, 5=높음/고효율)을 알고 있어야 한다.

상관 색온도

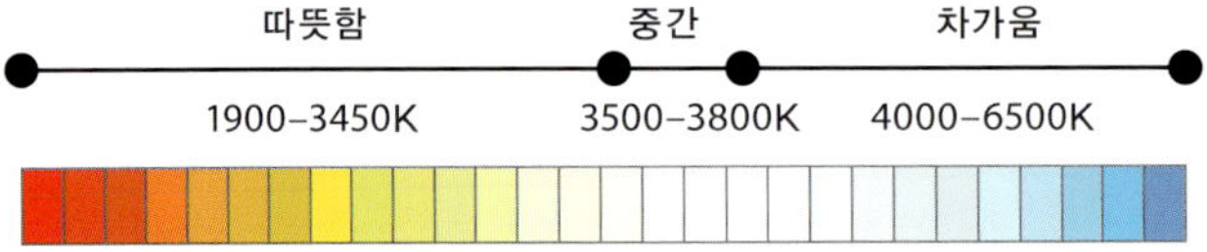

연색평가지수 (CRI)

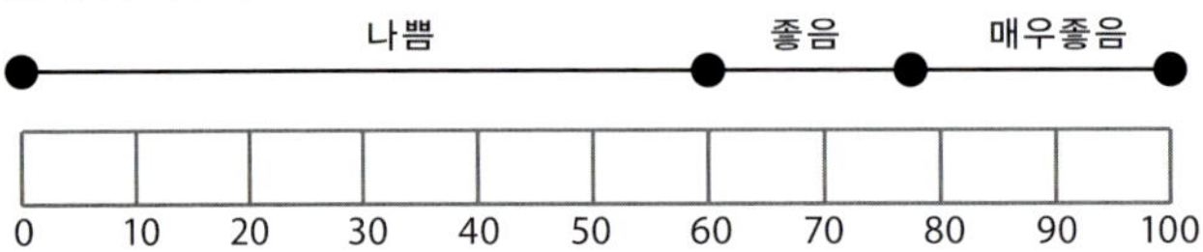

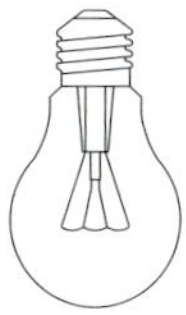

백열등

2600–3100K

100

발광 효율: 1

램프 수명 : 750–1,000 시간

안정기/변압기: 없음

최대광원 준비: 즉시

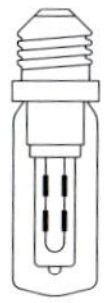

텅스텐 할로겐

3000K

95

발광 효율: 2

램프 수명 : 2,000–3,000 시간

안정기/변압기: 없음

최대광원 준비: 즉시

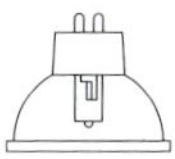

저전압 할로겐

3000K

95

발광 효율: 2

램프 수명 : 2,000–4,000 시간

안정기/변압기: 있음

최대광원 준비: 즉시

형광관

3000–6000K

75–85

발광 효율: 5

램프 수명 : 18,000–24,000 시간

안정기/변압기: 있음

최대광원 준비: 거의 즉시

컴팩트 형광등

3000–5000K

75–85

발광 효율: 5

램프 수명 : 10,000–20,000 시간

안정기/변압기: 있음

최대광원 준비: 거의 즉시

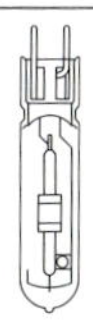

메탈 핼라이드

6000K

65

발광 효율: 5

램프 수명 : 10,000–20,000 시간

안정기/변압기: 있음

최대광원 준비: 5–10 분

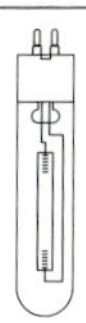

고압 나트륨

2100K

65

발광 효율: 5

램프 수명 : 24,000 시간

안정기/변압기: 있음

최대광원 준비: 3–5 분

새로운 조명 기술

광섬유와 LED 조명 기술은 어느 정도 현실적인 대안이 되었다. 이러한 기술은 디자이너에게 당장 사용할 수 있는 방법을 제공한다. 두 가지 조명 방식은 형광등보다도 에너지 효율이 뛰어나지만 비용적인 측면에서는 매우 고가이다. 소비 시장이 에너지 효율성에 주목하면서 디자이너 역시 이러한 기술들의 장점을 사용하고 점점 더 많이 채택한다.

광섬유 조명

이 기술은 광원으로부터 빛을 전송하는 아크릴 케이블을 사용한다. 빛은 발광체로부터 케이블의 반대쪽 단부에까지 전송된다. 발광체는 다양한 와트의 단순히 텅스텐 할로겐램프 혹은 메탈 핼라이드 램프 박스로 만들어진다. 텅스텐 할로겐 램프는 훨씬 일반적이다. 그러나 메탈 핼라이드 램프는 일반적으로 규모가 큰 계획에 사용된다. 아크릴 케이블은 묶음으로 만들어지고 케이블의 단부는 램프 박스에 직접 설치된다. 발광체는 쉽게 접근할 수 있는 장소에 램프를 교환할 수 있도록 적절히 설치되어야 한다. 또한 발광체는 램프에 의하여 축척되는 열을 빼낼 수 있도록 환기가 필요하다.

조명 디자인에 따라서 한 손에 집을 만큼의 아크릴 케이블 보다 적게 사용할 수도 있고 혹은 수백가닥의 케이블을 사용하기도 한다. 케이블의 길이는 시공 방식에 따라서 매우 다양하다. 그러나 일반적으로 50피트(15미터)를 넘지 않도록 한다. 그래야만 케이블을 통한 빛의 전송이 용이하다. 이 시스템의 장점은 접근하기 힘든 장소에 복수의 조명을 설치할 수 있고 발광체 내부의 하나의 램프로 조명을 조절할 수 있다는 것이다.

LED 조명

LED(light-emitting diodes)는 전기 에너지를 사용한다. 그리고 형광등보다도 10배가 넘는 수명을 갖는다. 또한 일반적인 조명에 사용하기에는 비용이 크다. LED는 레드, 그린, 블루의 광원의 높은 강도를 사용한다. 이 세 가지 광원을 조합하여 사용함으로써 조명은 백색광을 만들어 낸다.

상대적으로 관계하는 색 온도

백열등

텅스텐 할로겐

저전압 할로겐

차가운 색의 형광관

다양한 색채의 조합을 통해서 선택적인 색채의 스펙트럼을 만들 수 있다. LED는 인테리어 디자인에서 벽체를 선택된 색채 조명으로 치장하거나 부분을 드러내기 위하여 강조하는데 효과적으로 사용된다. 이 기술의 발전으로 조명 디자인은 훨씬 더 용이해지고 결과적으로 조명의 목적과 기능을 구체적으로 활용할 수 있게 될 것이다.

조명 관련 용어

디밍 안정기 Dimming Ballast : 형광등에 설치된 조광기를 통해 빛의 강도를 조절하는 기구

발광 효율 Efficacy, Luminous Efficacy : 사용되는 전력이 빛으로 전환되는 효율성. 효율은 소모되는 와트에 대하여 발광되는 루멘의 수치로 측정된다.(lm/W)

변압기 Transformer : 전압을 높이거나 낮추는 장치

상관 색온도 Correlated Color Temperature(CCT) : 광원의 빛스펙트럼의 특성, 켈빈 온도(K)로 측정된다. 더 낮은 온도 일수록 더 따뜻한 분위기(옐로우/레드)를 만들어 낸다. 온도가 높을수록 더 차가운 느낌(블루)을 갖는다. 새벽의 태양광은 1900K의 차가운 온도를 갖지만, 운량 10인 하늘은 6527K의 온도를 갖는다.

안정기 Ballast : 초기 작동에 필요한 전력을 공급하고 작동 중 전력 변화를 감소시키며 조절하는 기구

연색평가지수 Color Rendering Index(CRI) : 1에서 100까지의 단위로 오브제 혹은 표면에 비추는 광원의 효과를 기술한 것. 지수가 높을수록 더 자연색을 보이며 오브젝트는 생기 있게 표현된다.

저전압 램프 Low-Voltage Lamp : 6~12볼트의 낮은 전압으로 작동하는 백열 램프

휘도 Luminance : 오브제에 의하여 반사되거나 전달되는 빛의 량

따뜻한 색의 형광관

콤팩트 형광등

메탈 핼라이드

고압 나트륨

Chapter 15: 설비시스템

공간의 무형의 편의성, 온도, 공기순환, 습도 등은 성공적인 디자인을 통해서 얻어진다. 그러나 상태가 나쁘거나 적절치 않은 경우 많은 불만의 원인이 된다. 더욱이 편의설비, 디퓨져 diffusers, 라디에이터, 그릴 grilles, 온도조절장치 thermostats 조명 lights, 콘센트 등은 아주 흔한 기성 제품을 사용하면 쉽게 눈에 거슬린다. 이러한 문제와 도전에서 디자이너는 가장 훌륭한 설비와 기계 공학적 기술을 선택하고 디자인 프로세스 초기에 협업하는 것이 매우 중요하다.

성공적인 인테리어 디자인 프로젝트의 중심에는 기계설비, 전기, 배관 시스템을 위하여 통합된 조절과 선택이 필요하다. 디자이너는 초기 인테리어 디자인에서부터 조명 스위치, 리셉터클, 환기구 등을 통합할 수 있어야 한다. 일단 잘 고려되고 선택되어 적용된 후에는 이러한 일상의 요소들이 눈에 거슬리지 않도록 현명한 해결방안을 최대한 빨리 발견할 필요가 있다. 예를 들어 디퓨져는 전체 천장 디자인 개념과도 통합해야 한다. 개념의 표현을 위하여 천장면과 구조체 사이에 선형의 디퓨져를 숨기거나 디자인적으로 통합함으로써 공간의 특성을 한정할 수 있다.

빌딩 시스템의 원리

기본적인 빌딩 시스템은 난방, 냉방, 환기(HVAC)를 포함한다. 방화 및 안전 등의 다른 시스템은 여기에서 언급되지 않으나 디자인을 하는 과정에서는 반드시 고려되어야 한다. 엔지니어는 빌딩 시스템을 공학적으로 디자인할 책임이 있다 반면 건축가와 디자이너는 시스템을 통합하는데 함께 작업한다. 결과적으로 디자이너는 전체 건축물의 모든 범위의 빌딩 시스템을 개념적으로 이해해야한다. 조명의 설치, 급기 및 배기 디퓨져, 다양한 안전장치 등을 천장 평면에 적절히 배치하고 담당 엔지니어와 함께 도면을 공유하고 공동 작업해야 한다.

기계설비 시스템

공기, 물, 전기 등을 활용하여 열적 쾌적성을 제공할 수 있다. 각각의 선택은 처한 상황에 따라 다르다. 덕트를 이용한 공기순환시스템은 난방과 냉방 모두를 제공할 수 있다. 물순환시스템은 난방에는 경제적이나 냉방에는 이상적이지 않다. 전기순환시스템은 활용하는데 비용이 크게 들지만 많은 설비를 할 필요는 없다.

덕트에어시스템

건축물에 난방을 위해 다양한 유형의 공기순환시스템이 사용된다. 가장 일반적인 것은 다음과 같다.

싱글 존 시스템	이 시스템은 전체 건축물을 하나의 영역으로 통합하고 하나의 온도조절 시스템과 공기조절시스템으로 관리한다. 주거와 소규모 건축물에 일반적이다. 다소간 복잡한 시스템은 하위의 복수 영역으로 구분하여 관리하기도 하며 서로 다른 영역을 관리하는 덕트를 하나로 묶어 통합하여 온도조절시스템에 연결한다. 온도는 다양한 영역에서 조절할 수 있으나 모든 영역들은 동일한 방식의 난방 혹은 냉방 방식을 토대로 작동한다.
멀티존 시스템	이 시스템은 뜨겁거나 차가운 공기를 중앙 제어장치에서 생산한다. 공기는 덕트를 통해서 각각 분리된 온도조절장치로 통제되는 서로 다른 영역으로 분산된다. 싱글 존 시스템과는 달리, 이 시스템은 뜨겁고 차가운 온도의 공기를 동시에 만들어낼 수 있다. 이 시스템은 큰 유연성을 갖지만 에너지 소비가 크다.
싱글 덕트 리히트 시스템	이 시스템은 매우 차가운 공기를 하나의 단일한 덕트를 통해 전체 건축물에 공급한다. 재가열 코일을 가진 덕트 단부의 장치를 통해서 원하는 온도의 공기로 조절한다. 항상 일정한 환경 조절 상태를 원하는 곳에 적절한 시스템이다. 이 시스템은 공기를 차갑게 하고 그리고 각 영역에서 재가열하므로 시스템의 에너지 효율은 좋지 못하다.
베리어블 에어 볼륨 시스템	이 시스템은 덕트 시스템에 조절 댐퍼를 설치하여 특정 영역에 공급되는 공기량을 변화시킴으로써 온도를 제어한다. 온도가 낮으면 댐퍼는 공기 흐름을 줄이기 위하여 닫힌다. 또 온도가 올라가면 댐퍼가 열려 더 많은 공기를 유입시킨다. 이 시스템은 중규모에서 대규모의 빌딩에 일반적인데 높은 에너지 효율 때문이다. 단점이라면 냉방과 난방 시스템 모두 동시에 운용할 수는 없다는 점이다.

디퓨져의 설치

공기순환시스템은 덕트 단부에 급기를 위한 디퓨져, 레지스터 혹은 그릴이 필요하다. 공간의 디자인에 따라서, 덕트는 노출되거나 천장면 위로 매립될 수도 있다. 그러나 디퓨져는 고르게 분산시켜 배치하고 외벽에는 열의 손실과 흡수를 고려하여 근접시켜 배치한다. 따뜻한 공기는 상승하기 때문에 급기는 일반적으로 천장에 설치하거나 벽의 상부에 설치한다. 배기는 열기를 흡수하고 공간으로부터 묵은 공기를 빼내기 위하여 급기구와는 거리를 두고 설치한다. 배기 디퓨져, 레지스터, 그릴은 천장 혹은 벽체 혹은 바닥에도 설치 할 수 있다.

물순환시스템

물순환시스템은 물의 온도를 이용해서 공간의 냉방과 난방을 제공한다. 보일러는 물을 데워 난방시스템에 활용하고 반면에 냉각기는 물을 냉각시켜 냉방시스템에 사용한다. 시스템은 다음과 같은 것이 주로 사용된다.

핀튜브 라디에이터	핀튜브 라디에이터는 많은 구리 핀을 가진 동파이프로 만들어진다. 구리핀들은 파이프의 뜨거운 물로부터 열기를 복사한다. 차가운 공기는 핀 튜브의 아래에서 끌어들인다. 더운 공기는 그리고 나서 상부로 내보내고 실을 데운다. 핀튜브 라이에이터는 일반적으로 외벽의 아래편에 설치되며 주로 난망을 위해서 디자인된다.
팬코일 유닛	팬코일 유닛은 난방과 냉방 혹은 각각을 개별적인 공간에 제공한다. 팬코일은 뜨겁거나 차가운 물이 흐르는 하나 혹은 두 개의 코일과 팬으로 만들어진다. 팬 속도를 조절하고 물의 흐름을 조절하거나 전기 코일을 전원을 조절하여 다양한 세팅이 가능하다. 팬코일 유닛은 주로 외벽에 설치되며 부피가 큰 편이다. 그러나 매립형과 소형의 유닛은 공간을 적게 차지하도록 디자인되기도 한다.
라디언트 히팅 시스템	라디언트 히팅 시스템은 표면으로 열을 복사하는 뜨거운 물이 담긴 유연한 관들의 망으로 만들어진다. 이 시스템은 바닥 혹은 천장에 설치되며 공간에 온기와 편안함을 제공한다. 주로 주거에 적용되는 것이 많고 특히 욕실에 사용된다. 다양한 유형의 시스템이 신축과 리모델링에 사용되도록 제작된다.
스틸 패널 라디에이터	스틸 패널 라디에이터는 오래된 철재 주물 라이에이터와 비슷하게 작동한다. 그러나 이전의 것보다는 세련되고 공간도 효율적이다. 패널에는 물 순환 통로를 통해 물이 순환되며 복사와 대류를 통해 공간을 데우게 된다.

전기 난방 시스템

전기 난방 시스템의 중요한 장점은 부과적인 설비가 필요하지 않다는 것이다. 또한 쉽게 설치가 가능하고 상대적으로 크기도 작다. 단점은 운용하는데 매우 고가이며 에너지 소비도 크다. 전기 난방 시스템을 가장 잘 사용하기 위하여 공기난방시스템과 조합으로 열원을 함께 사용하는 것이 유리하다.

자연적인 대류 유닛은 이곳을 흐르는 차가운 공기를 데운다. 따뜻한 공기는 상승하고 공간을 데운다. 이러한 유닛은 일반적으로 벽체의 하단 혹은 바닥에 설치한다. 대치로 외벽 주변에 설치된다.

전기난로는 공기를 분산시키기 위하여 자연 대류를 사용하지 않는다. 대체로 팬을 통해 공간에 데운 공기를 불어 넣음으로써 열을 전달한다. 전기난로는 다양한 형태와 크기로 생산되며 요구되는 용량에 따라 차이가 난다.

전기 시스템

전기는 지역 전력회사로부터 고압의 전류를 변압기로 받아서 건축물에 인입된다. 변압기는 전류의 전압을 낮추고 단상 전류로 전환한다. 단상 전류는 미터기로 인입되고 사용된 전력양이 기록된다. 인입된 전류는 배전반을 통해서 독립된 선로를 흐르며 개별적인 실로 분전된다. 내화 피복된 전선은 단단한 금속 배선관에 넣어져 최종 사용위치로 전달된다.

인테리어 디자이너는 전기 엔지니어로부터 계획을 공유하고 스위치 switches, 콘센트, 조광기 dimmers, 배전반 electric panels 등의 위치를 결정해야한다. 디자이너는 배선도를 이해하며 조명의 조절과 디자인 의도에 맞는 설비 작업을 확인할 수 있어야 한다. 기본적인 전기 기구들은 다음과 같다.

120볼트 콘센트	편의를 위한 배선 인출구를 의미한다. 120볼트 인출구는 해당 전자제품 및 설비를 위해 설치된다. 인출구의 공간은 서로 다른 용도에 따라 법적으로 규정된다. 또한 절절한 설치 높이와 크기, 깊이가 제공된다.
220, 240볼트 콘센트	220 혹은 240이상의 높은 전압의 전기를 공급하기 위하여 설치한 배선 인출구. 우리나라에서는 대부분 220볼트의 인출구로 설치된다.
277-볼트 콘센트	어떠한 종류의 형광조명은 277볼트 이상의 전원을 요구한다. 구리선의 크기를 줄이고 선로에 더 많은 조명을 설치함으로써 효율성을 높일 수 있다.
접지 사고 차단기 (소호消弧 인터럽터)	습기에 노출되거나 가까운 곳에 설치되는 리셉터클을 위하여 특별히 제작된 것으로 일반적으로 욕실, 주방에 사용된다. 습기에 노출될 경우, 장치는 자동으로 전류를 단절시켜 화재나 충격의 가능성을 제거한다. 배전판에는 자동회로 차단기를 설치한다.
데이터 콘센트	데이터 리셉터클은 저전압의 전기통신 시스템으로 전화, 컴퓨터 통신, 네트워크 등을 가능하게 한다. 데이터 리셉터클을 새로 장착하기 어려운 곳에는 무선 시스템을 사용하는 것이 좋다.
비상등	비상등은 상업시설 혹은 중대규모 주거시설에 법적으로 설치해야만 한다. 전기가 끊어질 경우, 비상등은 거주자가 건축물을 안전하게 탈출할 수 있도록 충분히 오랜 시간 유지되어야 한다. 비상등은 충전 배터리 팩 혹은 더 큰 장치를 통해 독립된 전원으로부터 작동되며 비상 발전기에 의해 가동될 수도 있다.

조명의 제어

조명 설치의 계획과 조심스러운 설치와 제어를 위하여 디자이너는 조명의 다양한 제어방식에 대하여 기본적 이해를 습득해야 한다. 조명 제어 장치는 대부분의 일반적인 제어 방식으로 사용되는 벽체매립 조광기에서부터 복잡한 조명 관리 시스템까지 다양하다. 복잡한 조명 관리 시스템은 에너지 소비를 모니터할 수 있는 큰 규모 건축물에 설치된다. 조명 제어 설비는 기본적으로 두 가지 목적으로 제공된다. 조명으로 분위기를 만들고 설정하는 것과 에너지를 절약하기 위한 목적이다. 특정한 기능에 적절하게 작동하고 예산에 맞는 적절한 시스템을 찾는 것은 다음 시스템을 적절히 조합하여 사용하는 것을 고려할 필요가 있다.

벽체 매립 조광기	벽체 매립 조광기는 가장 일반적인 조명 제어 장치다. 벽체에 매립된 조광기는 거주자가 공간의 광량을 조절하는데 사용된다. 조광기는 다양한 형식으로 제작되며 슬라이드, 로터리, 터치패트 방식으로 생산된다.
프리셋 디밍 컨트롤	프리셋 디밍 컨트롤은 특별한 공간에 특정 조명 연출 시나리오를 만드는데 사용된다. 컨퍼런스 룸은 일광에 적절한 주간 미팅을 위한 조명 세팅과 햇빛이 없을 야간 미팅에 적합한 조명, 프로젝터를 이용한 프레젠테이션을 위한 조명 세팅, 일과 후와 유지 관리를 위한 조명 세팅을 미리 지정할 수 있다. 일반적인 스위치 패널과 같이 벽체에 매립된 제어 패널을 조작함으로써 사전에 설정된 조명을 사용할 수 있다. 이러한 사전 설정은 시간설정 시스템과 함께 조합해서 하루의 특정한 시간대 별로 환경을 변화시킬 수 있다.
타임 컨트롤 시스템	타임 컨트롤 시스템은 시계를 사용하여 조명 시스템을 미리 프로그램된 일정에 따라 변화시키거나 끄거나 켤 수 있다. 선택할 수 있는 범위와 작동 스케일은 매우 넓다. 하나의 공간을 개별적인 시간 설정에 따라서 혹은 전체 건물을 전기 제어 시스템으로 통합적으로 제어할 수도 있다.
사용자 감지 센서	사용자 감지 센서는 공간 내에 사용자를 감지하여 조명을 제어한다. 수동적으로 감지하는 적외선 혹은 자외선 센서들을 공간의 크기에 따라 벽체나 천장에 매립한다. 욕실과 같은 작은 공간에는 일반적으로 벽체에 센서를 매립하고 개폐장치 혹은 조광기를 함께 설치한다. 거대한 공간에는 복수의 돌출형 센서가 유리하다. 대부분의 센서는 특정한 공간에 절절하게 민감한 정도를 조정할 수 있다.
태양광 센서	태양광 센서는 공간으로 유입되는 빛의 양을 감지한다. 그리고 자연채광이 충분한 경우 인공조명을 줄인다. 이 센서는 남측에 면한 실에는 매우 중요하다. 하루 종일 지속적으로 일정한 빛의 량을 유지할 수 있도록 한다.
조도 유지 컨트롤	조도 유지 컨트롤은 특정 공간에서 새로운 램프의 밝기와 오래된 램프의 밝기감소 그리고 여러 램프의 균형을 유지하는 방식으로 조도 수준을 유지한다. 그리고 광전자 센서를 통해서 희망하는 조도 수준을 감지한다. 이러한 시스템은 램프의 광량을 조절하기 위하여 모든 램프에 조광기와 제어 시스템을 연결해야 한다. 최근에야 광속 유지 컨트롤은 일반적으로 사용할 수 있을 만큼 가격적으로 적절해졌다.

배관설비 시스템

배관설비 시스템은 상수를 끌어오고 오수와 쓰레기를 건축물로부터 배출한다. 이 시스템은 엔지니어에 의하여 디자인되지만 디자이너는 언제 고정 설비를 설치하고 이전하는 것이 적절한 것인지 정도는 알아야 한다.

라이저 riser라고 부르는 수직 파이프를 통해 압력을 얻어 용수를 욕실과 주방 혹은 생활용수가 필요한 곳으로 공급한다. 이 파이프는 직경이 작고 일반적인 두께의 벽체 내부에 보이지 않도록 숨겨져 설치될 수 있다. 수직 라이져는 수평 파이프와 연결되고 고정 수전으로 연결된다.

이보다 좀 더 어려운 대응적인 설비는 하수설비 시스템이다. 이 시스템은 중력을 활용하여 폐수를 하수관으로 이동시킨다. 하수관설비는 항상 경사를 가진 낮은 쪽으로 설치된다. 그 경사도와 설치방식은 법규로 제한된다. 수직 하수관은 싱크와 욕조로부터 오수를 전달하며 배수 수직관 Waste Stack이라고 부른다. 그 직경은 일반적으로 벽체의 내부에 매립할 수 있도록 충분히 작다. 위생도기에 직접 연결되는 하수관은 오수배관 soil stack으로 부른다. 오수배관은 직경이 다른 하수관에 비해 두 배가 된다. 따라서 일반적인 벽체 내부에 매립할 수는 없다. 하수 배관과 오수 배관은 빌딩 전체에 수직적으로 지붕까지 설치되어 적절한 환기가 되어야 한다.

각각의 배관 설비는 트랩 trap이라고 부르는 S-형태의 파이프를 갖는다. 이 트랩은 오수가 넘치거나 역류하는 것을 막는다. 트랩은 또한 하수관에서 악취가 올라오는 것을 막는다. 모든 하수관은 건물 내부의 위아래로 연결되어야 하므로, 설치 공간의 상하부에 영향을 미치지 않고 배관설비의 위치를 변경하는 것은 매우 어렵다.

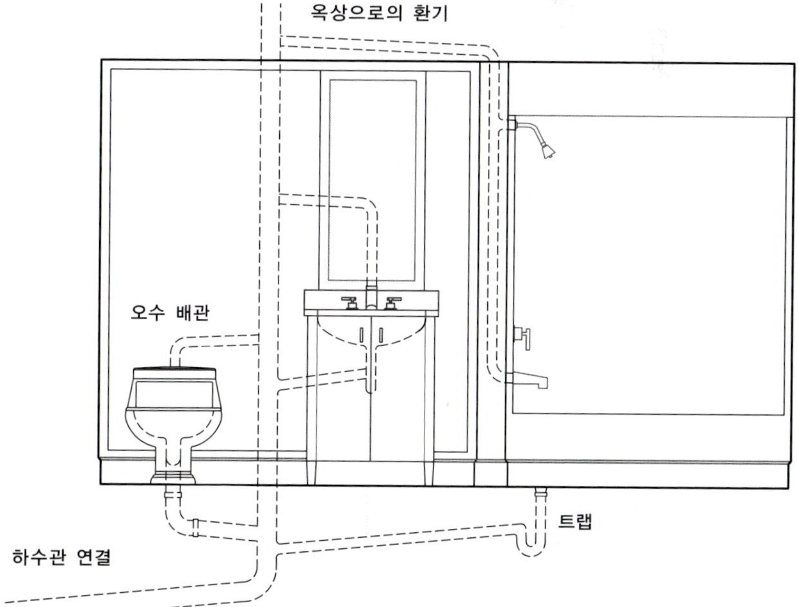

조르주 야부 George Yabu와 글렌 푸셀버그 Glenn Pushelberg, 두 분께서 야부 푸셀버그 Yabu Pushelberg와 어떠한 작업을 하는지 이야기를 부탁드립니다.

우리는 두 가지 영역에서 특화된 인테리어 디자인 실무를 진행한다. 소규모 상점과 호텔을 주로 한다. 우리는 토론토와 뉴욕에 사무실을 가지고 있고 최고의 작업을 함께 할 수 있는 클라이언트와 작업하기를 희망한다. 우리는 거대한 시장 혹은 중간 지대에서 작업하는 것에 관심이 없다. 그러나 어떠한 비전을 제시하는 무엇인가를 성취하고자 하는 클라이언트가 있다면 우리는 그 비전을 성취하고자 기꺼이 작업한다.

우리는 우리가 하는 작업이 최고가 되고자 분투한다. 우리는 모든 팀원과 함께 미팅을 하면서 디자인 리더가 목적을 결정하도록 한다. 어떻게 우리는 더 나은 디자이너가 될 것인가? 어떻게 우리는 신입 디자이너를 더 훌륭하게 교육할 것인가? 우리는 어떻게 더 나은 클라이언트를 발견할 것인가? 이러한 모든 감동적인 목적들은 점점 더 커지는 것은 아니지만 더 나아지는 방향으로 변화한다. 그 점은 우리에게 더 중요하다. 우리는 세계의 새로운 영역에서 작업하기 위하여 관심을 가지고 있고 흥미로운 방법을 시도하기도 한다. 우리가 무엇을 하고 있는가를 심사숙고하지만 단순한 스타일을 갖고자 하는 것은 아니다. 우리의 작업 프로세스는 다소 실험적이며 사고를 확장하는 것이다.

당신의 작업은 가구에서부터 인테리어 공간을 통합하는 접대 공간에까지 다양하다. 모든 프로젝트에 적용하는 특별한 방법론이 있습니까?

당신만의 시작점 혹은 영감을 찾는 것은 새로운 클라이언트와의 미팅이 될 수 있다. 새로운 장소에 찾아가고 새로운 프로그램을 이해하는 것, 클라이언트의 비전 혹은 작업의 컨텍스트를 이해하는 것, 함께 작업하고 있는 건축 등이 모두 시작점이 된다.

개념적인 프로그램을 발전시키기 위한 시작과 사전 조사의 시발점이 될 수 있는 시점이 있다. 예를 들자면, 우리가 새로운 뭄바이의 만다린 오리엔탈 호텔 Mandarin Oriental Hotel을 작업할 때와 같다. 우리는 사실 인도 문화의 깊이와 성향에 영감을 얻었고 인도의 예술과 공예품이 가진 시각에 영향을 받았다. 또한 젊은 사업가의 비전에 동기를 부여받았다. 그는 최고의 호텔 사업가가 되고 싶어 했고 이미 부를 획득한 계층인 인도 영화 산업의 군중과 국제적 소비자들을 끌어들이고자 했다. 그러한 의도에서, 만다린 오리엔탈 Mandarin Oriental과 같은 오래되고 부유한 기업을 인수하는 의도가 무엇인지 그리고 새롭고도 적정한 것은 무엇인가를 재정의하게 되었다.

우리는 모든 정보를 면밀히 조사하고 정리하여 특별한 프로젝트를 위한 적절하고도 새로운 그리고 시각적인 언어를 발전시키고자 했다. 이 방법은 단순히 직설적인 방법론이 아니다. 그러나 정신적이고 시각적인 정보들을 종합하는데 토대를 둔 것이다. 종합하고 축약하여 이를 비틀어 새로운 것으로 다시 생성하는 것이다. 작품이 특정한 스타일을 고수하는 것이 아니라는 것이 중요하다. 스타일은 쉽게 받아들여지고 쉽게 빠지기 쉬운 디자인 경향이다. 우리는 그러한 스타일에 관심을 두지 않는다. 우리는 특정한 스타일의 추종자가 아니다.

이 단락은 인테리어 디자인의 여러 시스템적 측면들에 집중하고 있다. 먼저 공간을 만드는 것에 대하여 부차적인 것으로 여겨지지만 사실 디자인을 이해하고 경험하는 것을 통합하기 위한 방식이다. 이러한 문제를 건축 실무에서 어떻게 접근하고 있는가?

우리는 소리, 빛, 움직임의 다양한 측면들이 매우 흥미롭다고 생각한다. 특히 우리가 작업한 소호의 아모레 퍼시픽 스파 Amore Pacific spa에서, 우리는 동선에 의하여 조직되는 예상 이미지와 함께 행동 분석 소프트웨어를 사용하였다. 우리는 바람에 벚나무 꽃이 떨어지면 남겨지는 향기를 투영했다. 그리고 당신이 가까워질수록 벚나무 꽃향기도 당신을 따를 것이다. 혹은 스크린에 당신이 다가갈수록 스크린에 이미지가 나타날 것이다. 그러므로 누군가의 감각을 사용하고 기술을 유연한 방식으로 사용하는 것은 효과적이기만 하다면, 더욱 감각적으로 역동적인 인테리어 공간을 창조한다.

레스토랑, 바, 호텔의 디자인에서 인테리어 공간의 성공은 대단한 아이디어로부터 나온 것이 아니다. 그것은 감각적인 해답을 창조하는 여러 부분들의 종합을 통해 만들어진다. 어떻게 더 회화적인 방식으로 조명을 사용하는가. 어떻게 유연한 방식으로 기술을 사용하는가. 공간에서 무엇을 들을 수 있는가. 공간의 음향학. 이러나 인식을 강화하는 모든 것. 이러한 것의 종합으로 만들어 진다. 소리는 다소간 다루기 힘든 것이다. 그러나 어떠한 경우에, 효과적으로 사용될 수 있는 것이다.

유연한 기술의 개념은 어떻게 당신이 인테리어 디자인 실무를 진행하는 방식을 변화시키는가? 그것은 과거 시작부터 지금까지 어떠했는가?

바로 지금 우리는 많은 설치작업에서 예술을 활용한다. 왜냐하면 우리 인테리어 작업에서 그것은 자동적으로 시작점이 되기 때문이다. 예술작품을 선별하고 키네틱 아트, 비디오 아트 등등을 섭렵하고 기술을 활용하여 공간을 점유하는 개인에게 응답하는 방식을 조정한다. 인테리어 공간에서 예술을 실제로 관찰하는 것이 첫 번째 무대가 된다. 다음 무대는 예술을 경험하는 것이다.

우리는 디자인을 위한 도구로서 기술을 활용하기 시작했다. 우리는 최근 더욱 그래픽에 기반을 둔 프로세스들을 활용하고 더 복잡한 패턴을 만들어냈다. 카펫과 같은 제품뿐만 아니라 건축물의 입면에까지 활용했다. 우리는 그랜드 호텔 프로젝트도 수행하고 있다. 우리는 전통적으로 거대한 로비를 크고 높은 천장의 공간으로 생각했다. 그러나 컴퓨터를 활용하여 거의 기대하지 않았던 더 흥미로운 볼륨을 얻어낼 수 있었다.

그것은 양날의 검이다. 무엇을 창조하기 위하여 기술을 사용할 필요가 있는 때가 있다. 가장 훌륭하게 작동하고 가장 모던한 특성을 부여해야 한다. 또 다른 상황에서, 우리는 이러한 프로세스와 대립하기도 한다. 우리는 원석 튜브를 사용할 필요가 있는 프로젝트를 시작했다. 인도에서 석공을 찾아 수작업으로 원석 튜브를 제작했다. 그 당시에 필요한 질적 수준은 수작업에 의하여 석재를 가공함으로써 가능했다. 데이비르 여먼 David Yurman을 위한 보석작업을 한다든지, 거대한 조각상으로 걸어들어 가는 것과 같은 종류의 것, 혹은 시애틀의 그린 호텔로 들어가는 것이든지, 우리 작업은 본질적으로 더 예술적이고 더 조각적이며 다소간 덜 이성적인 공간을 창조하는 방향으로 진행된다. 그러나 여전히 진보적인 문제들을 해결하고자 한다. 기술적인 측면에서 보자면, 결론이 없는 프로세스를 진행하는 셈이다.

조명 기술은 어떻게 당신의 현재 인테리어를 변화시켰는가? 더욱 연출된 것이 있는가 혹은 더 미묘한 설치 작업을 가능하게 하는 어떠한 기술을 가지고 있었는가?

최근에 에너지 소모량을 줄이고 있고 어떻게 우리가 공간을 조명하는가에 대하여 영향을 미친다. 우리는 더 세심하게 공간의 표면에 조명할 수 있고 가능하다면 필요 밖의 조명을 피하고자 한다. 결과적인 효과는 실제로 매우 흥미롭다. 그것은 오래된 고전적 페인팅 기술, 명암법 chiaroscuro과 닮았다. 그러한 작업에서 빛이 매우 강하가 밀집된 영역을 갖기도 하고 매우 어둡고 빛이 없는 영역과 대조되기도 한다. 당신의 눈은 그것에 익숙하며 높은 수준의 밀도를 갖는 부분이 있다고 믿는다. 사실 감각적으로 조명 디자인을 타협시키지 않고, 극적으로 에너지 소모를 감소시켜왔다.

에너지 소모에 대한 가장 강력한 불만과 조명에 대한 불만은 물론 소매상점에 일어난다. 그러나 기술은 매우 빠르게 발전하고, LED 기술은 우리 산업을 구했다. 특히 색온도의 광범위한 범주를 표현할 수 있다는 점에서 대단하다. 조명에 일어난 매우 흥미로운 사실은 어떠한 방식이든 우리는 작업을 진행할 수 있게 되었고 결국 디자인에 진정 적합한 결론을 얻게 되었다는 것이다.

당신은 아직 시각적으로 확인할 수 없을 듯 한 디자인 이슈들에 어떻게 접근하는가? 당신이 인테리어 디자인을 할 때, 주변 환경에 관하여 고려하는가?

우선 공간의 비례로부터 시작한다. 그 공간이 어떻게 느껴지는가? 그 감각은 어떠한 고양된 혹은 우울한 혹은 좁은 것인가? 감각은 당신을 어느 한 방향으로 느끼게 할 것이다. 아니면 어둡거나 분위기 있는 공간으로부터 왔는가? 그리고 빛이 가득한 곳으로 들어가는가? 분명 공간을 감각하는 이와 같은 인식이 있다. 어떻게 우리가 감정적으로 공간에 응답하는가는 사실상 온도를 다루는 것이다. 공간에 관하여 어떻게 느끼는가는 시각적이다. 당신은 모든 이러한 감각적 장치들을 활용할 수 있다. 공간의 높이, 공간의 비례, 재료의 촉각적 본질, 공간이 어떻게 확장되는지. 어떻게 공간에서 공간으로 이동하는지. 이 모든 부분들은 전체를 구성한다.

당신은 마음으로 음악과 함께 디자인하는가? 당신이 만들고자 하는 공간들에 대한 특별한 음악을 가지고 있는가?

음악과는 별관계가 없고 공간의 음향적 수준에는 매우 관계가 있다. 우리는 음향학에 관해 관심이 많고 특별히 여러 사람이 모이는 공간 그리고 공공 스페이스에서 그렇다. 당신은 격의 있는 대화를 해본 적이 있는가? 또한 모든 감각을 한데 쏟아 부은 적이 있는가? 당신은 공간 자체를 이용하여 공간에 응답하는 사람들의 방식에 영향을 미칠 수 있다. 훌륭한 호텔에서 복도를 따라 걸어 내려오는 동안, 조명이 밝고 재료가 매우 부드럽다면, 당신의 목소리는 잦아질 것이다. 만약 높고 우아한 그리고 뻥 뚫린 공간이라면 당신의 목소리는 더 커지고 발걸음소리는 더 커질 것이다. 그것이 바로 음악이다. 서로 다른 공간에 들어서면서 그 공간을 변화시키게 된다. 그러한 음악이 어떻게 변화하는가에 리듬이 있다. 그러나 그것은 완전히 연결된 것은 아니다. 각각은 독립적이다.

당신이 영감을 얻었거나 감동받은 두 셋의 최근 프로젝트가 떠오르는가?

파사노 Fasano라 불리는 상파울루 São Paulo의 사랑스러운 호텔. 레스토랑은 매우 우아하고, 매우 격식 있고 미니멀하다. 그 단순성이 매우 아름답다. 그 공간들은 그곳에서 아주 오래 동안 있었던 것으로 보인다. 거의 1960년대부터 그 모습 그대로 있었던 것 같다. 그러나 직접적인 방식으로 최근 10년을 언급하지 않는다. 건축물의 모든 부분은 전체를 위해서 만들어졌다. 우리가 관심이 있었던 것은 오늘날 보여지는 그렇게 대단하게 모든 것을 다 놓아버린 디자인이 보다도 전체에 통합된다는 것에 관심이 있다.

15번가에 입구를 가진 새로운 뉴욕 애플 스토어. 제너럴 모터스 프라자 General Motors Plaza에 위치한 출입구를 가진 유리 박스는 매우 강렬하고 이성적이다. 당신은 그 건축물이 단순성에 근거한 매우 세련된 디테일을 가지고 있다는 것에 감동할 것이다.

세 번째 프로젝트는 교토의 타와라야 Tawaraya. 매우 고전적인 일본식 여관이다. 우리는 그곳에 20년 전에 방문했다. 모든 실들은 개별적인 정원을 가지고 있다. 그곳은 비례에 기초한 질서가 있고 정원과 연관된 다다미가 깔려있다. 그리고 개실은 침실과 다이닝 룸 그리고 거실까지 전환된다. 마치 마술적으로 변한다. 나무로 만든 욕조 통에 뜨거운 물을 항상 가득 채우고 몸을 푹 담글 수 있다. 대문 입구에서부터 호텔로 이어진 길을 걸어 들어가는 동안, 아름답고 긴 암석들이 2미터 폭으로 깔려있다. 이 길은 당신이 다른 세계로 들어가고 있다고 말하는 것 같다. 시간을 거슬러. 그것은 아름다운 경험이다.

Overleaf	Top Left	Four Seasons New York Downtown. Photo by XXX.
	Bottom Left	Le Meridien Graves Hotel. Photo by XXX.
	Right	Public Chicago. Photo by XXX.

5.

요소

인테리어 환경의 구성요소는 두 가지 범주로 나뉜다. 고정 요소들, 벽체, 몰딩, 조명, 빌트인 수납장 등과 이동 가능한 요소들로 가구, 예술작품, 장식품, 골동품, 일상의 소품 등이 있다. 이러한 이동 가능한 오브제를 선택하는 것은 인테리어 디자이너와 클라이언트 사이에 밀접한 협력이 필요하다. 작은 아이템들은 소유자의 흥미와 취향을 전달하는데 있어서 생각지도 못하게 큰 역할을 한다. 예술작품과 기념품은 매우 개인적인 관계를 가지고 있다. 결과적으로 인테리어 디자이너는 종종 선생들과 같이 봉사한다. 클라이언트의 취향과 인테리어를 위한 큰 비전에 더해질 개인 소유의 오브제를 하나로 조율하기도 한다. 훌륭한 인테리어 디자이너는 프로젝트가 끝이 난 뒤에도 클러이언트가 자신이 소유한 물품에 대하여 예리한 큐레이터로서 결정할 수 있도록 돕는다.

Chapter 16: 디테일

재료, 색채, 텍스쳐, 패턴을 성공적으로 조합하는 열쇠는 인테리어 요소들에 어떠한 디테일을 부여하는 가다. 디테일 작업은 프로젝트 마다 매우 다양하지만, 모든 디자이너가 익숙해져야만 하는 전형적인 디테일은 있다.

벽체

내화벽의 조합

* 단위 : mm

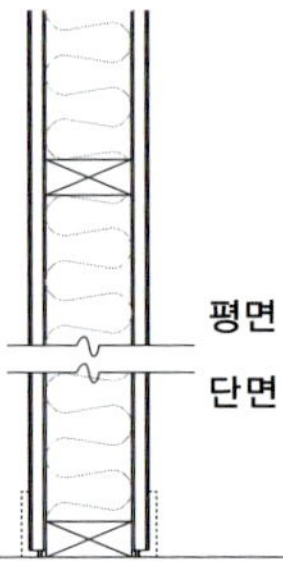

1시간 내화기준

16 집섬 월보드(GWB)를 38×99 기둥에 양측 면에 부착하며 기둥은 중심 간격 400으로 세우고 위아래는 어쿠스틱 실란트로 마감한다.

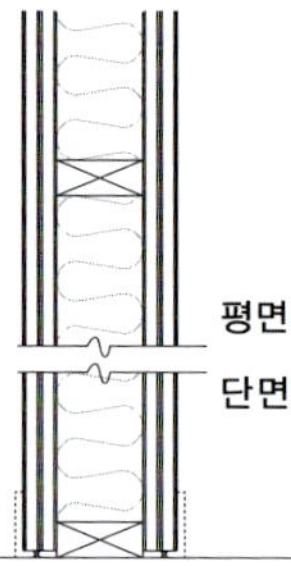

2시간 내화기준

16 집섬 월보드(GWB)를 38×99 기둥에 양측 면에 2겹으로 부착하며 기둥은 중심 간격 400으로 세우고 위아래는 어쿠스틱 실란트로 마감한다.

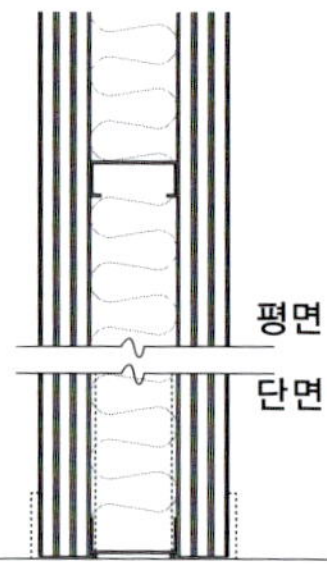

3시간 내화기준

16 집섬 월보드(GWB)를 38×99 기둥에 양측 면에 3겹으로 부착하며 기둥은 중심 간격 400으로 세우고 위아래는 어쿠스틱 실란트로 마감한다.

차음 파티션

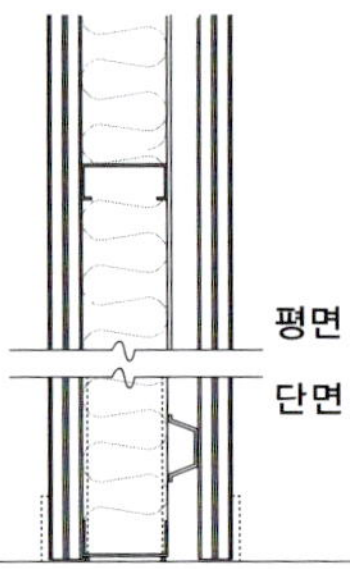

STC 40-47

16 집섬 월보드(GWB)를 38×99 기둥에 양측 면에 2겹으로 부착하며 기둥은 중심 간격 400으로 세우고 위아래는 어쿠스틱 실란트로 마감한다.

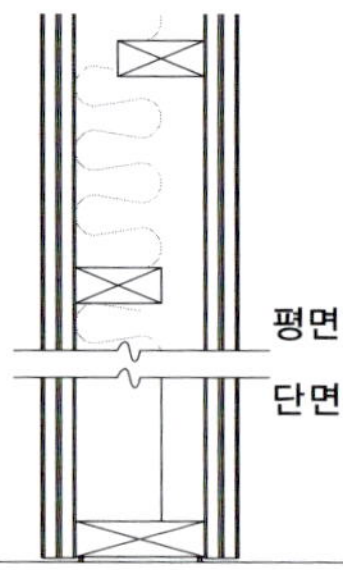

STC 50-54

16집섬 월보드(GWB)를 38×99 기둥에 양측 면에 2겹으로 부착하며 기둥은 중심 간격 400으로 엇갈려 세우고 위아래는 어쿠스틱 실란트로 마감한다.

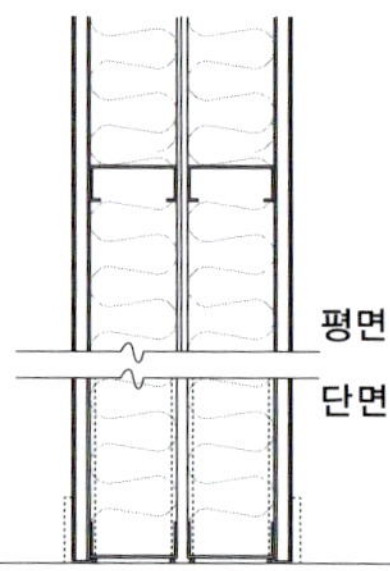

STC 56-61

16집섬 월보드(GWB)를 두 개의 38×99 기둥을 세운다. 기둥 외측 양쪽에 1겹으로 부착하며 기둥은 중심 간격 400으로 엇갈려 세우고 위아래는 어쿠스틱 실란트로 마감한다.

기존 벽체위의 파티션

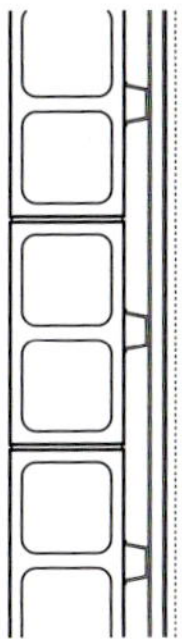

구조에 직접 부착

퍼링 채널 Furring channel을 400간격으로 세우고 16집섬 월보드(GWB)를 1겹으로 부착

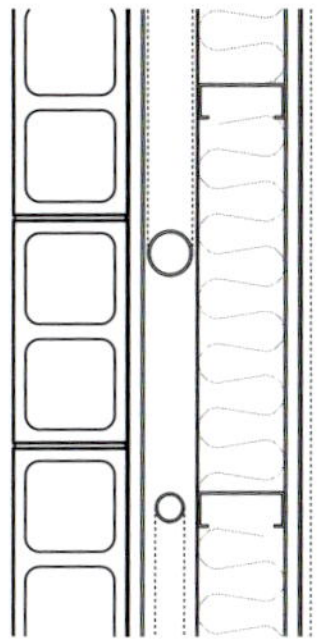

기계 설비를 갖는 구조

16집섬 월보드(GWB)를 38×99 기둥에 양측 면에 1겹으로 부착하며 기둥은 중심 간격 400으로 세운다. 메탈 클립으로 묶어 벽체에 고정한다.

코너비드

J 몰드

꺾인 J 몰드

조절 줄눈

리빌 몰드

모서리의 마무리

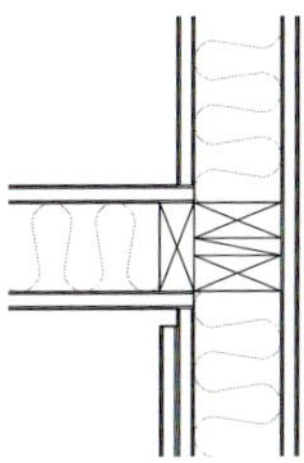

한쪽 면에 선틀을 갖는 내부 코너

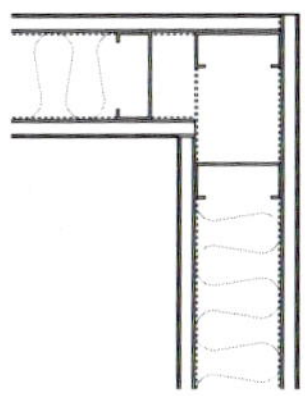

전형적인 외부 코너

걸레받이 마무리

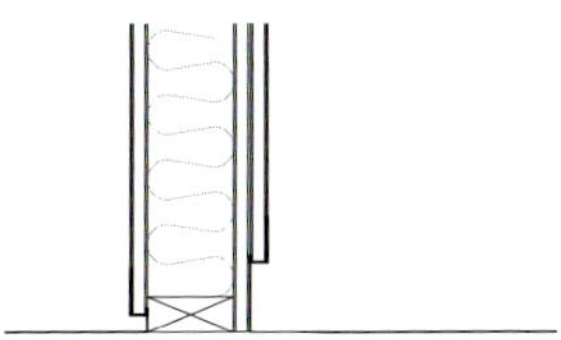

높거나 낮은 단면 선틀

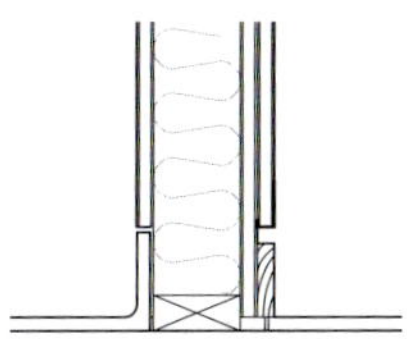

바닥재 오목 걸레받이

목재 오목 걸레받이

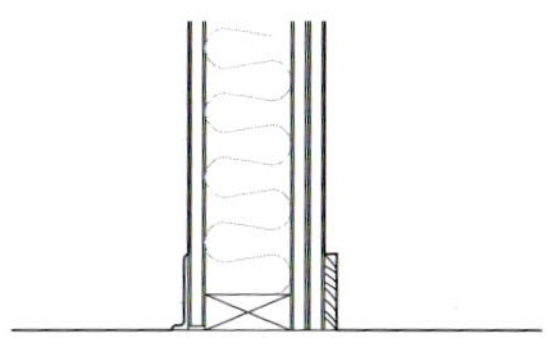

직접 부착 비닐 걸레받이

직접 부착 목재 걸레받이

캐비닛

전형적인 하부 및 상부 캐비닛

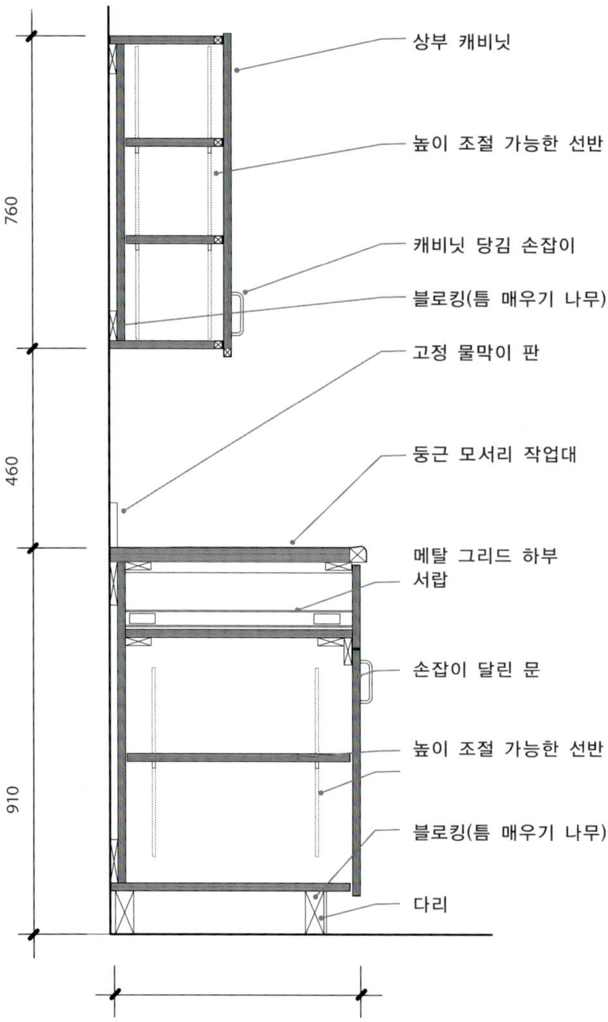

일반적인 작업대 모서리

결속 유형

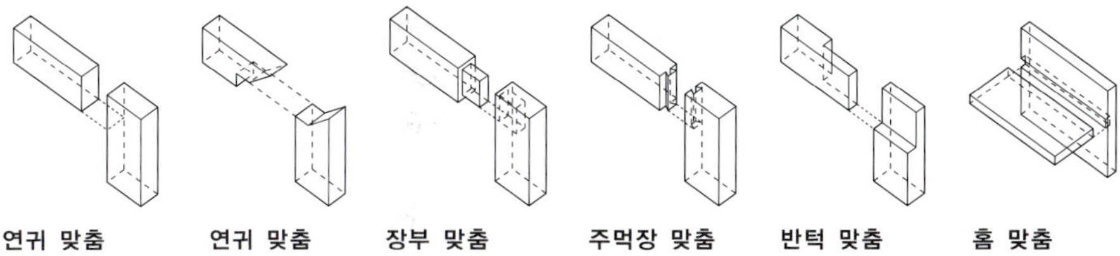

판매대를 갖춘 일반적인 작업대

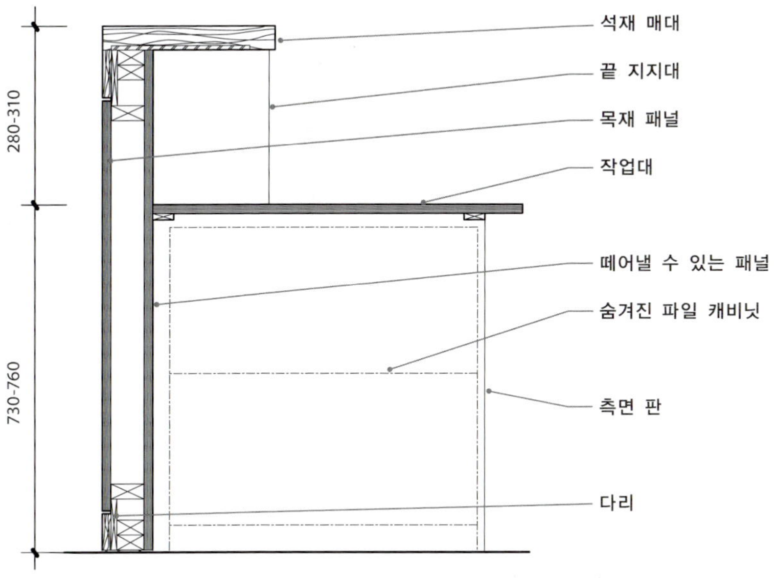

천장

천장 구조물

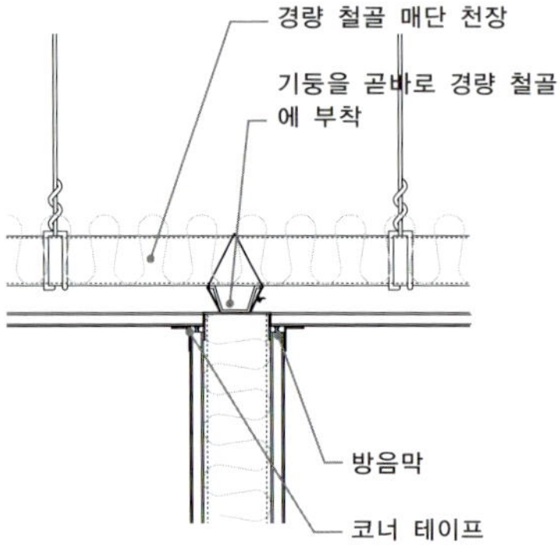

벽체를 천장 하부에 이을 경우

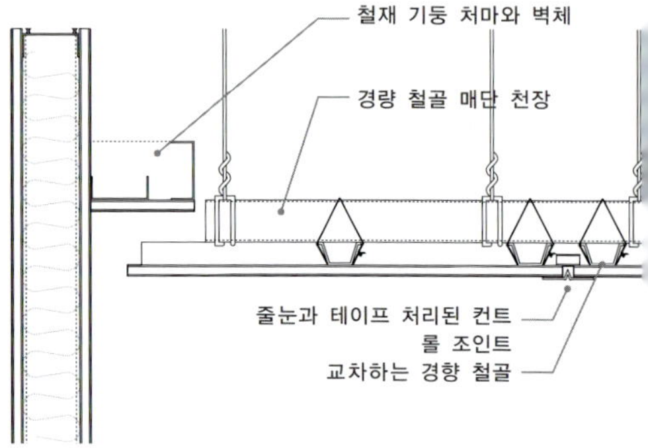

환기 구멍

컨트롤 조인트

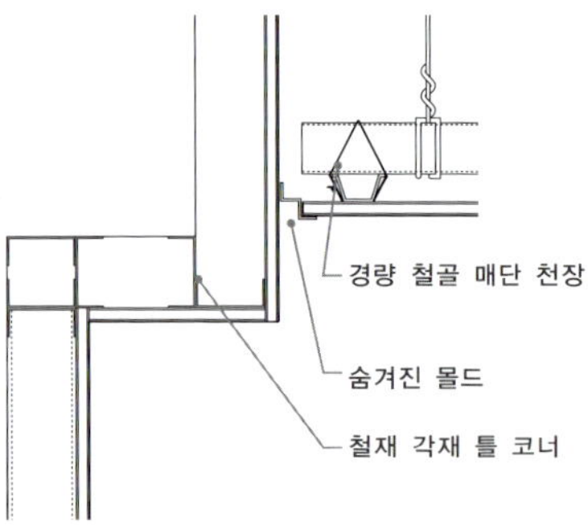

집섬 월보드 하부

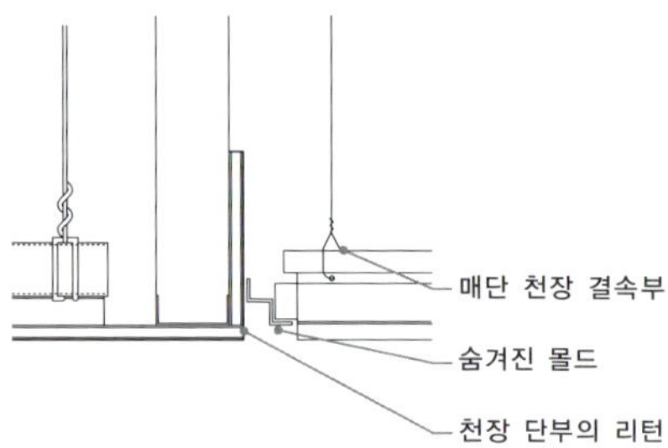

집섬 월보드와 매단 천장

천장의 조명

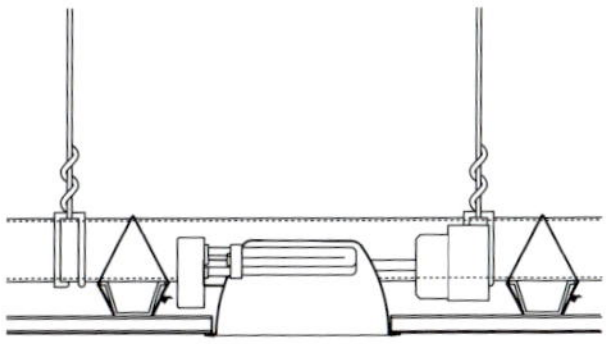

소형 매립 등

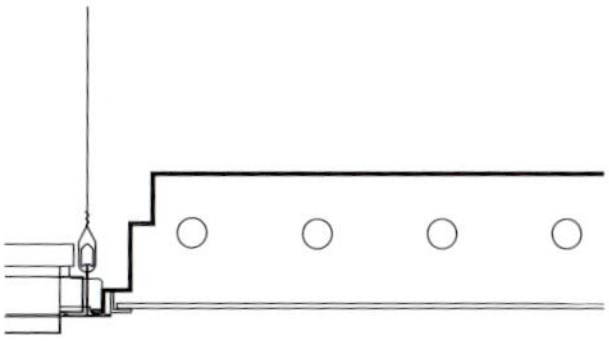

형광등 매립

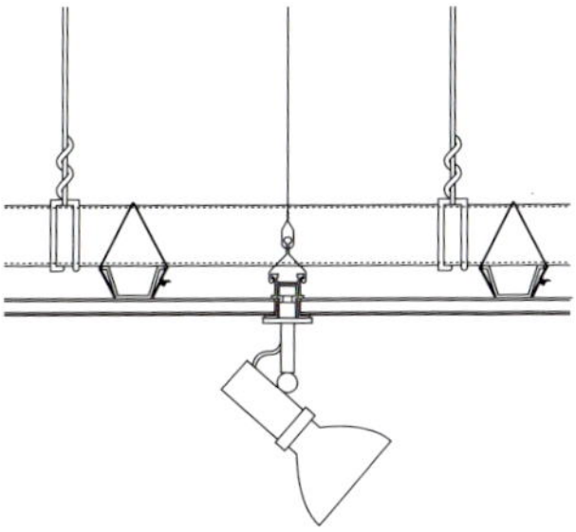

매립 트랙 조명

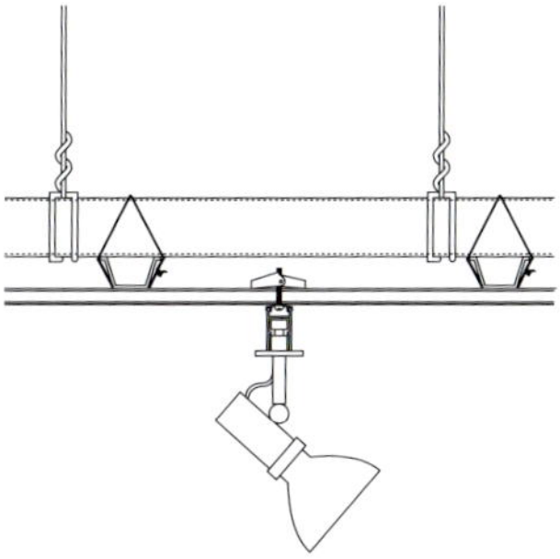

노출 트랙 조명

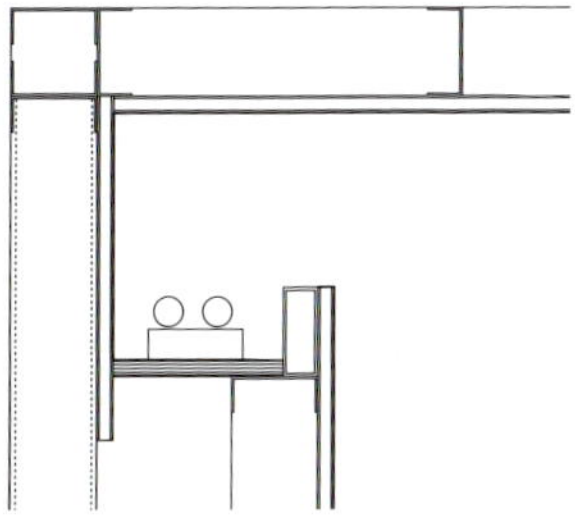

코브 업라이팅

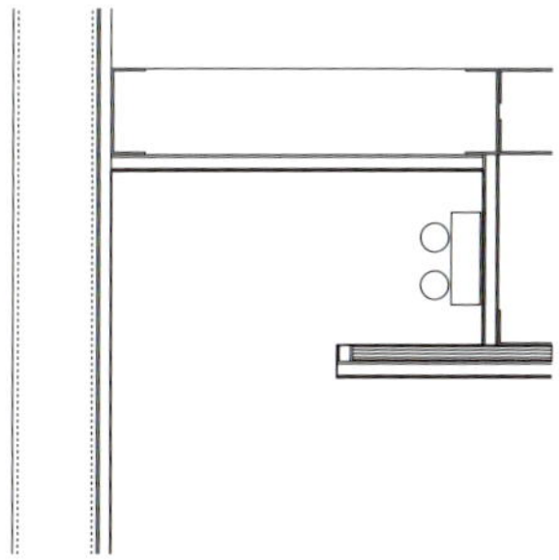

코브 액센트 라이팅

도어와 하드웨어

도어 유형

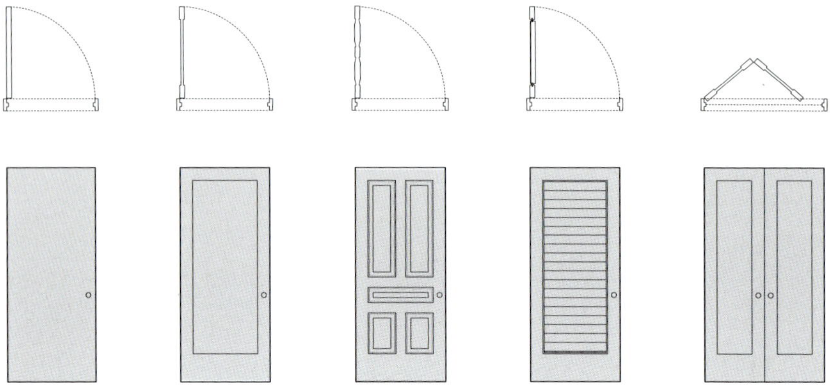

일면문 양판문 양판문 5 비늘살문 접이문

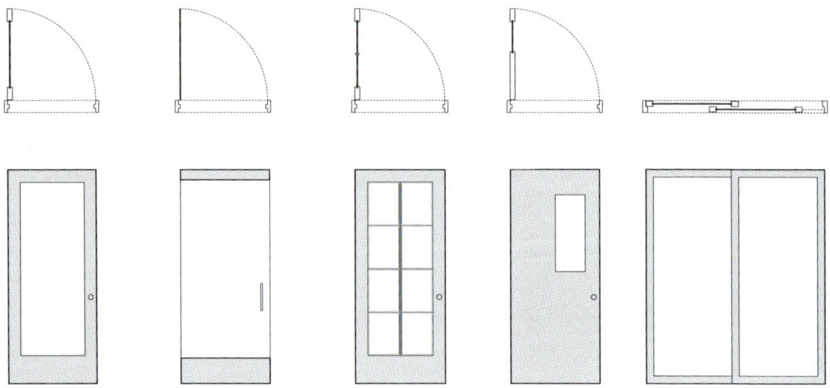

유리문 강화유리문 격자식 문 쪽창문 미닫이문

도어의 조작

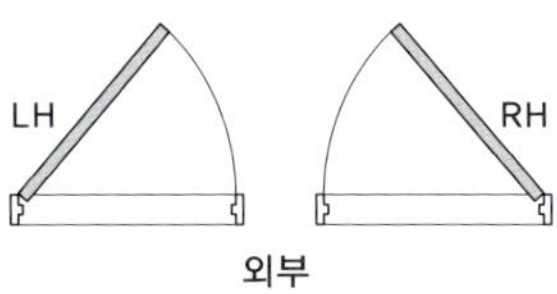

왼쪽 정첩과 오른쪽 정첩

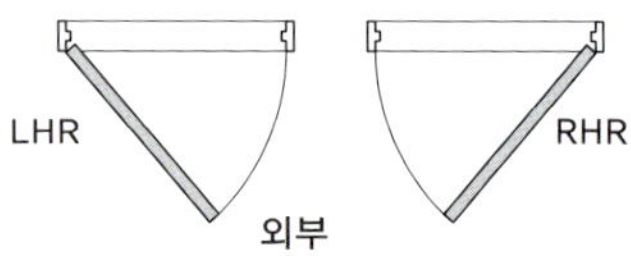

왼쪽 정첩 당김과 오른쪽 정첩 당김

정첩

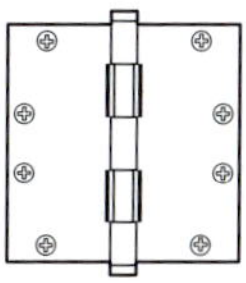

평판을 가진 정첩은 가장 일반적인 힌지로서 문을 잡아 회전시키는데 사용된다.

일반 정첩

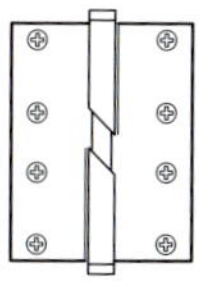

이 힌지는 문을 열면 문이 들어 올려지게 되어 바닥의 높이를 다양하게 할 수 있도록 한다.

셀프 라이징 정첩

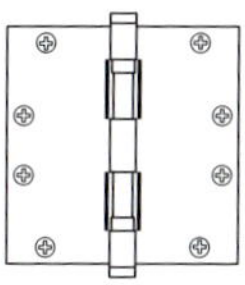

이 힌지는 무거운 문을 위해 특별히 제작된다. 도어 클로저와 함께 설치되며 교통량이 높은 곳에 사용된다.

볼 베어링 정첩

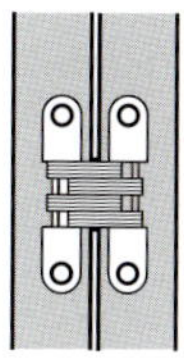

도어를 닫으면 힌지가 보이지 않도록 특별히 제작된다. 또한 180도 회전이 가능하다.

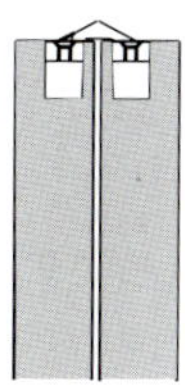

숨은 정첩

피봇 정첩

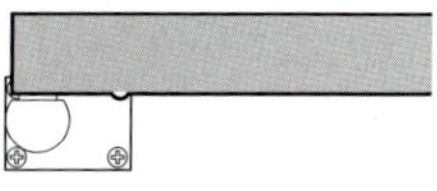

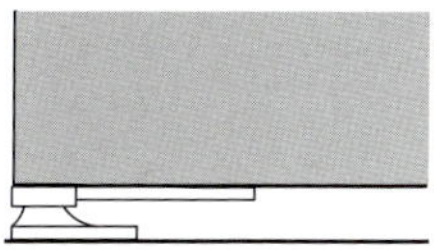

이 힌지는 출입문 모서리로부터 이격되어 피봇 포인트가 위치하고 도어는 180도 회전 가능하다.

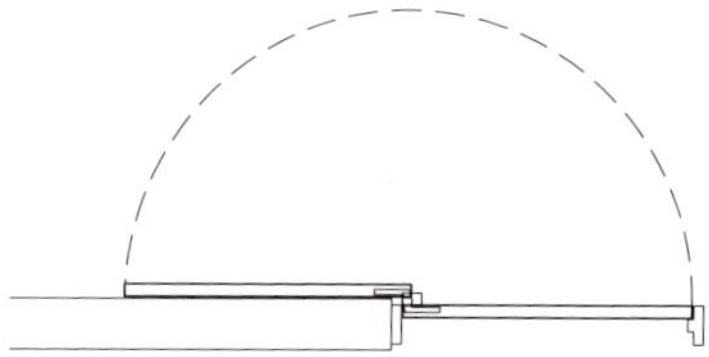

옵셋 피봇 정첩

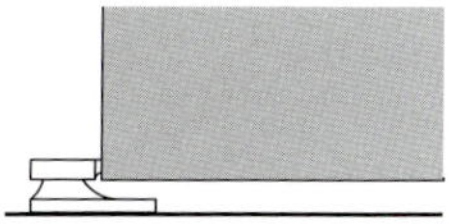

이 힌지는 피봇 포인트의 중심에 설치되며 도어 스탑이 없이 설치된다. 도어는 양방향으로 회전 가능하다.

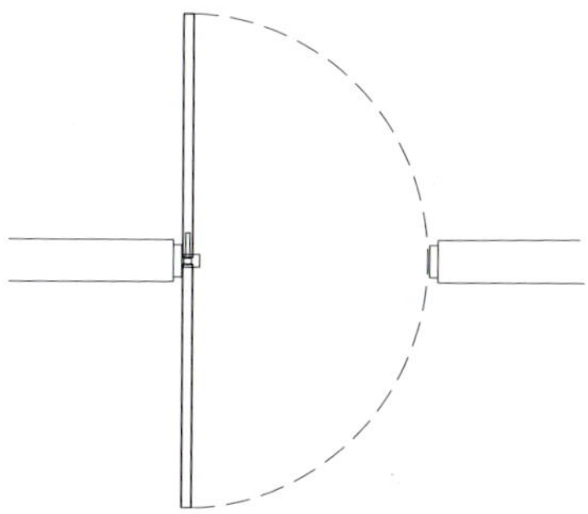

센터 피봇 정첩

바닥 패턴과 재료분리대

패턴

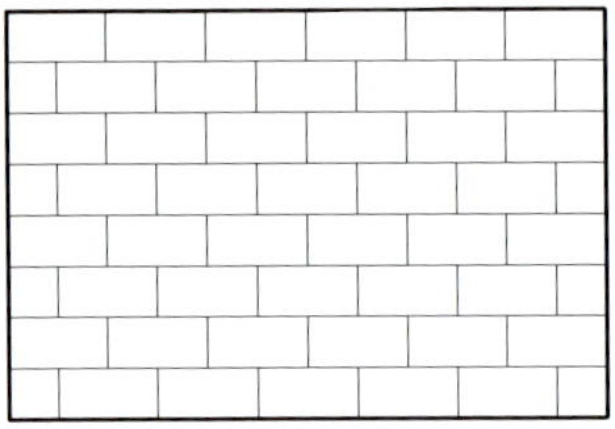

러닝 본드

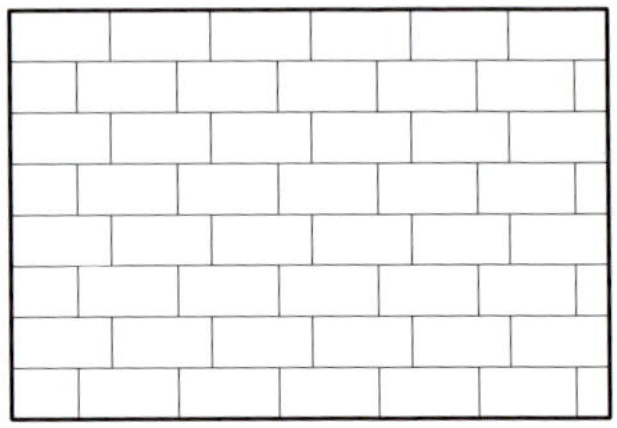

옵셋 러닝 본드

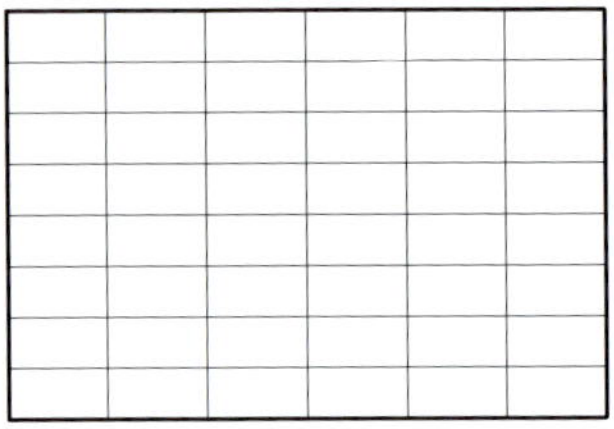

스택트

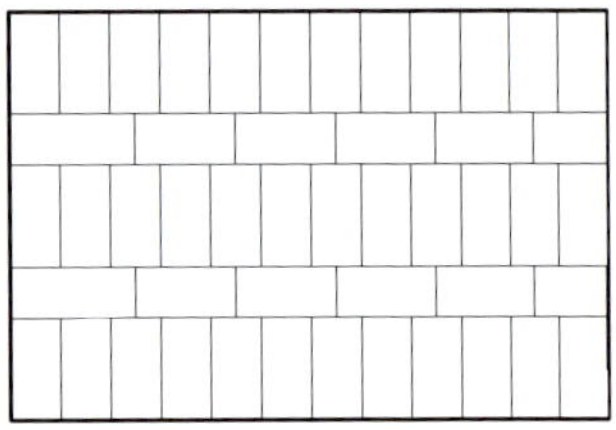

믹스드 러닝 본드

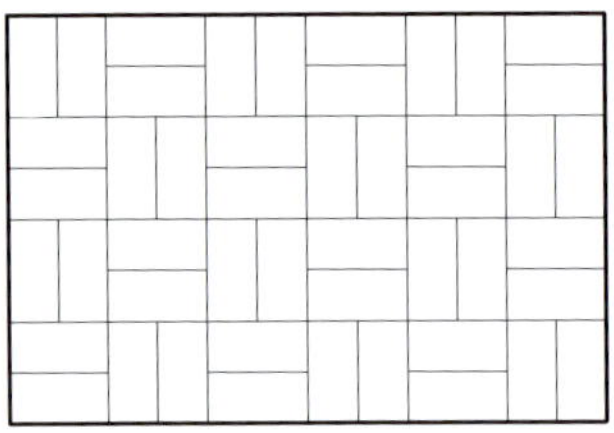

바스켓 위브

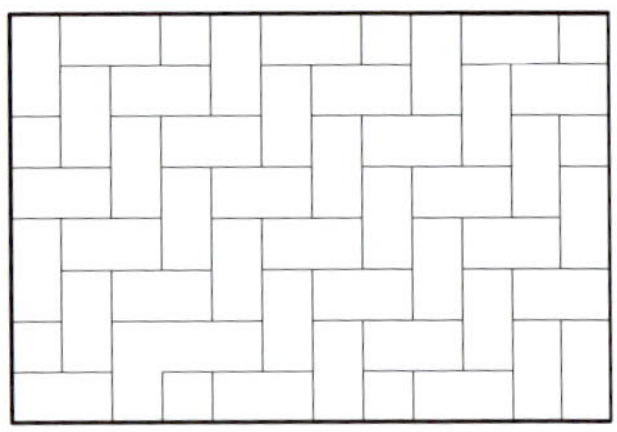

헤링본

바닥재의 기본 치수

마루	두께	기본 치수
석재 타일	9.5,15.8	300 × 300, 400 × 400, 450 × 450
석재	19, 31.7	600 × 600, 주문제작
자기질 타일	9.5	300 × 300, 300 × 600, 450 × 450, 600 × 600
세라믹 타일	8, 9.5	25 × 25, 50 × 50, 100 × 100, 300 × 300
원목	8, 12.7, 19	60, 75, 100 판재 너비
집성재	12.7	75, 115 판재 너비
코르크	5, 9.5	300 × 300, 300 × 600, 600 × 600
비닐 합성 타일	3	300 × 300

재료분리대

금속

비닐

비닐

비닐

고무

고무

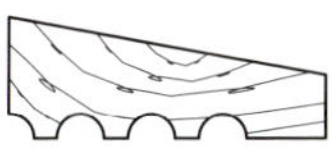

고무

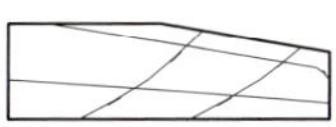

석재

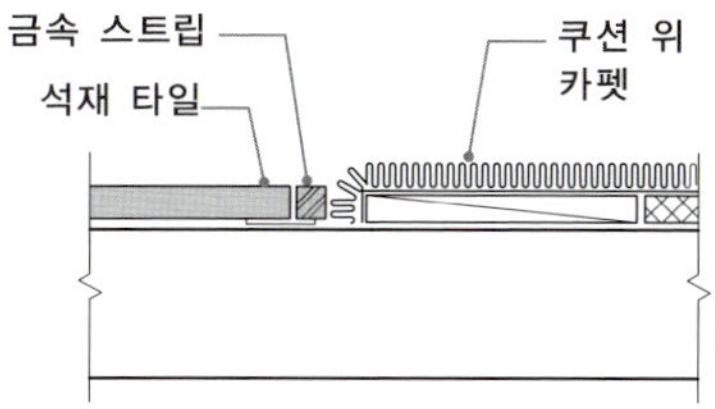

얇은 석재에서 카펫으로

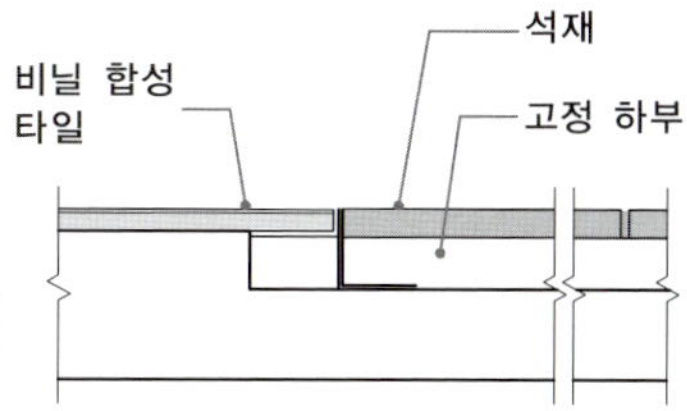

비닐 합성 타일에서 석재로

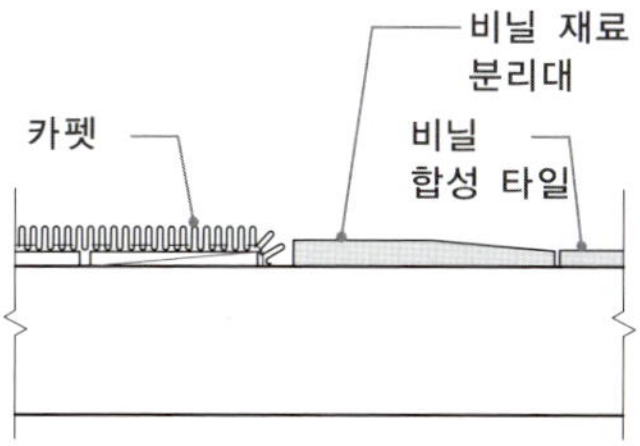

카펫에서 비닐 합성 타일로

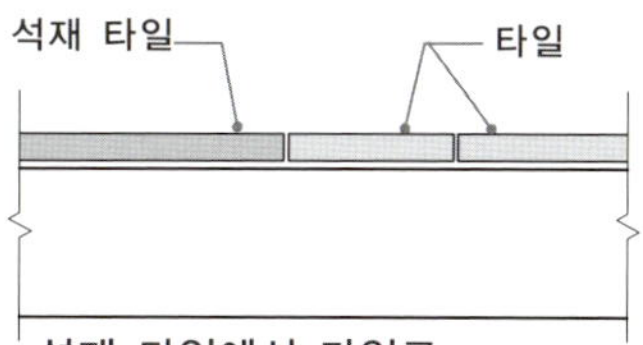

석재 타일에서 타일로

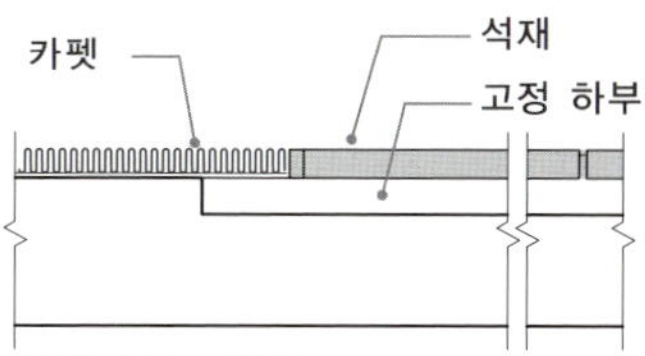

카펫에서 석재로

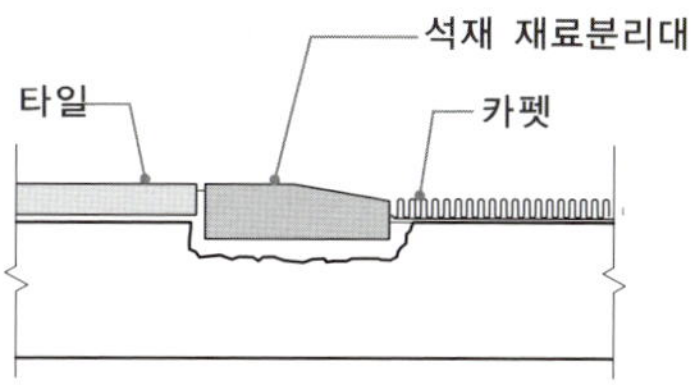

타일에서 카펫

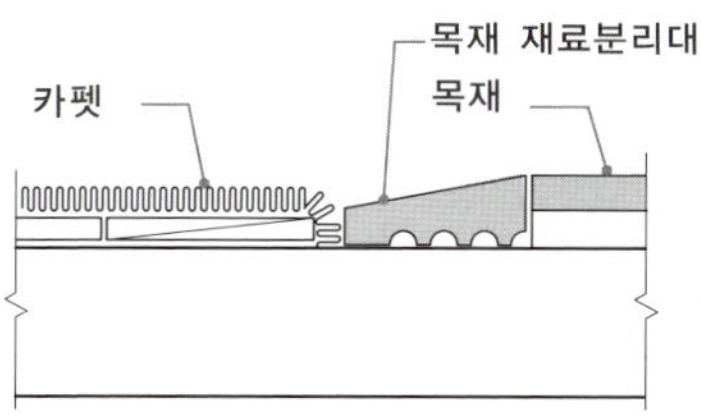

카펫에서 목재로

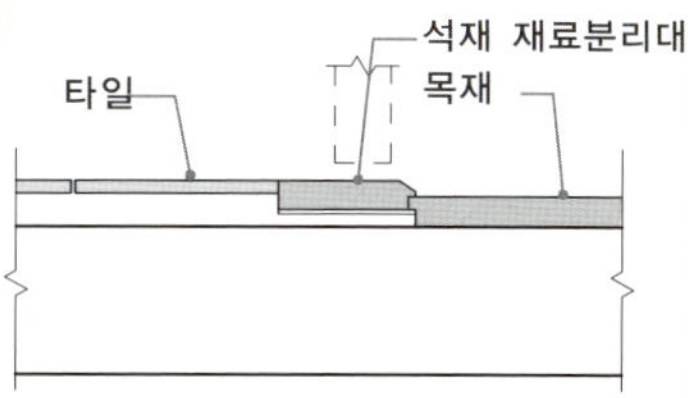

타일에서 목재로

천갈이 솔기와 창의 처리

천갈이 솔기

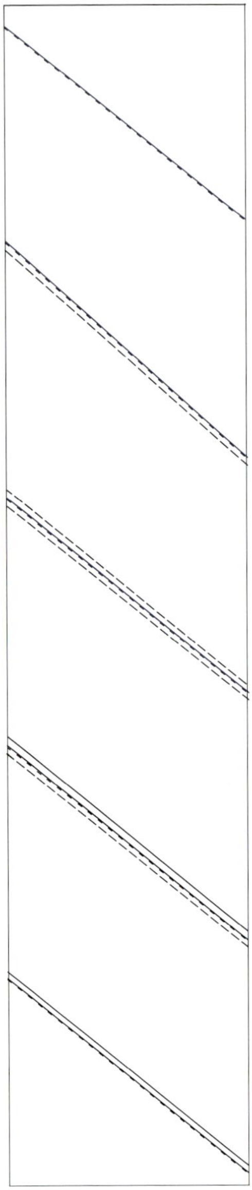

평솔: 두 가지 섬유를 함께 바느질 하는 단순한 방식

탑스터치(장식 박음): 섬유의 세 레이어를 한꺼번에 바느질하면서 스터치 솔기로 부가적인 라인을 더한다. 가장 강한 솔기.

통(프렌치) 솔: 두 개의 부가적인 스터치 솔기를 평솔 위아래로 더한다. 가장 아름다운 솔기.

웰트(뉨 솔, 가장자리 뜨기): 끝단에 평솔을 가리는 둥근 파이프 형태의 디테일을 갖는 솔기

탑스터치드 웰트: 웰트에 인접하여 부가적인 스터치 라인을 추가

쉐이드

롤러

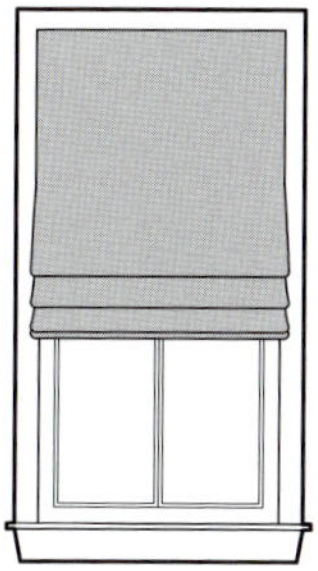

플랫로만

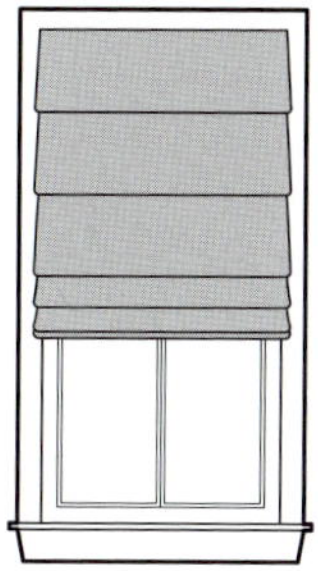

더블로만

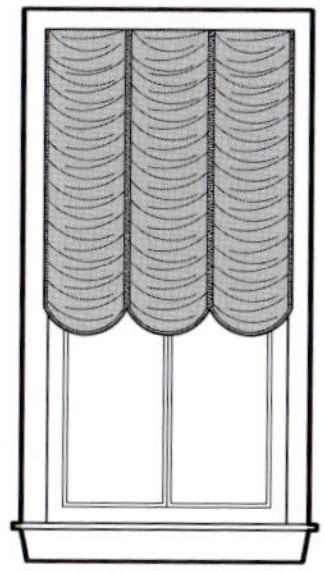

오스트리안

커튼류

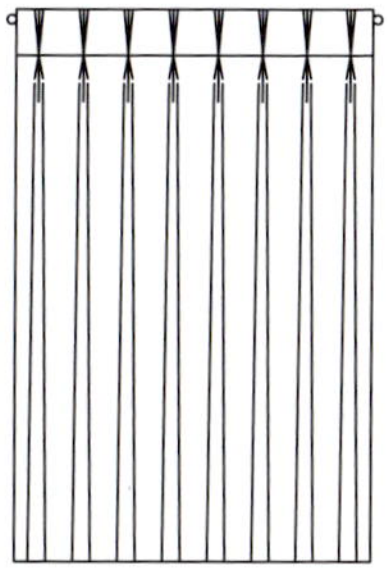

프렌치 주름

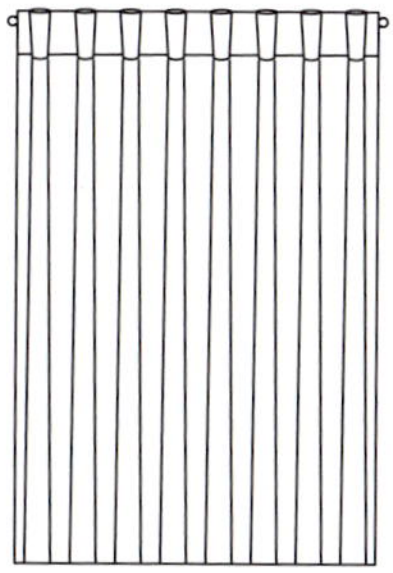

배럴(통) 주름

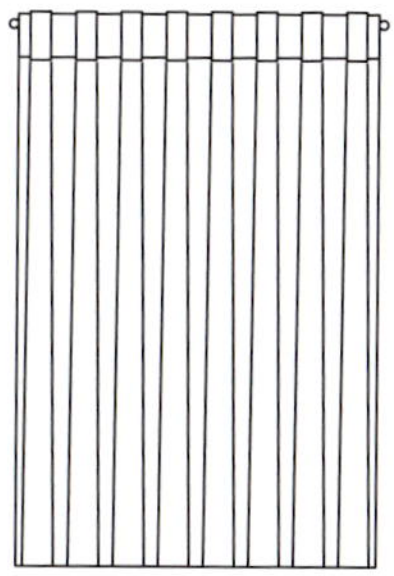

박스 주름

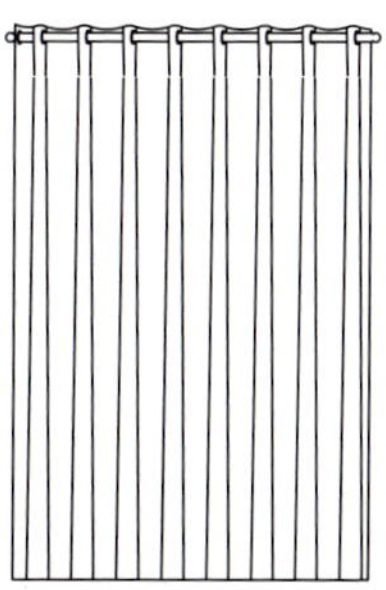

그로밋(고리)

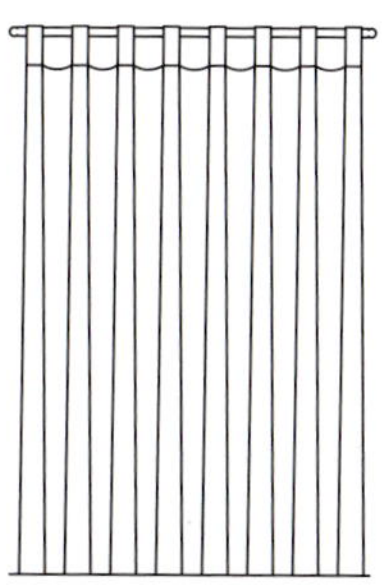

탭(끈고리)

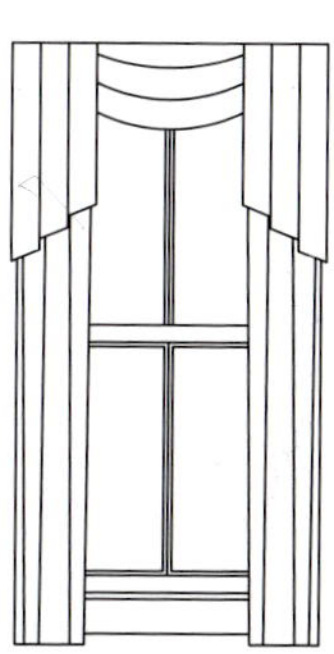

주름장식과
꽃줄장식

Chapter 17: 가구

가구에 대한 이해 그리고 역할은 인테리어 디자인을 발전시키는데 역사적으로도 매우 중요했다. 가구는 인테리어 디자인 작업에 표현할 수 있는 도구의 통합적 부분이기도 하다. 다음은 거의 규범적인 그리고 분명 모더니스트적인 가구들을 보여준다. 이 도판들은 더 발전적인 연구와 탐색을 위한 훌륭한 바탕이 될 것이다.

찰스 레니 매킨토시
티 룸 체어 1897

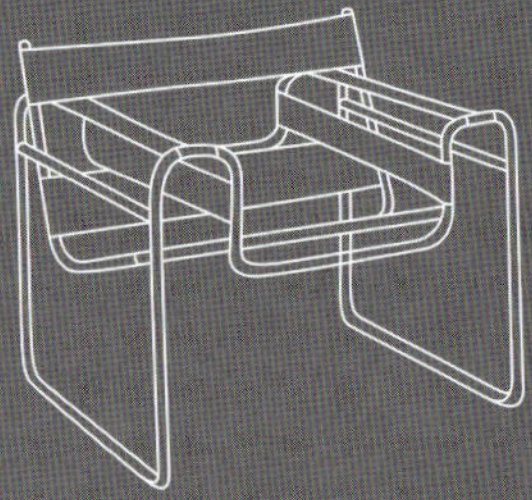

마이클 토넷
모델 14 체어 1859

조셉 호프만
프레더마우스 체어
1897

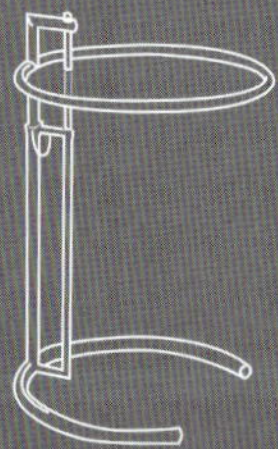

아일린
그레이
스크린 1925
사이드 테이
블 1929

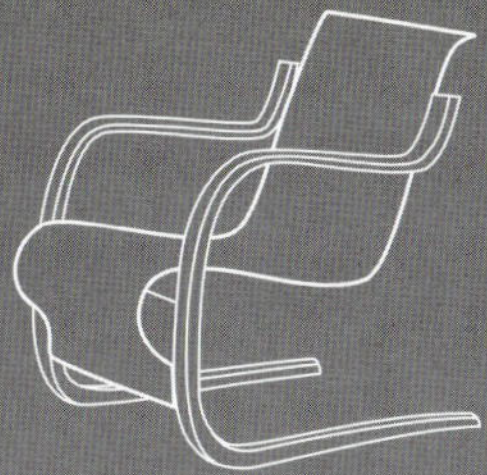

알바 알토
체어 1933
스툴 1932

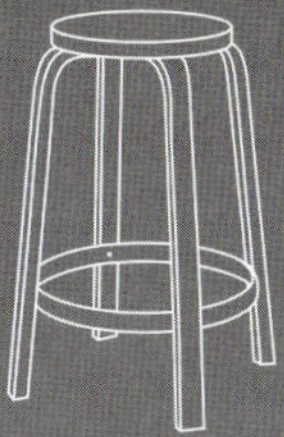

마르셀 브로이어
바실리 체어
1927

야콥 야콥센
룩소 램프 1937

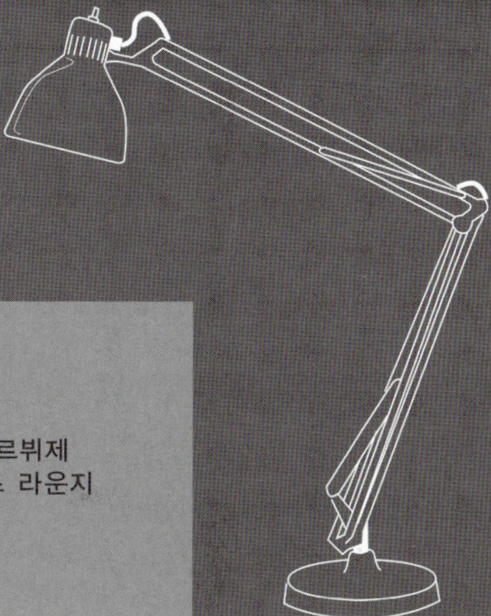

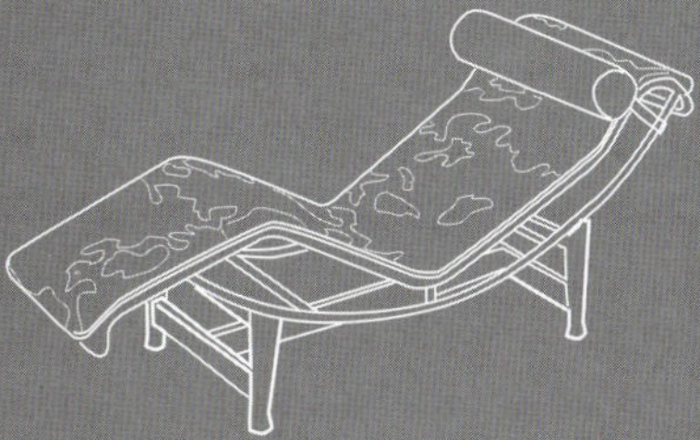

르 꼬르뷔제
체이스 라운지
1928

게리트 토마스
리트벨트
지그재그 체어
1934

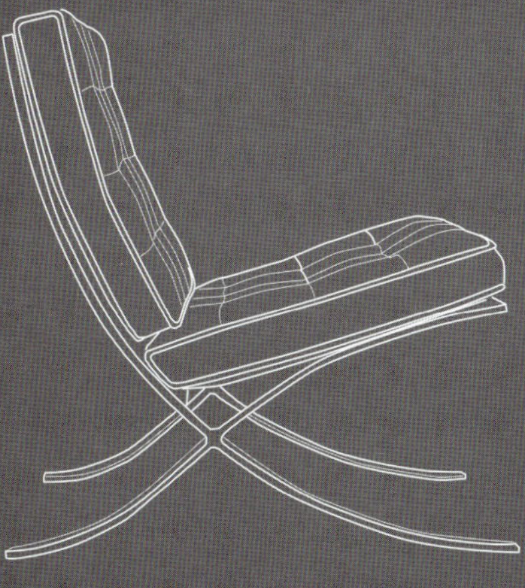

미스 반 데 로
브루노 체어 1930
바르셀로나
체어 1931

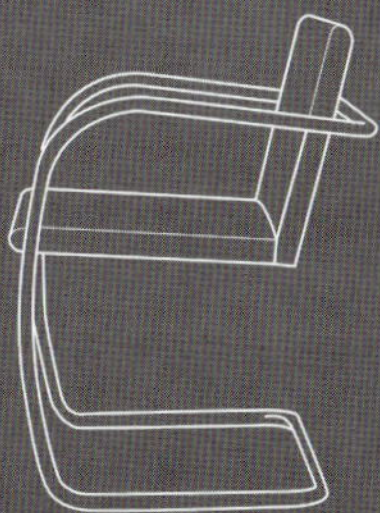

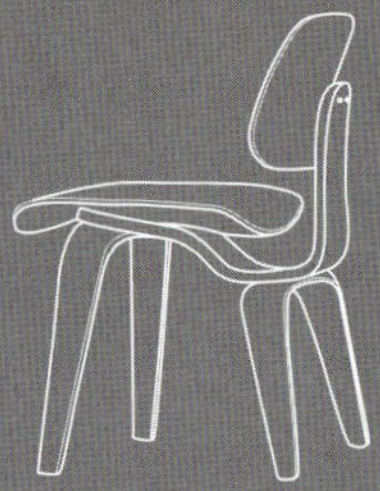

찰스 앤 레이 임스
LCW(Lounge Chair Wood) 체어 1946

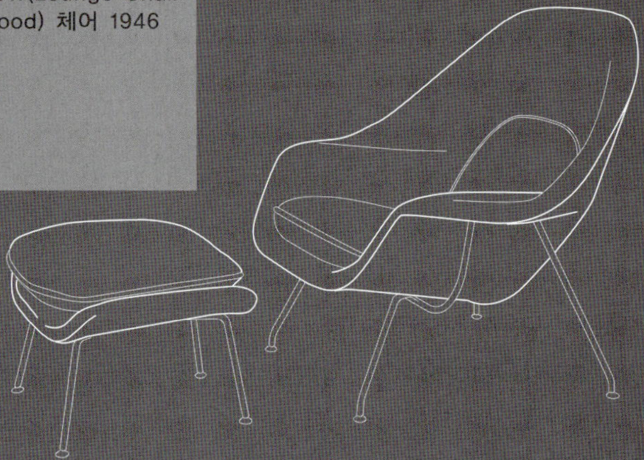

에로 사리넨
움 체어 1948

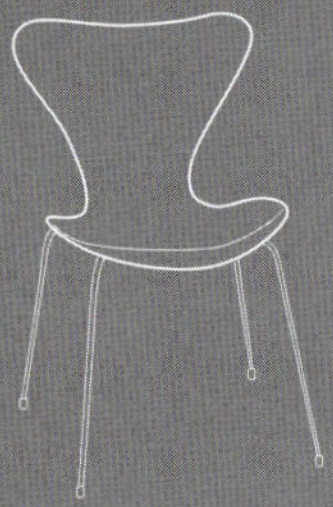

아르네 야콥센
시리즈 7 1955

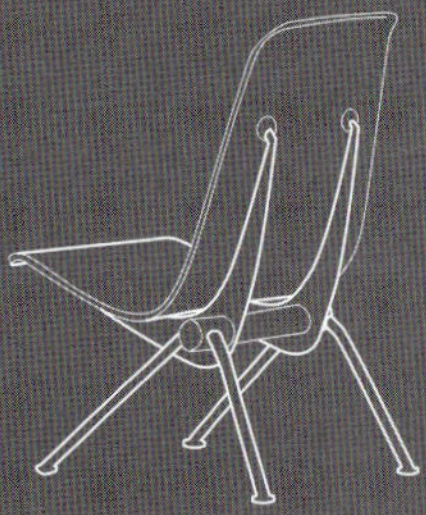

장 프루베
안토니 체어
1950

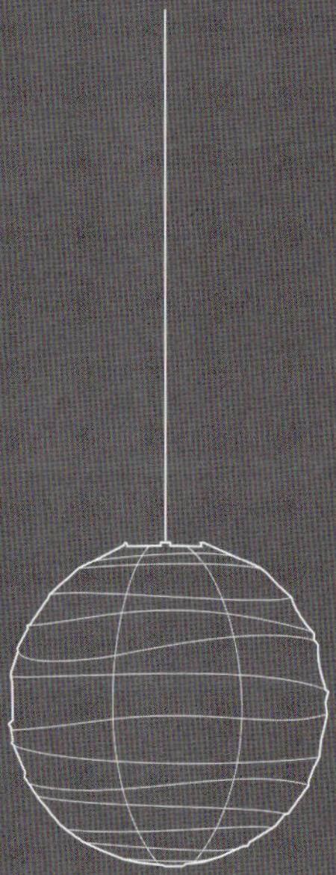

레이먼드 로위
연필깎이 1953

이사무 노구치
아카리 램프 1951

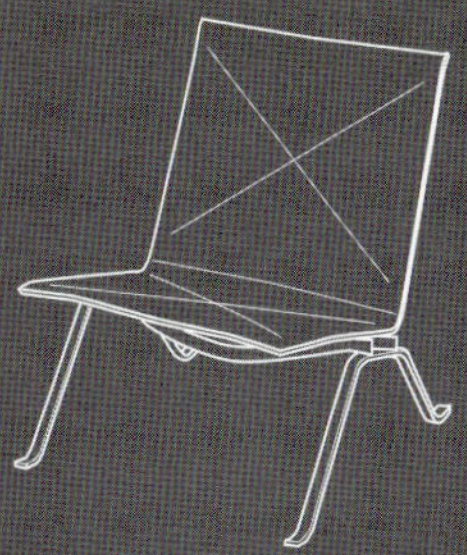

폴 케홀름
PK22 1955

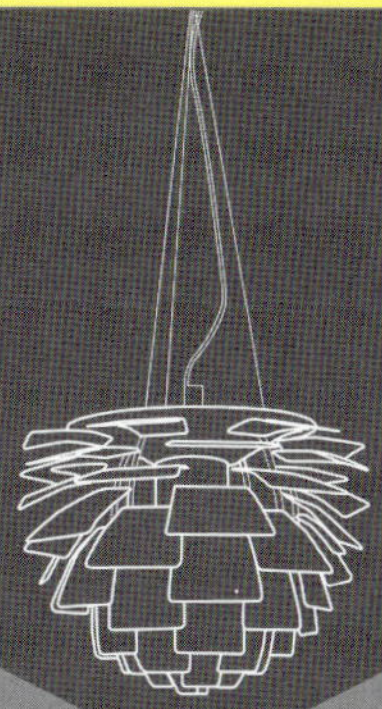

폴 헤닝센
PH 아티초크 1957

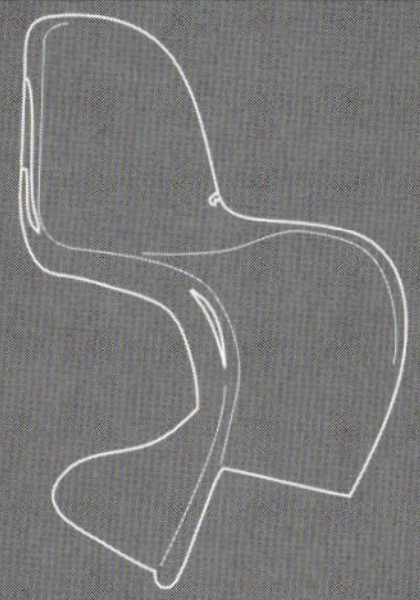

베르너 팬톤
체어 1959

조지 넬슨
코코넛 체어
1955

한스 웨그너
CH 07 1963

아르네 야콥센
스완 체어 1958

찰스 앤 레이 임스
라운지체어와 오토만
1956

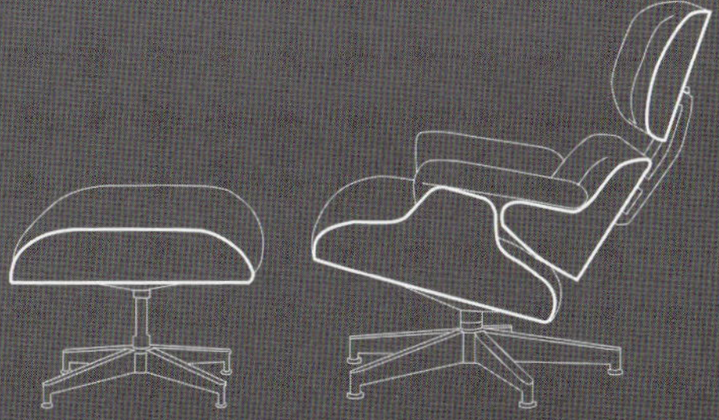

아킬레 카스티글리오니
ARCO 램프 1962

알렉산더 지라드
첵커 스프릿 1965

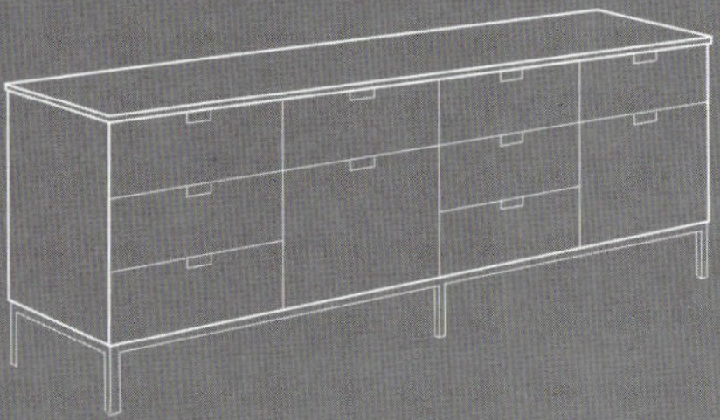

플로렌스 놀
크리덴자 1961

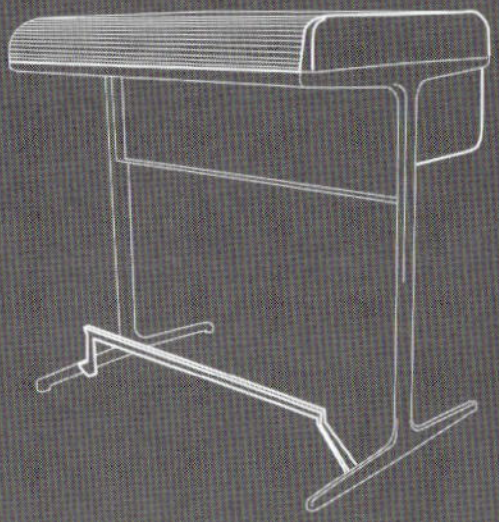

해리 베르토이아
다이아몬드 라운
지 1955

미켈레 데 루치
사이드 테이블
1983

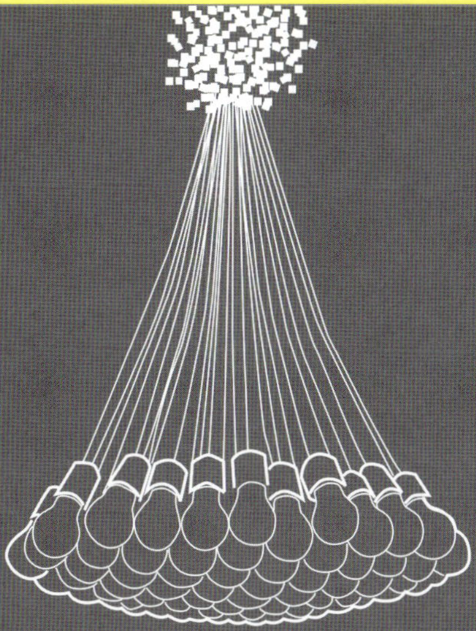

재스퍼 모리슨
로우 패드 1999

드룩 디자인
85 램프 샹델리아 1993

론 아라드
톰 박 체어 1997

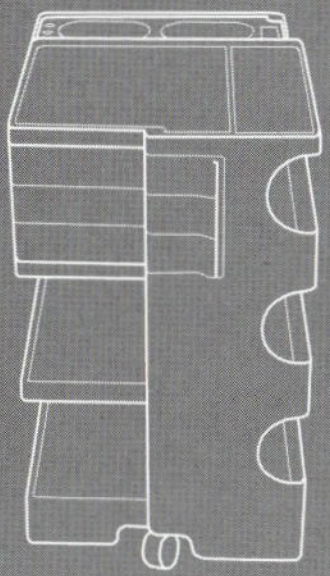

조 콜롬보
베이비 트롤리
1970

빌 스텀프
에어론 체어 1992

조지 넬슨
액션 오피스 1964

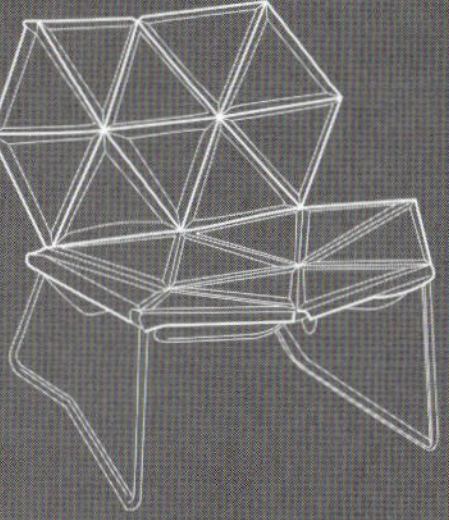

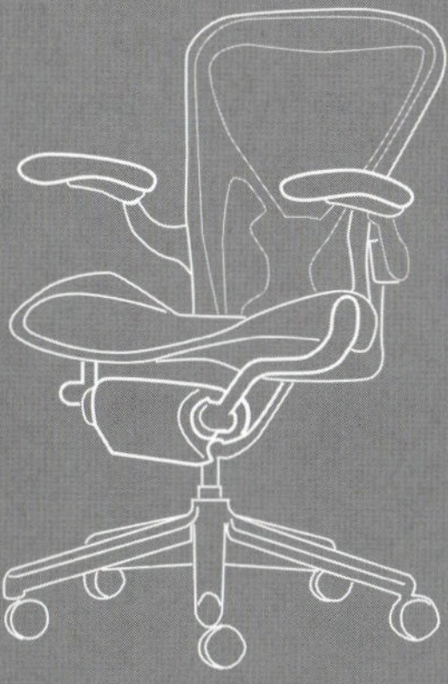

패트리시아 우르퀴올라
안티바디 2006

Chapter 18: 요소들 그리고 디스플레이

액세서리는 가구보다 작은 아이템들로 인테리어의 시각적인 영역을 만들어 낸다. 액세서리의 범위에는 기능적인 아이템들, 벽시계, 우산꽂이, 잡지꽂이 등이 포함된다. 이 아이템들은 개인적인 감상적 가치를 지니며 기념품, 가족 사진등도 포함된다. 특별한 미학적 메리트를 가진 오브제, 예술작품과 수집품 등도 포함된다. 이러한 오브제는 진열장, 서랍, 옷장, 장식대 등에 진열하여 보관하기 보다는 디스플레이 하는 것이 가치 있다. 이것은 인테리어에서 액세서리를 활용하는데 기본적인 개념이다.

액세서리는 인테리어에서 두 가지 중요한 역할을 한다. 우선 이해 가능한 디자인 전략으로서 더 작은 스케일의 요소들을 소개하는 것이며, 두 번째는 액세서리는 개인적인 관심, 감상적 취미, 특별한 미학적 취향을 전달하므로 공간을 개성화한다.

William Frawley, Frawley Apartment. Photo by Michael Moran.

무리지어 진열한 수집품들은 시각적으로 즐거운 구성을 만든다. 개별적인 오브제의 의미는 많은 오브제의 밀집된 전시 보다 그리 중요하지 않다.

기능적인 액세서리

기능적 액세서리는 공간을 사용하는 사람의 필요성에 만족시키는 아이템들로 구성된다. 욕실 타월에서 휴지통, 텔레비전까지 매우 광범위하다. 기능적인 액세서리는 미학적 가치를 갖는다. 그것은 인테리어 디자인으로 통해해야 하는 가치이다. 주방 주전자, 팬은 만약 머리위에 걸어서 보관하거나 제작 디자인된 선반에 디스플레이 된다면 액세서리로 여겨질 수 있다. 디자이너는 주전자는 전체 구성에 기여하는 가치 있는 오브제로 다루어질 수 있도록 감각적인 결정을 내려야 한다. 이러한 선택은 클라이언트의 요구에 의하여 시작될 수도 있다. 클라이언트의 작은 스케일의 오브제를 통해 주방에 개성을 더하고자 하는 의도와 그들의 요리에 대한 사랑을 전달하고 싶은 것일 수도 있다. 책은 액세서리의 역할을 고양시킬 수 있는 일상적인 소품의 또 다른 사례이다. 서가를 구성하는 열린 선반 위에 수집해 놓을 수도 있고 커피 테이블 위에 올려진 오브제 중 디스플레이할 수 있는 요소들 중 하나일 수도 있다.

장식적인 액세서리

장식적 액세서리는 소품, 수집품, 가족사진, 꽃꽂이, 화분의 컬렉션도 포함된다. 이러한 유형의 액세서리는 순수한 미학적 역할을 제공하거나 소유자의 관심과 열정에 대한 개인적인 표현으로 기능한다. 액세서리의 범주는 시선을 더 큰 구성적인 이슈의 스케일과 균형으로 돌리도록 매우 잘 그룹화되고 구성되어야 한다.

오브제의 서로 다른 꼴라주 유형은 비슷한 오브제의 컬렉션과 마찬가지로 효과적이다. 더 중요한 것은 아무런 장식이 없이 남겨진 표면과 전시된 수집품이 높인 표면 사이에 생성되는 대조적 감각이다.

Machado and Silvetti, Boston Townhouse. Photo by Stephen Lee.

예술작품

더 높은 가치, 미학적 취향, 개인적 의미를 갖는 더 큰 작품들은 일반적으로 공간 내부에 시각적인 포인트로 보여진다. 종종 디자인의 다른 측면들을 강조하기도 한다. 더 적은 수의 예술작품은 대체로 구성적으로 전시된다. 테이블 위에 정물 배치로 놓이거나 벽체에 모자이크 형식으로 전시된다. 이러한 경우, 구성의 예술성은 미학적 즐거움을 창조할 수 있다. 그림은 후크를 이용해서 벽체에 직접 매달 수 있다. 이 방식으로 디스플레이를 바꿀 수도 있고 레일이나 좁은 선반으로 공간의 디자인과 통합시킬 수도 있다. 압정으로 고정시킬 수 있는 벽체 표현은 잠시 부착하는 작품들이나 아이들의 작품, 그래픽 정보 등을 디스플레이 하는데 사용할 수 있다. 비슷한 생각으로 칠판 혹은 화이트보드 표면을 사용하여 즉흥적인 표현을 유도할 수도 있다.

Frawley Apartment. Photo by Michael Moran.

벽체 위에 드로잉과 페인팅의 구성은 시각적인 관심을 유발하며 개별적인 예술작품이 갖는 두드러짐을 상쇄시킨다.

디스플레이를 위한 장소

액세서리와 예술작품은 환경 내에서 상대적으로 소규모의 요소들이므로 특별한 장소나 오브제들을 더 많이 배치하여 그룹별로 디스플레이 한다. 오브제 혹은 그림의 조합은 오브제 사이에 긴밀한 인접성과 유사성 혹은 차이성을 통해 생산되는 시각적인 차별성을 창조할 수 있다. 배치에는 두 가지 기본적인 전략이 있다. 오브제와 같은 디스플레이는 컬렉션 방식을 사용한다. 고풍스러운 기계식 장난감, 화살촉, 자연사적 현상의 유물 등이 있다. 일상 소품의 디스플레이는 순수하게 미학적인 효과를 위해 구성된다. 일반적으로 하나 혹은 몇몇의 특성을 중심으로 개별적인 오브제를 병렬 배치한다. 예를 들어 일상적 소품은 색별로 조합하여 디스플레이 할 수 있을 것이다. 그러나 텍스쳐는 거칠거나 광택이 있거나 광범위한 변화가 있고 크거나 작은 혹은 수평적인 비례를 가진 것도 있을 수 있다.

특정한 컬렉션과 일상적 소품은 디스플레이를 위한 세팅을 필요로 한다. 열린 선반을 가진 캐비닛, 벽에 걸린 선반, 벽난로 주변, 빌트인 니치 built-in niches는 모두 디자이너가 장식적인 오브제를 디스플레이하기 위하여 특별히 디자인된 것이다. 사이드 테이블과 커피 테이블은 음료, 차, 오르되브르(전체, hors d'oeuvres) 혹은 신문 등을 함께하는 디스플레이와 적절하게 어울린다.

미니멀 VS 클러터드

공간에서 액세서리의 적절한 량에 대한 취향은 놀라울 만큼 다양할 수 있다. 디자인 미감은 조심스럽게 선택된 몇몇의 액세서리만 전시된 완전히 미니멀한 것으로부터 빅토리아 시대의 너무나 복잡한 인테리어, 남부 캘리포니아의 임스 하우스 Eames House와 같이 광범위하다. 액세서리의 상대적인 밀도는 공간의 흐름을 가로지르는 개성을 창조한다. 정형적인 공간의 엄격함에서 더 개인적인 공간의 아늑함에 이르기까지 변화를 가질 수 있다. 일반적으로, 가장 성공적인 인테리어는 절충적인 공간과 관습적인 표현을 피하는 것이다. 그러나 조심스럽게 조절된 미니멀리즘을 목적으로 하거나 생각 많은 큐레이터의 과장된 표현을 의도할 수 있다.

Photo by Eames Office LLC, courtesy of Tim Street-Porter.

컬렉션은 결코 완벽하지 않다. 퍼시픽팰리세이즈의 찰스 앤 레이 임즈 Charles and Ray Eames의 집에서 보이는 것과 같이 서로 단순하게 연관된다.

요소들의 이해:
캘빈 차오 CALVIN TSAO

캘빈 차오, 당신 자신과 당신의 작업을 설명해 주시기 바랍니다.

건축가로서, 우리는 서로 다른 디자인 작업들을 연결하는데 관심이 있다. 우리는 우리 작업을 포괄적으로 접근하면서 깊이 있는 관심을 가지고 있고 누군가 이야기 한다면, 토탈 디자인 Total Design이라고 할 수 있다. 인테리어 디자이너로서 우리 작업은 이러한 컨텍스트에서 이해되어야 한다. 우리는 특정한 사회적 조건을 위한 인간의 행위를 매핑하는데 관심이 있다. 우리는 미감을 발전시키면서 세계를 더 큰 시야로 관찰한다. 그 둘 중 하나를 포기하고 다른 하나를 얻는 것은 불가능하다.

공간에서 가구를 배치하는데 특별한 접근법이 있는가?

궁극적으로 우리는 가구를 사람의 신체에 비추어 관찰한다. 그러므로 기능적으로 관찰한다. 가구는 다양한 행위들을 제시하기 때문이다. 그러나 나는 공간 안에 사물들의 컬렉션으로 보기보다 상호관계로서 인테리어 환경을 관찰하기를 좋아한다. 왜 빌트인 가구, 독립된 가구, 건축 사이에 선을 그려넣는가? 어떤 가구는 빌트인 되든지 독립적으로 배치되든지 통합적인 실체의 부분으로서 이미 자리를 차지한다. 외피는 공간을 창조한다. 표면은 니치, 캔틸레버, 확장면 등으로 설치된다. 종종 표면은 테이블, 사면이 닫힌 침대가 되기도 한다. 나는 건축, 빌트인 가구, 독립된 가구의 경계를 흐트러뜨리는 것을 선호한다.

디자인이나 마감에 있어서 혹은 당신이 선호하는 공간의 유형은 무엇인가?

나는 작고 협소한 공간을 선호한다. 아이들과 같이 많은 면들로 만들어진 침대를 계단 아래 텐트로 만드는 것을 좋아한다. 그것은 가장 기본적인 충동이고 의복을 벗어난 다음 면이기 때문이다.

작은 공간은 거대한 공간의 예술적 기교는 부족하다. 그리고 공간감은 기본적인 특성이 아니다. 부드러운 공간은 조심스럽게 조율되어야 하며 촉각성은 필수적인 특성이다. 작은 공간에서 눈과 오브제 사이의 시각적 거리가 달라지기 때문에 더 근접하게 보이고 그것을 더 많이 만지고 접촉한다. 나는 표면이 더 근접하게 있을 때, 감각과의 관계를 선호한다.

당신의 작업은 정의할 수 있는 특별한 스타일을 갖는가?

스타일? 사실 스타일 이상의 접근이다. 언어로서의 스타일을 어떻게 정의하는가에 따라 다르다. 누군가는 발전된 취향으로 받아들일 수 있다. 그러나 스타일은 사실 그 한계가 없는 단어다.

19세기, 20세기, 21세기의 가장 영향력 있는 가구 디자이너는 누구인가?

19세기, 베니스의 디자이너들, 가장 유명한 비더마이어 Biedermeier 스타일은 팽창하는 중산층의 사회적 선입견을 표현하고 있다. 중산층은 고결함을 모방하려는 의도를 가지고 있었다. 이와는 대조적으로, 모더니즘을 선도했던 크리스토퍼 드레서 Christopher Dresser는 오브제를 차별성, 거의 아시아풍의, 문화적 감수성을 갖는 단순한 현대 미학으로 디자인했다. 그의 디자인은 매킨토시 Mackintosh와 같은 작가들에게 새로운 길을 열어주었다. 비슷한 시기에, 헤르터 Herter 형제는 정교하게 수작업된 인테리어 내부를 마감을 생산하였다. 그들의 작업은 수공예를 통해 언어의 뉘앙스에 영향을 미쳤다. 19세기에 가장 유명한 것은 문화적 동질성의 평행적인 발전이며 미학적 운동을 부여한 것이다.

20세기는 매우 복합적이다. 매킨토시 Mackintosh와 포르투니 Fortuny는 가구작업에서 얼마간 성심리적 특성을 탐구하는 상징성을 통해 미학을 발전시켰다. 그와 다른 면으로, 르 꼬르뷔제 Le corbusier, 베리앙 Perriand, 루스 Loos는 기계 시대와의 열망을 통해 새로운 미학을 정의했다. 헨리 드레이퓨스 Henry Dreyfus와 레이먼드 로위 Raymond Loewy는 산업사회에 대한 꼬르뷔제적 열망으로 실마리를 얻어 그러한 미학을 디자인에 결합시키고자 했다. 동시에 에밀 자크 룰만 Emile-Jacques Ruhlmann과 장 미셸 프랑 Jean-Michel Franc은 이국적인 처리와 패턴을 갖는 베니어의 단순한 형태를 디자인하였다. 또한 조지 넬슨 George Nelson, 조지 나카시마 George Nakashima, 블라디미르 카간 Vladimir Kagan은 역사에 고무되었고 그것을 다른 장소에 끌어들였다. 노구치 Noguchi는 순수한 공예적 사고를 초월하여 기능적 예술적 오브제를 창조하였다. 물론 이 시기에 라이트 Wright와 임스 Eams도 포함한다.

21세기는 마크 뉴슨 Marc Newson, 로난 Ronan, 에르완 부홀렉 Erwan Bouroullec과 같은 디자이너들로 이어진다. 마르셀 반더스 Marcel Wanders와 다른 독일의 개념적 작가들은 드로흐 컬렉티브 Droog Collective를 만들었다. 또한 스페인 디자이너 패트리시아 우르퀴올라 Patricia Urquiola도 있다. 그녀는 약 5년 전 갑자기 혜성처럼 나타났다. 결국 내가 가구 디자인에서 발견한 것은 가구 디자인에 있어서 일상적 디자인 문제가 항상 대중적 전통에 있다는 것이다. 역사 세계의 많은 사람들의 취향과 실재적인 용도에 기여한다. 디자인 무대는 다양하게 지속될 수 있으며 그 영향력이 지리학적으로 구체화됨으로써 매우 흥미로워질 수 있다.

이러한 디자이너들 가운데 누가 가장 당신에게 영향을 미치는가?

모든 디자이너들이 영감을 준다. 당신 자신의 비전을 발견해야 한다는 확신을 주는 것은 많은 다수들이다. 우리는 절대 자기중적인 접근을 하지 않는다. 우리는 우리 자신의 존재를 믿고 여러 사람들이 함께 참여하는 방식으로 세계를 만들고자 한다. 우리는 주술사와 같다. 어떻게 사람들이 살고 싶어 하는가를 미학적으로 열고자 한다.

영감을 얻기 위하여 또 다른 작품이나 어떤 작품을 관찰하는가?

결론적으로. 자연은 놀랍다. 소라게, 나뭇잎의 패턴, 자연적인 현상들에 디자인과 무관한 것은 없다. 그것이 보호색이든 혹은 생식을 위한 화려한 색채이든 모든 것이 필요하다.

또한 나는 움직임과 춤에 의해서도 크기 영감을 얻는다. 댄서로서의 나의 초기 훈련 경험과 극장에서의 경험은 움직임에 대한 나의 인식에 영향을 미쳐왔다. 춤은 물리적인 환경과 인간적인 상호작용을 이해하는 것을 돕는다. 나는 그러한 충동을 일상의 부분으로 매핑하는데 깊은 관심을 가지고 있다. 누군가 어떻게 출입문을 여는가를 이해하는 것도 중요하다. 그는 문을 밖으로 혹은 안으로 여는가?

나는 특히 18세기에 매혹되고 있다. 그들은 가구를 움직임에 토대를 두고 생산한다. 의자에 걸터앉는 방식이나 작은 내실에서 낮게 앉는 방식까지 영향을 미친다. 시간대 별로 의복 역시 가구에 영향을 미친다. 가구는 건축을 형식화하고 건축은 특정한 상황에서의 사회적 관계를 정형화한다. 일련의 연속된 방들이 끊임없이 방을 만들어내는 드라마를 상상해보라. 최근에 나는 예술과 예술가에 의하여 영향을 받는다. 예술가는 가장 진보한 예언가들이기 때문에, 나는 모방하기 보다는 특별한 방식을 보여주기 위하여 그들을 관찰한다.

주문 디자인되는 가구를 사용하는데 적절한 때는 언제라고 생각되는가?

주문된 가구는 혁명적이지 않아야 한다. 오히려 특별한 공간에 오히려 습관적으로 적용된다. 참신함을 위하여 무언가 새로운 것을 발명할 필요는 없다. 나는 세빌 로 Savile Row와 비슷한 방식으로 공간을 만드는 것을 선호한다. 한 개인에 딱 맞는 완벽한 수트를 만들어 내는 것. 주문 제작을 요하는 가구를 디자인 할 때, 우리는 공간에 완벽하게 들어맞는 완벽한 의자를 만드는 것을 목적으로 한다.

당신이 생각하기에, 누가 가장 잘 디자인된 가구를 대량 생산하고 있다고 여기는가?

이케아 IKEA는 정말 예쁘다. 그들은 젊은 재능있는 디자이너와 작업한다. 그리고 분명한 기준을 기자고 적용 가능한 훌륭한 디자인을 생산판매한다. 목적은 잘 그들이 브랜드 네임으로 사용하고자 하고 더 많은 매출을 올리기 위한 잘 알려질 디자이너를 발굴하는 것이다.

특정한 한 종류의 가구를 구입하고자 한다면 어떠한 곳에서 정보를 얻는가?

1stdibs.com – 아주 많은 가구 판매자들이 그들의 보물을 판매하는데 이 웹사이트를 활용한다. 디자이너에게 필요한 것은 EBay와 같은 판매 사이트가 아니라 필수적으로 웹 카탈로그다. 당신이 딜러라면, 당신은 가구를 전시하고 값비싸게 팔아야 한다. 모든 디자이너 혹은 몇몇은 웹사이트에서 특별한 판매자로서의 웹사이트를 이끈다. 판매자와 제품을 훌륭한 방식으로 연결시켜준다. 그러나 여전히 무엇인가를 직접 보거나 만져보지 않고서 구입하는 데는 여전히 고민이 있다. 인간의 눈과 신체의 상호작용에는 무엇인가 특별한 것이 있다. 그것이 아주 정확히 맞아들어가는 부분이 될 수 있는지에 대한 가장 훌륭한 감각을 전해준다. .

벼룩시장 Flea Market – 나는 여전히 모든 사람이 여행을 해야 하고 지역 벼룩시장이 열리는 곳에 달려가야 한다고 생각한다. 나의 최고의 시장은 이태리, 아레초 Arezzo에서 매달 첫 번째 일요일 시장, 런던의 포토벨로로드 Portobello Road, 파리의 폴 베르 마켓 Marche Paul Bert과 세르페트 마켓 Marche Serpette, 매사추세츠의 브림필드 Brimfield, 북경의 판 자 위안 Pan Jia Yuan이다. 내가 가장 좋아하는 것은 원래 그대로 것이다. 나는 내가 무엇을 찾고자 하는지 알지 못한다. 그러나 종종 독특한 아이템을 발견할 수 있다. 어느 때는, 기막히게 좋은 커다란 나무 목곽을 발견했다. 분명 다른 곳에서는 살 수 없는 것이다. 벼룩시장에서만 그러한 놀라운 종류의 것을 얻을 수 있다.

R 20th Century – 최근에 모던한 가구를 찾는데, 뉴욕 소호의 R 20th Century는 아주 훌륭했다. 그곳 대표들은 끊임없이 물건을 찾는다. 그들은 브라질 소품에 집중하고 있다. 내가 구입하

든 아니든, 나는 항상 그곳에 가서 그들이 무엇에 주목하고 무엇을 찾고 있는지 볼 수 있다. 그곳은 안목을 높일 수 있는 훌륭한 장소이다. 훌륭한 가구의 딜러는 거의 선생님과도 같다. 그들은 훌륭한 안목으로 새로운 물건을 선택한다. 이 매장이 매력적이고 이색적인 것은 딜러들을 탐색할 수 있는 다음 영역으로 강력히 유인하는 점이다. 마치 그들은 현재의 유행으로부터 생산된 작품들에 가격을 책정한다. 결과적으로 지속적으로 진화하는 시장이다.

당신이 거주를 위한 클라이언트, 기업체 클라이언트, 기관 클라이언트의 디자인 혹은 프로젝트를 접근하는데 차이가 있는가?

그렇기도 하고 아니기도 하다. 작업에 할애하는 많은 시간 때문에, 거주를 위한 문제들과 전혀 다른 관심들에도 쉽게 소통할 수 있다는 점이 중요하다. 오피스 디자인의 목적 또한 거주를 확대하는 것이다. 나는 종종 어떻게 거주 공간이 기업적 환경을 만들어 낼 수 있는가를 질문한다.

기업 혹은 기관 클라이언트와 함께 작업할 때, 인간성을 끌어내기 위해 노력한다. 당신이 표면적으로 머물게 된다면, 누구에게도 도움을 줄 수 없다. 그리고 인간성을 실체로 다루게 된다면, 클라이언트에게 도움이 되지 않는다. 인간의 역동성은 매우 고통스러운 조건이 될 수 있다. 혹은 훌륭한 것이 될 수도 있다. 그러나 궁극적으로, 인간적 조건에 호소할 수 있다면, 더 나은 디자인이 성취될 수 있다.

당신은 어떻게 이미 클라이언트가 소유하고 있는 그리고 특별히 선호하지 않는 기존 가구들을 통합하는가?

각각의 클라이언트와, 디자인에 접근하는 방식에서 혹은 디자인 프로세스 자체에서 나는 네 주장만을 취하지 않는다. 왜냐하면, 그들은 나를 건축가와 디자이너로 참여시키기 때문에, 나는 클라이언트가 발전하고자 한다고 가정한다. 그들은 새로운 공간, 가구, 예술, 액세서리 등을 원한다고 가정한다. 동시에 클라이언트가 오랫동안 가져왔던 부분들을 유지하고 그것에 만족하고 그것을 버릴 준비가 되어 있지 않다면, 누가 그들에게 그것을 버리라고 말할 수 있을까? 그러한 접근은 자크 타티 Jacques Tati의 놀라운 영화로부터 얻어진다. 그 영화에서 정부의 권위는 현대 디자인을 법으로 받아들인다. 그리고 시민들은 관습에 따르는 그들의 삶의 방식을 변화시켜야 한다고 선포된다. 정말 놀라운 풍자지만 나는 그러한 방식으로 정치가 이루어지는 것을 좋아하지 않는다. 나는 순수하게 이론적인 혹은 지성적인 배경에서 클라이언트에게 강제하거나 그들을 설득하고자 하는 것은 근본적으로 훌륭한 과정이 아니라고 믿는다.

나의 역할은 하나의 개인으로서 클라이언트에게 봉사하는 것이다. 그러므로 나의 첫 번째 임무는 그들이 어떻게 사는가를 이해하고 관찰하는 것이다. 그 다음, 나는 그들을 그들이 이미 소유하고 다양한 집기와 가구, 오브제라는 측면에서 이해하고, 내가 그것을 좋아하고 그렇지 않는가는 논의의 중요한 요소가 아니다. 최종적으로, 내가 할 수 있는 가장 중요하고 유용한 사실은 그것들에 영감을 불어 넣고 그것들이 무엇이 될 수 있는지에 관하여 조언해야 한다. 단지 과거의 실체에 대한 것만이 아니라 미래의 가능성에 대하여 완전히 이해하고 인식함으로써, 클라이언트는 그들이 기존 디자인을 거부할 준비가 되어 있고 새로운 디자인을 받아들일 수 있다는 것을 그때에야 깨닫고 아마도 놀라운 상황에도 도달할 수 있을 것이다. 이러한 접근에서, 모든 디자이너와 클라이언트는 배우고, 성장한다. 그리고 모두 디자인 결과물에 만족할 것이다. 나는 개인으로서의 클라이언트의 정신을 깊이 이해함으로써 디자이너로서 진화한다. 그리고 클라이언트 역시 그들이 이해하고 사려 깊은 결정을 내릴 필요가 있다는 경험과 확신을 얻음으로써 진화한다.

Overleaf Left — Living Room by Octave. Photo by XXX.
Top Right — Berkshire Mountain House. Photo by XXX.
Bottom Right — Pound Ridge Residence. Photoby XXX.

6.

디자인 리소스

모든 인테리어 디자이너는 이 책에서 언급하는 주제들의 범위를 포함하는 출판물의 라이브러리를 구축할 필요가 있다. 그것도 더 상세하게. 여기의 리소스들은 어떠한 컬렉션에도 필수적으로 필요한 내용들이다. 물론 인터넷에서 검색을 통해 인테리어 디자인에 필요한 다수의 리소스들을 늘릴 수도 있을 것이다. 다른 주제들과 마찬가지로 디지털 정보의 질적 수준은 오직 웹사이트를 위해서 콘텐츠 제공자가 제공하는 정도의 주준일 뿐이다. 여기에서 제공하는 웹사이트 주소는 전문적인 그리고 비영리적 기관에서 소프트웨어 회사와 제품 생산업체에 이르기까지 다양하다. 그리고 가장 고무적인 디자인 매거진과 블로그도 포함한다. 각 사이트는 각각 그들 사이트 자체의 흥미로운 연관 사이트를 제공한다.

디자이너의 윤리적인 책임은 이 책에서 제공하는 모든 추천 내용에서 중요하다. 무엇보다도 공정하고 지속가능한 미래를 위한 디자인이 가장 중요하다. 제품을 즐겁게 구매하고 서비스를 얻는 것을 넘어서, 디자인 업체는 리소스를 생산하고 아이디어를 발전시키는 것도 중요하다. 그러한 리소스와 아이디어는 다양한 디자인적 선택들을 가능하게 만듦으로써 프로젝트가 사회와 환경에 영향을 미칠 수 있도록 한다.

Chapter 19: 지속가능성의 지침

지속가능한 디자인은 거시적 접근방법으로서 재생가능하고 순환 가능한 재료의 세심한 선택과 에너지 절약 빌딩 시스템을 갖추고 거주자에게 가장 인체에 건강한 환경을 만들 수 있는 디자인 선택을 모두 포함한다. 그러한 접근 방식은 디자이너로 하여금 환경적인 충격을 감소시키는 접근을 가능하게 할 뿐 아니라 낮은 작동 비용을 가능하게 하고 높은 생산성과 통합적인 건강한 삶을 생산하는 인테리어를 창조하도록 한다.

녹색 환경의 기준, 벤치마킹 시스템과 체크 리스트들에 영향을 받은 수많은 이슈들은 종종 잠재적인 전략들을 검증하는데 활용되며 디자인 프로세스를 진행하는 동안 그러한 정보를 기준으로 삼기도 한다. 가장 많이 활용되는 벤치마킹 시스템은 미국의 LEED(Leadership in Energy and Environmental Design)이다. 이 기준은 U.S. Green Building Council에서 발전되었다. 이 기관은 비영리 기관으로서 지속가능한 건축물을 발전시키는데 봉사한다. LEED 평가 시스템은 다섯 가지 범주로 구성된다. 인테리어 디자이너에게 특별히 관련이 있는 것은 그중 4가지 범주다. 물이용 water efficiency, 에너지와 대기환경 energy and atmosphere, 재료와 자원 materials and resources, 내부 환경의 질 indoor environmental quality이다.

물　　에너지　　재료　　내부공간의 공기

자원 보존

지속가능한 디자인은 환경을 재인식한다는 방식은 물과 에너지의 소비를 줄이는 방식으로 건축물을 디자인하고 완성하는 것이다. 절수형 변기, 절수 샤워기 등은 물 소비를 줄일 수 있다. 뜨거운 물을 즉시 공급하는 수조가 없는 전기온수기는 데워진 물을 저장할 필요를 제거하고 원하는 온도에 도달할 때까지 물을 순환시킬 필요가 없다.

전기 소모는 조광기의 사용, 사용자인식 센서, 형광등, 저전압 조명 등을 활용함으로써 축소될 수 있다. 옷방, 식품저장고, 창고와 같은 작은 공간의 조명은 문을 닫으면 자동적으로 소등되도록 한다. 조명을 조닝하고 업무에 특수화하여 디자인된다면 전기 부하는 더욱 최소화할 수 있다. 예를 들어, 주방 작업대 위에 국부적으로 밝히는 조명이 전체 공간을 밝히는 것보다는 더 효율적이다. 더욱이 디자이너는 항상 에너지 효율 등급 혹은 이와 동등한 높은 효율 기준에 적합하도록 디자인한다.

에너지 소비를 줄이기 위한 실질적인 아이디어

가능하다면 언제나 멀티램프 혹은 형광등 안정기를 사용한다.
스위치들을 분리 설치하여 자연채광에 따라 인공조명의 유연성을 확보한다.
10m² 보다 더 큰 공간에는 조광기를 설치한다.
공간을 사용하지 않을 때, 자동적으로 소등되는 사용자 인식 센서를 설치한다.
천장 혹은 측창을 가진 공간에는 자연광 센서를 설치한다.
작업 조명에 집중할 동안, 전체 공간의 조명을 축소한다.
색채 표현이 필수적인 공간에는 백열등과 할로겐등의 사용은 제한한다.

내부 공간 환경의 질적 수준

주로 휘발성유기화합물(VOCs)을 제거하거나 축소함으로써 내부공간 공기의 질적 수준은 증가한다. 독소가 있는 화학물질은 일반적인 건축물과 주거 공간의 마감재료, 공산품에서 가스배출 방식으로 방출된다. 가장 큰 독소는 포름알데히드 계열의 공산품이다. VOCs의 일반적인 원인은 페인트, 접착제, 실란트, 용해제, 바닥재로서 우레탄, 가구와 캐비닛에 사용하는 파티클보드, 카펫 등이다. 이러한 많은 공산품은 낮은 VOCs 등급으로 생산된다. 혹은 디자이너는 점점 더 많은 기업들로부터 생산된 제품을 특별히 선택할 수도 있다. 분재화초는 환경 내의 VOCs의 영향을 줄이는데 도움이 된다. 한 뿌리의 자주달개비와 필로덴드론 philodendron은 1.5미터 반경 내의 VOCs를 흡수한다. 공간에서 자연 채광을 세심하게 관리하는 것은 인공조명의 요구를 축소하는 것보다 더 효율적이다. 자연 채광을 직접 혹은 확산하여 사용하는 조명계획이 잘 된 공간은 거주자의 건강과 생산성을 높여준다. 내부 공간 환경의 수준에 기여할 수 있는 전략들은 이산화탄소량의 모니터링, 환기량의 증가, 열효율 제공하는 것까지 포함한다.

재생가능한 순환하는 그리고 재생된 생산물

녹색 디자인 기준은 재생가능한, 순환하는, 그리고 재생된 자원을 활용하는 것을 고려해야 한다. 재생가능한 자원은 빨리 성장하고 환경 친화적으로 생산한 목재도 포함된다. 이러한 자원은 Forest Stewardship Council(FSC)에 의하여 환경에 위협이 되지 않고 유전적으로 변형되었거나 숲을 훼손하여 만들어진 농장에서 생산되지 않았다는 것을 검증한다. 재생된 재료들은 최근 마켓에서 다양한 생산품으로 판매되며 사용 후 폐기물로 제작된다. 생산품은 이미 한번 사용된 것이며 다른 사용자를 위하여 재활용을 위해 재생된 것이다. 이 재생된 생산품은 공장생산 과정을 통해서 재생된 플라스틱 카펫 혹은 카펫의 바닥판은 물론 재 가공된 유리를 이용한 마감재, 세라믹 마감재로도 만들어진다. 사용 전 폐기물은 재포장하고, 재활용하며 재순환의 과정을 거침으로 환경에 대한 부담을 줄일 수 있다. 이 제품들은 가정용 제품, 공업생산, 농경산업, 업무 등에서 얻어진다. 물론 디자이너는 주거 혹은 오피스에 수거를 위한 재활용 수거 공간을 충분하고 편리하게 제공함으로써 폐기물의 재순환 가능성을 높일 수 있다.

재생된 제품들은 폐처리된 재료를 구입하고 재시공하는 것이 용이하도록 처리하는 많은 업체로부터 효율적으로 공급된다. 모든 경우에, 디자이너는 노동력과 재료 수급의 지역 경제를 분명히 인식해야만 한다.

전문적인 인증 자격과 지속가능성

LEED 인증을 위한 자격 시스템:

1. LEED Green Associate(GA) : 그린 빌딩 시스템과 기술에 대한 기본적인 이해를 가진 전문가를 위한 자격. 이 자격은 LEED AP가 되기 위한 첫 번째 자격증이다.
2. LEED Acredited Professional(AP) with Specialty : LEED AP의 범주는 다섯 가지 특수 유형이 있다. :
   건축디자인과 시공 Building Design + Construction (BD +C)
   인테리어 디자인과 시공Interior Design + Construction (ID +C)
   유지와 관리 Operations and Maintenance (O + M)
   주거 Homes
   지역 개발 Neighborhood Development (ND)

주 : LEED 프로젝트의 경험은 LEED AP의 어떠한 자격시험에 응시할 수 있는 기본 요구 사항이다.

3. LEED Fellow : LEED 실무와 기준에 대한 경험과 숙련도,
   발전된 완수능력을 증명하는 수준을 의미한다.

부가적인 지속가능성에 대한 지침

재생 디자인 Cradle-to-Cradle Design(C2C Design, regenerative design)은 거시 경제적, 산업적, 사회적 작업 틀로서 효율적일 뿐 아니라 필수적으로 폐기물을 최소화하는 시스템을 창조하고자 하는 과정이다. 광의적인 측면에서 이 모델은 산업디자인과 생산에만 한정되지 않는다. 도시 환경, 건축, 경제, 사회적 시스템과 같은 인간 문명의 많은 측면에 적용가능하다.

리빙 빌딩 챌린지 Living Building Challenge는 건물에 주어지는 녹색인증 프로그램으로 구축된 건축 환경에서 지속가능성에 대한 가장 진보된 평가 시스템이자 철학이자 옹호 수단이다. 이 프로그램은 신축과 리노베이션을 포함한 건축으로부터 인프라스트럭처, 랜드스케이프, 주변환경에 이르기까지 모든 스케일의 개발에 적용가능하다. 리빙 빌딩 챌린지는 일곱가지의 수행 영역으로 구성되는데 대지 site, 물 water, 에너지 energy, 건강 health, 재료 materials, 자본 equity, 미 beauty로 나뉜다.

Chapter 20: 매뉴얼 리소스

이 책은 인테리어 디자인 프로세스가 포괄하는 범위를 개력적으로 다룬다. 디자이너 교육의 시작점은 훌륭한 정보의 라이브러리다. 현재의 이 책 내용을 넘어서, 디자이너가 알아야 할 내용을 담은 많은 책들이 출간되어 있다. 다음에 소개된 리스트도 결코 많은 것은 아니다. 이 리스트 중 일부는 이 책의 참고도서로 사용되기도 했다. 이 책들은 이 책이 언급하고 있는 논의를 확장할 뿐 아니라 강력한 라이브러리의 토대를 형성할 것이다.

일반 참고 도서

Interior Design, 4th ed.
John F. Pile; Prentice Hall, 2007

Interior Design and Decoration, 8th ed.
Stanley Abercrombie; Prentice Hall, 2008

Interior Design Visual Presention: A Guide to Graphics, Models and Presentation Techniques, 4th ed.
Maureen Mitten; Wiley, 2012

Interior Graphic and Design Standards
S. C. Reznikoff; Whitney Library of Design, 1986

Interior Graphic Standards
Maryrose McGowan and Kelsey Kruse, eds.; John Wiley & Sons, 2003 (also available on CD-ROM; John Wiley & Sons, 2004)

Time-Saver Standards for Interior Design and Space Planning, 2nd ed.
Joseph DeChiara, Julius Panero, and Martin Zelnik; McGraw-Hill Professional, 2001

Construction Drawings and Details for Interiors: Basic Skills, 2nd ed.
W. Otie Kilmer and Rosemary Kilmer; John Wiley & Sons, 2009

The Designer and the Grid
Lucienne Roberts and Julia Thrift; Rotovision, 2005

Digital Lighting and Rendering, 2nd ed.
Jeremy Birn; New Riders Press, 2006

Envisioning Information
Edward R. Tufte; Graphics Press, 1990

Interior Design Illustrated, 3rd ed.
Francis D. K. Ching and Corky Binggeli; John Wiley & Sons, 2012

Thinking with Type: A Critical Guide for Designers, Writers, Editors, & Students
Ellen Lupton; Princeton Architectural Press, 2004

What Every Practitioner Should Know
Interiors 06: The AISD Conference on Design, 2006

기본 참고 도서

Architectural Graphics, 5th ed.
Francis D. K. Ching; John Wiley & Sons, 2010

공간

American National Standards: Accessible and Useable Buildings and Facilities
International Code Council, 2004

Archetypes in Architecture
Thomas Thiis-Evensen; Norwegian University Press, 1987

Architectural Graphic Standards, 11th ed.
Charles George Ramsey, Harold Reeve Sleeper, and John Ray Jr. Hoke; John Wiley & Sons, 2008

Art and Visual Perception
Rudolf Arnheim; University of California Press, reprint ed., 1974

Bathrooms: Simply Add Water
Terence Conran; Conran, 2006

The Codes Guidebook for Interiors, 5th ed.
Sharon Koomen Harmon and Katherine E. Kennon, eds.; John Wiley & Sons, 2011

Early American Architecture
Hugh Morrison; Dover Publications, 1987

Human Dimensions and Interior Space
Julius Panero and Martin Zelnik; Watson Guptill Pub, 1979

Key Houses of the Twentieth Century: Plans, Sections and Elevations
Colin Davies; Laurence King Publishing, 2006

The Place of Houses
Charles Moore, Gerald Allen, and Donlyn Lyndon; University of California Press, 2000

On the Job: Design and the American Office
Donald Albrecht and Chrysanthe B. Broikos, eds.;Princeton Architectural Press, 2000

Terence Conran Kitchens: The Hub of the Home
Terence Conran; Clarkson Potter, 2002

Ultimate House Book
Terence Conran; Conran Octopus, 2003

표면

The Art of Color: The Subjective Experience and Objective Rationale of Color, rev. ed.
Johannes Itten; John Wiley & Sons, 1997

Color Design Workbook
Sean Adams, Noreen Morioka, and Terry Stone; Rockport Publishers, 2008

Color in Interior Design
John Pile; McGraw-Hill Professional, 1997

Constructing Architecture: Materials, Processes, Structures
Andrea Deplazes; Birkhauser, 2005

Designer's Color Manual: The Complete Guide to Color Theory and Application
Tom Fraser and Adam Banks; Chronicle Books, 2004

Detail Practice: Translucent Material: Glass, Synthetic Materials, Metal
Frank Kaltenbach; Birkhauser, 2004

Interaction of Color, rev. ed.
Josef Albers; Yale University Press, 2006

Kelly Hoppen Style: The Golden Rules of Design
Kelly Hoppen; Bulfinch Press, 2004

Mary Gilliatt's Interior Design Course
Mary Gilliatt; Watson-Guptill Publications, 2001

The Surface Texture Bible
Cat Martin; Stewart, Tabori and Chang, 2005

Transmaterial: A Catalog of Materials That Redefine Our Physical Environment
Blaine Brownell; Princeton Architectural Press, 2005

환경

Applying the ADA: Designing with Disabilities Act Standards for Accessible Design
Marcela Rhoads; Wiley, 2013

The Architecture of the Well-Tempered Environment
Reyner Banham; Architectural Press, 1985

Building Codes Illustrated: A Guide to Understanding the 2012 IBC, 4th ed.
Francis D. K. Ching and Steven R. Winkel; Wiley, 2012

Fundamentals of Building Construction: Materials and Methods, 4th ed.
Edward Allen; John Wiley & Sons, 2004

Heating, Cooling, Lighting: Design Methods for Architects, 3rd ed.
Norbert Lechner; John Wiley & Sons, 2009

Lighting Design Basics, 2nd ed.
Mark Karlen, James R. Benya, and Christina Spangler; Wiley, 2012

Mechanical and Electrical Equipment for Buildings, 11th ed.
Benjamin Stein, John S. Reynolds, Walter T. Grondzik, and Alison G. Kwok; John Wiley & Sons, 2010

요소

Classic Herman Miller
Leslie A. Pina; Schiffer Publishing, 1998

Design Since 1945
Peter Dormer; Thames & Hudson, 1993

Design of the 20th Century
Charlotte and Peter Fiell; Taschen, 2005

Interior Design of the 20th Century
Anne Massey; Thames & Hudson, 2001

Sourcebook of Modern Furniture
Jerryll Habegger and Joseph H. Osman; W. W. Norton, 2005

리소스

Guide to Green Associates Exam
Michelle Cottrell; Wiley, 2010

HOK Guidebook to Sustainable Design, 2nd ed.
Sandra F. Mendler, William Odell, and Mary Ann Lazarous; Wiley, 2005

Sustainable Commercial Interiors
Penny Bonda and Katie Sosnowchik; John Wiley & Sons, 2006

Sustainable Design for Interior Environments, 2nd ed.
Susan Winchip; Fairchild Books, 2011

Sustainable Residential Design
Associates III, Kari Foster, Annette Stelmack, and Debbie Hindman; Wiley, 2006

Chapter 21: 디지털 리소스

전문적인 기관

American Instiitute of Architects www.aia.org
American Society of Interior Designers www.asid.org
Interior Designers Canada www.interiordesigncanada.org
International Interior Design Association www.iida.org
Green Building Council www.usgbc.org

매거진과 저널

Abitare (Italy) abitare.corriere.it
Architect (USA) www.architectmagazine.com
Architectural Record (USA) www.architecturemag.com
Azure (Canada) www.azuremagazine.com
Domus (Italy) www.domusweb.it
Dwell (USA) www.dwell.com
Elle Decor (USA) www.elledecor.com
I.D. Magazine (USA) www.idonline.com
Interior Design (USA) www.interiordesign.net
Metropolis (USA) www.metropolismag.com
wallpaper* (UK) www.wallpaper.com

웹사이트와 블로그

architechnophilia architechnophilia.blogspot.com/index.html
BLDGBLOG bldgblog.blogspot.com/index.html
bleep bloop dodeckahedron.blogspot.com/index.html
BrandAvenue brandavenue.typepad.com
Coolhunting www.coolhunting.com
Design Observer www.designobserver.com
design*sponge designsponge.blogspot.com/index.html
Designspotter www.designspotter.com
Dexigner www.dexigner.com
eyecandy eyecandy-webcandy.blogspot.com/index.html
FunFurde funfurde.blogspot.com/index.html
HATCH blog.designpublic.com
IKEAHacker ikeahacker.blogspot.com/index.html
Inhabitat www.inhabitat.com
Land+Living www.landliving.com
MagCulture magculture.com/blog
Mighty Goods www.mightygoods.com
MoCo LoCo mocoloco.com
Pintrest www.pintrest.com
Presentation Zen www.presentationzen.com

Print and Pattern printpattern.blogspot.com/index.html
Pruned pruned.blogspot.com/index.html
Reluct www.reluct.com/home/index.html
Treehugger www.treehugger.com

소프트웨어

ArchiCAD www.archicad.com
AutoCAD www.autodesk.com
Blender www.blender.org
Brazil r/s www.splutterfish.com
Cheetah www.cheetah3d.com
finalRender www.finalrender.com
Form•Z www.formz.com
Indigo www2.indigorenderer.com
Kerkythea www.kerkythea.net/joomla
LightWave www.newtek.com
Maxwell www.maxwellrender.com
mental ray www.mentalimages.com
MicroStation www.bentley.com
Modo www.luxology.com
VectorWorks www.nemetschek.net
YafRay www.yafray.org

생산업체와 기관들

Americans with Disabilities Act www.ada.gov
Architectural Woodwork Association www.awinet.org
Building Stone Institute www.buildingstoneinstitute.org
Carpet and Rug Institute www.carpet-rug.org
Design at the Design Museum www.designmuseum.org/design
Design within Reach www.dwr.com
Designing with Light www.designingwithlight.com
Designtex www.dtex.com
Fabrics.net www.fabrics.net
Hardwood, Plywood and Veneer Association www.hpva.org
Herman Miller www.hermanmiller.com
InterfaceFLOR www.interfaceflor.com/
Knoll www.knoll.com
National Association of Architectural Metal Manufacturers www.naamm.org
National Cad Standard www.nationalcadstandard.org
National Glass Association www.glass.org
National Wood Flooring Association www.woodfloors.org
National Terrazzo and Mosaic Association www.ntma.com
National Textile Association www.nationaltextile.org
Oakwood Veneer Company www.oakwoodveneer.com
Solid Surface Product Resource www.solidsurface.org
Vitra www.vitra.com

샤시 칸, 당신과 당신의 작업을 설명해주세요.

나는 호기심이 많고 낙천적이다. 사람, 사물, 프로세스의 본능적인 성향을 이해하는 것을 즐긴다. 무엇을, 왜, 어떻게 ... 라는 것은 매우 중요한 질문들이다. 인간의 의식의 기반은 나를 궁금하게 이끈다. 시카고는 또한 내게 매우 흥미로운 현상들을 제공하며 그 경계의 탐색과 재정의를 요구하는 곳이다.

오늘날까지 나는 거의 동등하게 아시아, 유럽, 북아메리카에서 살아왔고 그 시기는 내가 중요한 문화들의 동질성과 유일성을 이해하고 질문하도록 만들었다. 인테리어 디자인, 산업디자인 건축에 있어서 정형적인 교육과 수준들과 일치하는 이 시기들은 내게 그 문화의 깊이를 제공하고 내가 내 모습을 만들어 가도록 도왔다. 그 모든 디자인의 분야들은 인간의 조건과 그 행태적 세계와 깊은 관계를 갖는다.

최선의 공간적 기능적 충족을 위해 행위 가능한 인테리어 공간을 디자인하는 것. 나는 그것에 열정을 느낀다. 나는 특히 더 발전된 다수의 미래를 형태화하고 비전을 말들어내는 것에 관심을 갖는다.

공통의 집단, 그리고 나의 실무 작업은 창조적 디자인 비즈니스를 위한 필수적 기본요소로서 창조성에 주목한다. 우리 자신은 우리가 클라이언트에게 설교하고자 하는 것을 실현하기 위한 창조적 해결방식을 발견하는 방식으로 작업한다. 동시에 우리 시대의 자유 시간이라고는 없는 작업 문화의 결점을 해결하기 위한 방식이다. 나의 실무작업은 영화 산업의 기반으로부터 사업 구조를 빌려 왔다는 점에서 독특하다. 우리는 특별한 클라이언트의 요구와 프로젝트에 조심스럽게 맞춰진 풀타임 전문가를 고용하고 프로젝트 기간 내내 그러한 프로세스를 유지했다. 우리 팀은 한 번에 하나의 프로젝트에만 몰두한다. 우리는 작업 일정의 구조적 조정에 있어서 완전히 자유롭다. 그리고 개개인은 그들 자신의 스케줄을 결정하고 진행한다. 행복하고 균형을 찾아가는 디자인 전문가가 최우선이며 그들이 지성적으로 클라이언트에게 훌륭하게 봉사한다. 우리는 프로젝트 스케줄과 예산이 가장 혁신적이고 창조적인 디자인 해결방식을 감당할 만큼 충분하기를 요구한다. 우리 삶의 수준은, 스텝, 클라이언트, 컨설턴트의 삶의 수준은 기본적으로 우리 모두를 위해 중요한 것이다. 우리 오피스 문화는 많은 놀이, 위트, 모든 사람에 대한 존경으로 휴식을 얻는다. 우리는 집요하게 다양한 범위의 연구와 학습에 집중한다. 이러한 과정은 우리 작업의 토대가 되며 우리는 그 작업에서 큰 즐거움을 얻는다.

당신에게 디자인을 알려주고 방법론을 이해시킨 멘토는 누구인가?

뉴욕에 있는 세 사람이 나의 사고를 형성하는데 도움을 주었다.

하게쉬 랄바니 Haresh Lalvani 박사는 차원적 공간을 탐구하는 건축가이자 실증적 연구에 관심을 가지고 있는 과학자다. 그는 16차원을 컴퓨터를 이용하여 탐구해왔다. 그는 지속적으로 내게 문자 그대로의 공간과 인식적 공간의 본질에 대한 깊은 이해를 던져왔다. 또한 다양한 관계의 선들을 완성시켜가면서 진정한 혁신을 이해토록 했다.

윌리암 카타바로스 William Catavalos는 내가 생각하기에 재미있고 거칠며 가장 열정적인 마음을 가진 사람이다. 그는 지속적으로 내게 경고하고 깨닫게 하고 세계적인 이해를 얻을 것을 상기시킨다. 그를 통해서 나는 개념화란, 우리 삶의 공통적인 일상 조건에 근거한 이성적이고 지성적인 기초를 갖는다는 것을 알게 되었다. 우리 삶은 지속적으로 질문하고 재고하기를 요구한다.

테오도르 푸르동 Theodore Prudon, 나의 사업 파트너는 천재라고 할 것이다. 그로부터 나는 논리적 호기심과 살아 있는 참조로서 역사를 깊숙이 느낄 수 있도록 배웠다. 그는 내게 삶을 일상적인 것으로 혹은 비일상적인 것으로 그리고 그 둘 사이에 모든 것으로 만들어 내는 의미를 이해하는 법을 가르쳤다. 그는 넓은 마음과 개인적 주장을 하지 않는 사람이었다. 내 생각에 디자이너로서 그의 태도는 매우 중요한 것으로 생각된다.

나는 윌리엄 포글러 William Fogler와 같은 유명한 인물로부터 많은 것을 영향 받고 배워 왔다. 특히 아름답고 조화로운 공간적 오브제를 창조하는 예술을 배웠다. 로웨나 리드 Rowena Reed에게서는 비어진 공간을 다루는 예술과 계획가로서의 관계에 대하여 배웠다. 아나이스 닌 Anaïs Nin은 용감하고 과감하게 흑백 논리로 그녀 자신을 과감하게 표현하고 경험하며 살았다. 코코 샤넬 Coco Chanel은 창조적인 여인이었고 사업적으로 개성이 강한 사람이었다.

당신의 작업은 인테리어와 공간들이 어떻게 작동하는가에 대한 구축적인 작업에서 강력한 연구와 개념적인 프로젝트에까지 광범위하다. 그러한 프로젝트에 접근하는 공통된 방법이 있는가?

단순히 나는 다양한 학문적 작업들, 연구, 조사, 역사, 이론 등을 디자인 실무와 다리 놓는 것에 고민한다. 실무적으로 사고를 실제화하고 건축하고 업무를 진행하는 것과의 연계를 열망한다. 이 두 영역은 근원적으로 상호 의존적이며 건강한 공공성을 위해 필수적이다. 우리는 이러한 세계에서 면밀한 공동작업과 커뮤니케이션을 만들어야 한다. 나는 또한 예술과 과학을 연결하는 것에 관심이 많다. 세계에 대한 통합적인 이해를 위해서, 나는 과학자의 지성적인 열망과 방법론적인 프로세스 예술가의 창조적이고 개념적인 이해가 필요하다고 믿는다. 이러한 모든 것의 중심에 인간이 있다.

나는 내게 주어진 시간에 무엇을 하는가와 상관없이 내가 디자이너로서 존재한다고 믿는다. 나의 일상적인 방법은 훈련과 프로세스의 광범위한 성호작용을 위한 요구에 의하여 합리화된다. 그리고 예측된 경계를 부수기 위하여여 합리화된다. 문화적이고 지성적인 분리를 가로지르는 것에 훌륭한 기회가 존재한다. 예를 들어, 전통적인 색상 이론(알버스 Albers, 이튼 Itten, 괴테 Goethe)은 우리의 일상적 경험에서 우리 세계를 이해하는 것 그리고 시각적인 자극과 연관되고 얻어지는 현상을 탐색한다. 그러나 그러한 이론을 배우는 것을 넘어서, 디자이너와 건축가는 완전히 이론적 현상을 탐구하는 일은 거의 없다. 디자인 개념에 그러한 연구를 이식하고 이론적인 개념을 고양시키는 것은 쉬운 일이 아니다. 거대한 량의 연구, 해석 그리고 작업이 요구된다. 일상적 삶의 압력과 우리 문화의 해석은 우리가 혁신으로 이끄는 연관관계를 만드는 것을 어렵게 한다. 이 모든 것을 아무리 어렵다 하더라도 지속적으로 시도하는 것이 나의 직업이다. 나는 그러한 관계를 만드는 과정에서 심층적인 조사와 연구가 중요하다고 믿는다. 나의 작업은 이러한 믿음을 분명히 하는 방법을 찾아내는 것이다. 프로젝트의 스케일과 상관없이 그것인 이차원적이든 3차원적이든 상관없이 이것은 나의 작업에서 단지 해결해야만 하는 하나의 중요한 요소일 뿐이다.

많은 실무 작업들은 종종 참고물의 라이브러리를 구축하는데 시간과 예산을 요구한다. 당신의 작업을 이해하는 것을 도전적으로 발전시키기 위하여 혹은 영감을 얻기 위하여 어떠한 종류의 재료들을 참고하는가?

우리가 어떠한 공간을 생산물의 검색대 혹은 재료를 위한 공간으로 사용하기도 하지만, 더 큰 공간을 큰 비용을 들여 다양한 주제를 갖는 라이브러리로 사용한다. 역사, 예술, 철학, 개념, 과학과 고전들 그리고 새로운 작품들. 우리는 인터넷을 사용하고, 대학과 공공 도서관도 이용한다. 수많은 정기 간행물들도 사용하는데 여기에는 일간 신문도 포함된다. 나는 사고의 세계를 통해 그리고 주어진 시간에 사람들이 가질 수 있는 행위에 의하여 그리고 많은 작가들이 표현한 것을 통해 사람들과 인간의 조건을 가장 잘 이해할 수 있다고 믿는다. 종종 언어는 행위와 일치하지 않기도 한다. 그리고 여기에 관찰과 비평적 해석을 위한 거대한 기회가 존재한다. 더 신선하고 더 적절한 해결방법으로 유도하는 기회가 된다. 정치, 경제, 기술, 상업의 모든 측면이 우리 삶의 영향을 미치기 때문에, 인테리어 디자인 실무를 진행하는데, 세계의 맥박에 손가락을 대고 함께 느끼는 것이 매우 중요하다. 나는 우리 미래를 드라마틱하게 변화시킬 수 있는 매우 중요한 과학적 발견뿐만 아니라 최근의 웨딩 문화에 의하여 이끌어지는 많은 현상들에 관심이 있다. 이러한 매우 광범위한 질문들의 그물을 통해서, 우리는 우리 작업을 구축 작업 내에 적용하고 해석하는데 집중할 수 있다.

디자인 개념을 청중에게 전달하는데 있어서 프레젠테이션은 중요한 요소이다. 그 청중이 클라이언트이거나 학생이거나 일반 대중이거나간에. 당신은 어떻게 당신의 연구 결과를 전달하는가?

실무 작업에서 이 점은 우리에게 가장 중요한 문제이다. 우리는 가장 직접적이고 간단한 커뮤니케이션 방식이 있다고 믿는다. 그것은 간단명료하고 분명한 표현이다. 우리는 최종 결과가 모두에게 분명히 이해될 수 있고 즉각적으로 결과물을 이해할 수 있도록 멀티미디어를 사용하고 새로운 방식의 프레젠테이션을 탐색한다. 우리는 특정한 표식이나 스타일을 주장하는데 주목하지 않기 때문에, 지속적으로 그리고 자주 프레젠테이션을 다층화하고 꼴라주한다. 우리 작업의 일반적인 하나의 특징은 모든 연구 결과는 우리가 이해할 수 있는 많은 감각들과 연관되도록 노력하며 시각적으로 재공유된다. 우리는 단지 이미지나 스케일 모델에만 의존하지 않는다. 우리는 운동 혹은 내적인 변화를 포착하고자 노력한다. 그것은 우리 작업에서 결과물은 다시 재생산된다. 또한 우리 작업을 해석하기 위한 개별적인 상상력에만 의존하는 것을 배제한다. 더 나아가 우리는 가능한 한 정확하게 보여주고 이야기한다.

당신은 중요한 디자인 스쿨의 학장을 역임했다. 당신은 젊은 디자이너들을 위한 교육 프로그램을 정의하는데 어떠한 방법론을 가지고 있었는가?

나의 견해로는, 모든 훌륭한 교육은 개개인에게 생각하는 것 뿐 아니라 동시에 이해하고 일생 동안의 질문 속에서 자신을 이해하는 능력을 불어 넣는 것이라고 생각한다. 개인의 지성과 창조성을 풍부하고 정확한 방식으로 활용하는 것은 사회를 위해서도 매우 중요한 것이다. 디자인 교육은 개인의 창조성에 접근하면서 동시에 자기 이해에 집중할 수 있도록 요구하는 것이 매우 특별한 점이라고 할 것이다. 비록 이러한 프로그램이 다수를 위하여 활용되는 프로그램이라고 할지라도. 이러한 성과를 얻기 위하여, 개인은 그 자신의 프로세스를 발전시켜야만 한다. 필수적으로 세 가지 요소가 방법론적으로 두드러져야만 할 것이다.

첫째, 사회적 관심, 문제점, 이슈들을 해결하기 위하여 객관적인 조사와 해석의 프로세스가 이루어져야 한다. 바로 사고하는 과정이다.

둘째, 광범위한 기술을 배우고 발전시키는 것은 개인이 가장 적절한 기술과 도구를 선택하고 적절하고 용이한 커뮤니케이션을 위한 자신만의 독특한 표현을 가능하게 한다. 인테리어 디자인에 대한 깊고 풍부한 지식. 그것이 무엇인가. 그것은 어떻게 이루어지는가. 그 중요성과 의미. 어떻게 작업하는가. 무엇이 형태를 생산하는가. 더 나은 사회를 구체화하기 위한 발전된 결과물이 필요한 곳은 어느 곳인가.

셋째, 인테리어 디자인은 최근에 정식화된 작업이므로 우리는 더 깊이 그리고 총체적으로 훈련과정을 정의하고 발전시켜야만 한다.

인테리어 디자인에서 전문적인 자격 인증을 위한 압력이 필요하다고 혹은 도움이 된다고 생각하는가? 어떻게 대중이 인테리어 디자이너를 이해하는 방식을 바꿀 수 있는가?

나는 훈련으로서 인테리어 디자인은 인간의 행위를 형성시키는 것이라고 믿는다. 그리고 행복을 위한 책임감을 갖는 것이다. 또한 인테리어 디자인은 심리학이 치료할 수 있는 세계, 혹은 물리학이 만들어 낼 수 있는 과학적 세계인 그 무엇으로서 구축된 세계로 나아가는 것이라고 믿는다. 이러한 목표로, 디자인 훈련은 더 훌륭하게 정의될 필요가 있고 합법적인 직업으로 대중에게 인식되어야 한다고 믿는다. 오늘날 우리는 언제 심리학자에게 가야하고 언제 의사에게 가야할지를 정확히 알고 있다. 직업적인 분명함을 갖는 이러한 수준이 인테리어 디자인에도 요구된다. 정부 기관의 인증은 전문직으로서의 책임감을 분명하게 요구하는 것이다. 이 책임감은 대중적 이해의 분명함으로 나타날 수 있다. 대중은 일정한 수준을 갖추지 못한 인테리어 디자이너가 끼칠 많은 악영향으로부터 보호받을 필요가 있다. 라이선스는 대중을 보호하는데 도움이 될 것이다.

인테리어 공간을 구축하는 방법들에 영향을 미치는 지속가능성의 현상을 어떻게 이해하는가?

환경적인 인지는 우리에게 있어서 통합적 세계를 바라보는 하나의 발생적 현상이 아니다. 이것은 삶과 존재의 책임감 있는 방식이다. 사려 깊은 인테리어 디자이너는 본능적으로 이를 실무적으로 표현한다. 이것은 스타일로서 선택이 아니다. 또한 시장의 차별적 대안도 아니다. 훌륭한 인테리어 디자인은 그러한 방식을 선도해야만 한다.

많은 사람들이 인테리어 디자인 전문직들의 기원을 21세기의 전환기로 보고 있다. 당신은 인테리어를 이해하기 시작한 가장 초기의 시기를 훨씬 더 오래전으로 언급했다. 우리가 어떻게 거시적인 역사를 통해 인테리어 디자인을 추적해야 하겠는가?

우리는 가능한 한 더 이른 시기에 시작했다고 본다. 인테리어는 필수적인 것이다. 우리가 쉘터를 찾을 때, 건축적 위상학에 관하여 생각하지 않는다. 우리는 건축을 생각하지 않는다. 우리는 내부를 생각한다. 그 첫 번째 존재한 쉘터는 구축된 것이 아니다. 그것은 발견된 것이다. 그것은 내부공간이며 건축보다 앞서는 것이다. 이점이 바로 인테리어 디자인이 시작되는 곳이다. 우리는 그 순간부터 인테리어 디자인을 시작했다고 이해할 필요가 있다.

Overleaf Durkan Patterned. Renderings by Shashi Caan Collective.

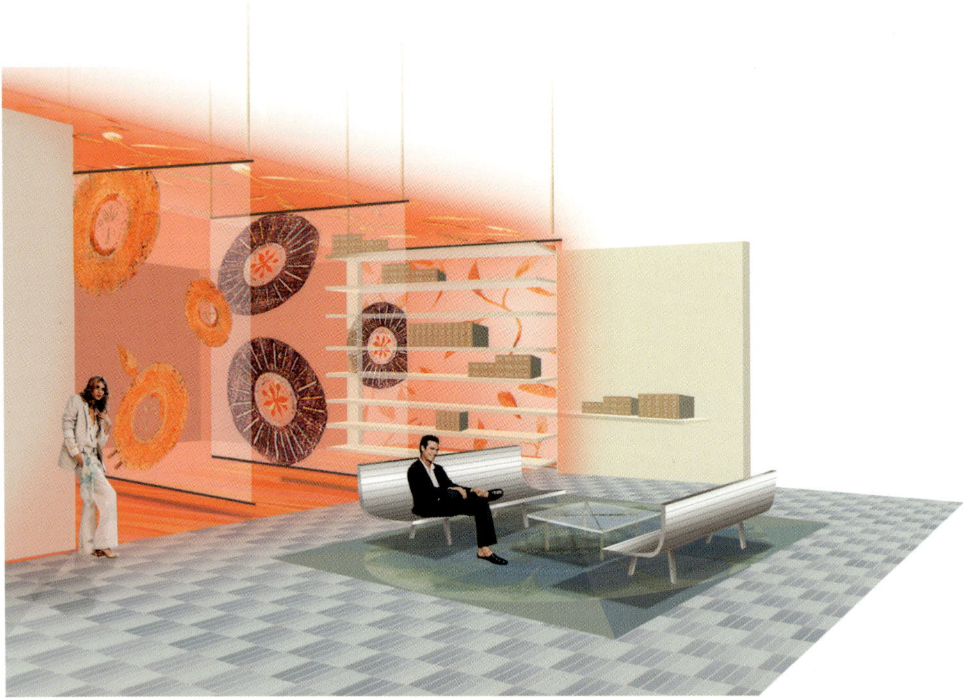

3100

Index

후기 Acknowledgments

켈리 해리 스미스와 팀 러브에게 특별히 감사한다. 이 두 사람의 노력이 없었다면 결코 이 책을 만들 수 없었을 것이다. 알리샤 케네디에게는 진행과정 내내 그녀의 통찰력과 용기에 감사한다.

또한 앤 테레사 카라쉬, 샤 몰리, 밥라즈 보그나, 그리스틴 나시르, 파울라 리드, 티나 룩, 이안 케네디, 크리스 미노르에게도 감사한다.

출판사의 베티스 가몬의 한없는 도움에 대하여 감사한다.

이 책의 과정서 함께 생각을 나누어 준 많은 분들, 여러 디자이너들과 인터뷰를 할 수 있었다.

Deborah Berke **www.dberke.com**
Shashi Caan **www.sccollective.com**
Michael Gabellini **www.gabellinisheppard.com**
Annabelle Selldorf **www.selldorf.com**
Calvin Tsao **www.tsao-mckown.com**
George Yabu and Glenn Pushelberg **www.yabupushelberg.com**

CREDITS

Photographic sources are cited alongside the images; uncredited photographs and all renderings and drawings are by the authors.

Every attempt has been made to cite all sources; if a reference has been omitted, please contact the publisher for correction in subsequent editions.

저자소개

크리스 그림리 Chris Grimley**는 회사의 파트너로서, 환경 디자인에 독창적인 작업을 진행하고 다양한 분야의 진보적이고 통합적인 실무경험을 가지고 있다. 그리스는 도시적 범위의 마스터 플랜, 인테리어 디자인, 작은 범위의 업무에서 거대 기관에 이르는 클라이언트의 복합적인 디자인 수주를 계획하고 디자인하고 완성한 경험이 있다. 그러한 사무실의 다자인, 리서치, 그 자료의 전시 등은 널리 출판되어 알려져 있다.**
www.overunder.co

미미 러브 Mimi Love는 텍사스 라레도에서 태어났고 텍사스 대학에서 건축과정을 밟았다. 그녀는 뉴욕, 퍼킨스 앤 윌 Perkins & Will에서 일했고 이후에는 콘 페더슨 앤 폭스에서 건축과 리노베이션 등 다양한 유형의 건축물을 작업했다. 마차도 앤 실베티 어쏘시에이트 Machado & Silvetti Associates에서 캘리포니아 퍼시픽 파라다이스의 게티 뮤지엄 J. Paul Getty Museum의 리노베이션의 디자인 팀장으로 일했다. 또 보든 칼리지 뮤지엄 오브 아트 Bowdoin College Museum of Art의 리노베이션과 확장사업에도 프로젝트 코디네이터로 일했다. 그녀는 최근에 유틸 Utile.Inc에서 인테리어 리노베이션 작업을 총괄하고 있다.
www.utiledesign.com

역자소개

장정제
숙명여자대학교 환경디자인과 부교수. 공학박사
홍익대학교 및 동 대학원 졸업
알기쉬운 건축 외 다수의 저술과 번역서가 있다.